数 学 名 著 译 丛

数 学 概 观

〔瑞典〕L. 戈丁 著

胡作玄 译

科 学 出 版 社

北 京

内 容 简 介

本书对高等数学的大部分内容作了简明的、介绍性的论述,全书共分十二章,其中八章分别讨论数论、代数、几何及线性代数、极限、连续性及拓扑学、微分、积分、级数和概率、每章都从基本概念、基本定理开始,一直论述到当前的进展,并附有该学科的历史概况及有关的著名数学家的生平简介,重要参考书. 另外还有三章分别讨论数学模型与现实,数学的应用及 17 世纪的数学史,最后一章讨论数学的社会学、数学的心理学及数学教学.

本书内容丰富,论述严谨,可使读者了解数学的全貌、现代数学的特点及数学的应用并可提高读者对数学的兴趣.

本书由胡作玄同志翻译,张燮同志初校,沈永欢同志复校.

本书可供大学数学系学生、大学及中学数学教师、科技人员及数学爱好者阅读.

Translation from the English language edition
Encounter with Mathematics by Lars Garding
Copyright © 1977 Springer-Verlag New York, Inc.
Springer-Verlag is a company in the BertelsmannSpringer publishing group
All Rights Reserved

图字:01-2000-2677 号
图书在版编目(CIP)数据

数学概观/〔瑞典〕戈丁(Lars Garding)著;胡作玄译. —北京:
科学出版社, 2001
(数学名著译丛)
ISBN 978-7-03-009128-4
I. 数… II. ① 戈… ② 胡… III. 高等数学 IV. O13
中国版本图书馆 CIP 数据核字(2001)第 02122 号

责任编辑: 刘嘉善 徐园园 / 责任校对: 陈玉凤
责任印制: 赵 博 / 封面设计: 陈 敬

科学出版社 出版
北京东黄城根北街 16 号
邮政编码: 100717
http://www.sciencep.com
北京厚诚则铭印刷科技有限公司印刷
科学出版社发行 各地新华书店经销
*
2001 年 7 月第 一 版 开本: 850 × 1168 1/32
2024 年 9 月第十五次印刷 印张: 11
字数: 289 000
定价: **45.00 元**
(如有印装质量问题, 我社负责调换)

序　言

　　试图使数学为广大公众所理解，这是一件极为艰巨的工作。作者必须考虑到读者对于不熟悉的概念和错综复杂的逻辑关系并没有什么耐心去钻研，而这就意味着要把大部分数学排除在外。

　　我在计划写作这本书时给自己定的目标要比较容易达到。我写这本书是给已经知道一些数学的读者看的，特别是给读完高中以后在学习大学一年级数学的学生看的。本书的目的就是要给大学低年级学生所碰到的数学内容提供历史的、科学的以及文化的基本框架。从"数论"到"应用"这九章就是为达到这个目的而写的。每一章的开始都有历史的引言，接着对于一些基本事实进行紧凑而完备的论述，一直谈到所讨论的内容的当前状况，如果可能的话，也要涉及一些近代的研究工作。大多数章节都引用历史上的数学论文中的一两段话来结尾。

　　有时读者需要参阅前面的章节，但是各章在很大程度上是彼此独立的。读者即使在一章中某个地方卡住了，也仍然能够阅读其余大部分材料。然而可以这么说，这本书并不打算让读者毫不费力地从头到尾一气把它读完。它包含了很丰富的材料，其中有些材料并不能算是初等的。例如，在代数那一章中的希尔伯特零点定理以及积分那一章中的傅里叶反演公式都是如此。这些重要的题材之所以都收到本书中，是因为在这两种情形下，根据前后文讲过的材料可以很自然地给出简单而清楚的证明来。

　　本书的另外三章讨论更为一般的课题。头一章讨论模型与现实，最后一章讨论数学的社会学、数学的心理学以及数学教学。中间还有一章谈到 17 世纪的数学，它给无穷小演算（微积分）提供了一个较为完整的历史背景材料。在附录中，我简单地介绍了一下术语及记法；最后，对于如何阅读及选择数学教科书，我也提出了一些建议。

　　卡尔·古斯塔夫·安德生和汤马斯·克莱生读过本书的初稿,干纳·布洛姆读过概率论这章。威廉·F·小唐纳格、陶尔·赫勒斯坦和查理·哈尔伯格读过本书的定稿。对于这六位朋友及批评者的非常有价值的建议,我表示衷心的谢意。

L.戈丁

1977 年 4 月于隆德

目　　录

第一章　模型与现实

1.1　模型．自然数．天体力学．量子力学．经济学．语言．1.2
模型与现实．1.3　数学模型．

　　为了理解周围的世界，人们总是把自己的观察及思想组织成
概念的体系。我们把这些概念的体系称为模型。把逻辑应用于模
型的概念而得到的见解就称为理论。数学模型在逻辑上是首尾一
贯的，并且具有广泛的理论。其他模型可能没有这么严格，但是
它们的用处也并不因此而更小一些。

　　在精密科学中，模型的正确性是通过逻辑和实验来检验的。
这就使得我们有必要把模型和我们设想该模型所表现的那部分外
在世界十分清楚地区别开来。这个原则现在已经在许多科学分支
中通用。倘若把这个原则加以普遍应用，就会把人类思想纳入引
人入胜的前景中。本章的一部分，讨论人们同自己所创造的万物
的模型的关系，首先简单描述并评价某些重要的模型，最后对某
些数学模型及其相互关系作了概括的论述。

1.1　模　　型

自然数

　　最简单的数学模型就是自然数 1，2，3，…的集合。如果
有一些对象，除开它们的数目之外其他性质我们都不予考虑的
话，我们就可以用自然数来数它们。在一切语言中，都有自然数
出现。有的语言中数目的名称多些，有的语言中少些，但是总有
一些数目由于太大而没有名称。这种现象或许就是人们头一次碰
到无穷大。这在古代就已经导致这种严肃的问题：有没有大得不能

数的数？或者，更具体一些：地球上的沙粒是不是数不完的？阿基米德在一本题为《数沙法》(The Sand Reckoner)(公元前200年)的书中回答了第二个问题。他列举出一系列增长很快的数目，并且通过体积的估计而证明：这些数目当中有些数目比地球上甚至比太阳系中的沙粒的数目还大。这里我们就看到自然数的模型可以怎样用来回答关于外在世界的一个具体问题。这表明抽象化是很有价值的。这种情形如图1.1的左边所示。左边的弯弯曲曲的轮廓线表明我们从现实世界中切下了一块，这块东西有些性质在模型中是反映不出来的。而模型中的直线及直角只是设想用来表现现实中某些概括的特性。

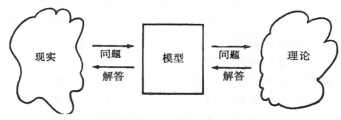

图1.1 现实-模型-理论的三元组

现在让我们把乘法运算添到我们的模型——自然数当中去。这样它就具有许多非常有趣的性质。一些乘法的经验表明，有些数是一些比1大的其他数的乘积，例如，$20 = 2 \times 2 \times 5$；而有些数，例如5，就没有这种性质。后一种数称为素数。开头的几个素数是2，3，5，7，11，13，17。不难把这个序列继续写下去，但是当我们碰到很大的数时，验证它们是否为素数所需要的计算工作量就会增长得很快。在这种情况下，自然就会提出下面的问题：素数的数目是有限多还是无穷多？在欧几里得的《原本》(Elements)(公元前270年)中，已经有一个简单而巧妙的推理能够得出结论：素数有无穷多。我们将在下一章讨论这个问题。这里我们有一个在模型中提出而能用理论来回答的问题的例子，这就是关于模型的逻辑推理。它可以用图1.1的右边来说明。图中理论的弯弯曲曲的边界表示理论并不能由模型完全决定。在我们这个具体情形下，它包含许多关于自然数的定理。例如某些方程的可解性及不可解性、素数的分布等等。这种理论的大小及威力，除了依赖于其他因素之外，还与创造该理论的数学家的能力有关。

下面我们可以用这个由三部分构成的图形来说明自然数以外的许多重要模型。

天体力学

下面要分析的那部分现实世界，是对地球、行星及太阳在不同时刻的位置所作的天文观测。在这部分现实世界的模型中，这些天体相当于质点，它们彼此之间遵照牛顿万有引力定律而互相吸引。每个物体吸引另一个物体的力的大小与这两个物体的质量乘积成正比，与它们之间的距离的平方成反比。力的方向指向这个吸引的物体。物体的运动总是满足物体的质量与其加速度的乘积等于吸引力。这个模型的理论就是关于这种运动的性质的数学命题。由此特别可以推出，物体在某一时刻的位置和速度唯一决定了它以后的运动。这个模型及其理论是牛顿在 17 世纪创建的。它回答了大量天文学上的问题。行星的轨道及质量可以非常精确地计算出来。同预见的结果的微小偏差，曾经导致新行星的发现。人造卫星的轨道也是借助这个模型来预测的。从牛顿的时代到现在，这个理论不断地发展着。天体力学获得了无比的成就，并对 18 世纪和 19 世纪的哲学产生了深刻的影响。

量子力学

问题是要分析原子的辐射，这种辐射作为照片上的轨迹及光谱线而被记录下来。这里的模型是天体力学的变体，其对象相应于原子核及电子，但此时实在物体与模型的对象之间比较紧密的直观联系已经消失了。这个模型的某些对象必须既解释成波又解释成粒子。导致量子力学模型的见解，在很大程度上来自天体力学中富有成果的概念，例如质量、能量、动量等。照片本身并不能提供多少指引。除了其他内容以外，这种模型的理论主要是由关于希尔伯特空间的命题所构成的，而希尔伯特空间可以看作相当于无穷维的欧几里得空间。从这个理论出发，通过少量数据，就可以预言出辐射频率及其在电磁场中的变化。在这种意义下，古典量子力学取得了很大的成功。这个模型的一种性质——互补原理——在哲学上也取得了一定的地位。

计算所得到的频率与观测的频率之间的某些微小偏差导致建立更精细的模型，在这个模型中要考虑爱因斯坦的相对论，并且正如原子模型是行星运动模型的量子化一样，这个模型也要把电磁场量子化。这种新模型并不那么成功。在它的理论中，始终存在着一些至今尚未解决的困难。令人头痛的是不存在一个这种类型的模型，它具有相容的理论，且该理论又具有有趣的应用。另一方面，在目前的模型中有可能由某些事实预见到另一些事实。很难猜测下一步会怎么样，究竟是模型会改变还是理论将得到扩展，这就不得而知了。

经济学

我们考虑具有全面竞争的市场中的价格理论。目的是分析生产者与消费者之间的决定商品价格的相互作用。这个模型中也出现生产者和消费者，但他们的动机都大大简化了。生产者力图赚到最多的利润，而消费者则力图获得最大的效用。假定在市场的每一种状况下，利润及效用都是已知的。平衡状况可以定义为这样一种状况，如果偏离这种状况，就会至少对某一方面不利。此时关于这个模型的理论就提供一些保证平衡存在的条件，并提出计算相应几组价格的方法。因为这个理论的数学比较简单，我们就会问，为什么食品杂货店的价格用某种大型计算机还不能算出来？回答是：效用函数实际上并不是那么确定，以至进行这种计算并无意义。但是这并不使这个模型变得毫无价值。有时它可以使我们得到定性的结论，并且在任何情况下，它都有助于分析市场状况。这个模型可以用来构成一个完整的概念体系。

经济模型大都不能得出满意的定量结果。这样就使得经济学明显地区分成为两个部分：一部分是理论性分支，它研究多多少少有点人为的模型；另一部分是描述性分支，它更直接地讨论现实世界的情况。

语言

经典语法及其各个部分可以看作是语言的模型。而只是到最近人们才把这种模型和它们的理论（看作该模型的逻辑分析）加以区别。在 50 年代, N. 乔姆斯基朝这方向走出了重要 的一步。他考虑生成的模型，即所有规则及指令的集合，由它们得出的都是构造得正确的句子，而别无其他。乔姆斯基应用数理逻辑的方法巧妙地说明了，一种生成模型必然包含一些规则，即所谓变换，它们超出了由材料马上就能推出的简单规则。结构主义者所能接受的只是这些规则，他们抛掉经典语法的大部分内容，认为那些已沾染上太多从哲学上讲是先验的东西。举例来说，一个变换就是把主动态变成被动态的过程。乔姆斯基对于语法模型的要求更加严格，同时抛掉下面这种观念，即认为这种模型要由语言本身通过某些预先指定的步骤构造出来。

把上面一些例子记在心里以后，我们现在就可以 对 于现实-模型-理论这个三元组进行某种更一般的论述。在天体力学中,这三个部分有着完美的平衡和紧密的联系，而理论也被证明是非常有活力的。与这种理想状况相反，有时理论部分可能不充分，就像量子场论的情形那样。许多模型非常概念化以致 不 能 作 出预见，而只能起概念框架的作用。有效的模型十分罕见，也不能通过观察而由某种自动的步骤得出来。一般来说促使我们改进模型的往往并非现实本身，而是现实与模型之间接触的临界点。当现实比较混乱而难以观察时，旧模型有时可能会提供新模型所需要的大部分直觉的知识。

1.2 模型与现实

当我们一旦离开了精密科学及数学时，一直到目前为止所用到的意义之下的理论，就会变得不那么重要。此时为了方便起见可以把模型与理论合而为一。我们现在只限于讨论模型与现实。这一对概念在人类思想中起着极其重要的作用。

譬如说，我们自然而然会把进化论看作地球上生命演化的模型。由于进化论的内在的一贯性以及它与观察十分符合，这是非常令人信服的。宗教是人类在宇宙中的地位的模型，也是历史的推动力。许多宗教都假定有神和精灵存在，他们彼此之间的关系和他们与人类之间的关系反映了人类社会本身。把太阳、月亮、动物、力量、善、恶等拟人化是很常见的。基督教的信仰是宇宙模型的一个简明的描述；万能的神创造了宇宙，统治宇宙，统治地球上所有生命，并对他们施行奖励与惩罚。对于人类所希望知道的自己在宇宙中的地位和自己生活的目的，许多宗教就是用这种神明来回答的。

正如宗教一样，哲学体系也是关于人类及其世界的模型。但是哲学体系更加抽象，逻辑在其中也起着更重要的作用。例如，柏拉图承认神的存在，但他的世界模型的主要支柱则是抽象理念的天。有些理念对应于地面上的事物，有些则表现善与美。希腊哲学家把模型和现实区分得很清楚，并用逻辑来判断哲学上争论的是非。我们的科学传统也始于希腊人。在 17 世纪和 18 世纪中，哲学体系是十分重要的，像笛卡儿、莱布尼茨、休谟、洛克、康德和黑格尔等人在哲学上都作出巨大贡献，但是他们现在都已经失掉了大部分的吸引力。其后一个有巨大生命力的重要产物是马克思主义的历史哲学。它是一个社会模型，其中经济力量推动历史发展，而历史表现为阶级斗争。其中一种学说曾经预言无阶级社会必将到来。

大多数宗教及许多哲学体系都声称把普遍合理性与内在的一

贯性和令人信服的思想结合了起来。但是，在面对现实或者逻辑时，它们的缺点就暴露出来了。它们由于想包罗万象反而弄巧成拙。然而大多数人至少相信其中一种模型，这也是事实。一种自称最能解释世界及人类存在的模型，肯定可以获得追随者。它们在人类社会中过去十分重要，今后仍将十分重要。对于许多人来说，他们所相信的模型取代了现实世界的地位。用另一种说法，他们是生活在模型中的。一个相信马克思主义的人用他的模型解释所有现象。狂热的宗教信徒把生活看成皮影戏，而把他的宗教所提供的模型当作唯一的真实世界。由于模型与现实的矛盾所导致的冲突，是文学上的常见题材。我举一个例子：契诃夫的短篇小说《套中人》的主角，是俄国南部一个小市镇中的拉丁文教员，他强烈地信奉最严格的中产阶级道德风尚。他发现他的女友骑自行车，于是他和这位年青的女教师还刚刚开始的恋爱就吹了，因为在他看来，一个青年妇女骑自行车简直是不可想像的事。

我相信人类具有追求理论的动力。人的大脑是个拣选机器，来自外界的刺激在这个机器中得到储存和整理归类，并加工成世界的模型。有时他被混乱与复杂的现实所压倒，就逃避到模型的简单而安全的世界中去。大多数人满足于别人所构造的模型，但也有人能够自己创建新的模型或者改进旧的模型。我们追求理论的动力使我们产生外在世界的原始观念，同时使我们得到科学的理论。

1.3 数 学 模 型

如果把自然数的集合称为与现实及逻辑有区别的一个数学模型，那么未免有些迂腐。大多数希腊哲学家恐怕都不同意这种区分。但是希腊数学家创造了一种数学模型——欧几里得几何，却可以精确地符合这种方案。欧几里得的《原本》中描述了这个模型，并且讨论直线、三角形以及其他几何对象，它们都出现于我们的日常生活中，例如拉直了的绳子和画在沙盘上的图形。它们已经抽象化，而它们的相互关系总结在一些如下类型的公理中："通过任意两个不同的点，能够作且仅能作一条直线。"欧几里得几何模型就是通过这些公理固定下来的。于是欧几里得几何理论则以逻辑为其唯一工具而建立起来。这种理论包含着大量与观察从来不矛盾的结果，例如这样的定理：三角形的三个内角之和等于两个直角。数学正是通过欧几里得几何而获得最严格与最纯粹的科学的名声的。

最近四个世纪中数学的大发展，主要不是受讨论模型所支配的。对于数学家来说，数学的对象显然是抽象观念，并且逻辑是最后判断正误的标准。而把数学应用到物理上的科学家，总是要考虑到实验的检验。在这种情况下，详尽分析模型的组成部分就不是最为优先的事了。只有到了 20 世纪，随着数学的系统化，模型的分析才受到重视。于是得出称为集合、群、环、线性空间、拓扑空间之类的数学模型。构成它们的现实世界的是数学对象，而不是那些呈现在日常生活中的东西。在这个意义下，它们是第二代模型。集合论就是这种模型的一个例子（参看图1.2）。

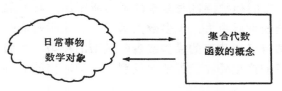

图1.2　集合论的现实世界由数学对象而非日常事物所构成

我们令集合论的模型包括一个集合的定义、并集、交集、集合代数（即重复进行并集与交集的规则）以及函数的概念。在小学里，集合论是通过一堆日常事物来表现的。在数学中，集合论就是一种概念框架，把这个框架应用到数学对象上是非常有用的，特别对函数的概念十分有用。集合论作为数学的独立分支并没有存在多久。它在 1870 年左右由康托尔所创造，但是现在它已被吸收到逻辑、代数和其他数学分支中去了。集合论的一部分也可以当作自然数的现实世界，在数理逻辑中就是这么做的（图 1.3）。

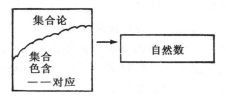

图1.3　由集合到自然数

第二代模型的另外一个例子是线性空间，它是涉及代数、分析与几何的某些方面的一个模型。这种理论叫做线性代数。群的概念是在整个数学中有着许多不同表现的模型。群论要比线性代数丰富得多，线性代数的主要结果只要几页就可以阐述和证明（见图 1.4）。当前国际上的惯例是，线性代数和群论都要通过公理化的方式来表述。在最近对数学加以重新组织以后，公理化似乎是唯一合理的方法。麻烦主要在于：孩子们和大部分大学生只

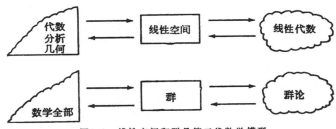

图1.4　线性空间和群是第二代数学模型

能非常具体地思考问题，碰到第二代数学模型的术语就感到困难。实际上，他们甚至在碰到最简单的与现实紧密联系的模型时也会感到困难。正因为如此，在公立中学中不太可能讲授线性代数与群论的基础之类的课。虽然这些课题的材料非常简单，人人都应该能够理解，然而大多数学生就是听不懂。具有数学能力并有数学兴趣的学生，对于许多数学模型都能应付裕如，但是大多数学生实在只能熟悉数和简单的图形。所谓"新数学"半途遭到失

败也正是由于这种原因。引进"新数学"的本来目的，是通过日常事物的集合来教小孩集合论？他们认为这些材料比算术或者几何要简单些，从而可以为后来学习数、学习几何以及学习数学术语（其中包括函数的概念）开辟道路。但集合论内容贫乏，没有什么有趣的应用，而且习题也不容易有什么新花样。与此相反，数的模型和几何模型是一个好得多的"运动场"，在这里孩子们可以直接接触变化多端的外在世界。

文献

　　把数学看作数学模型的理论的搜集是一种富有启发性的并且是有用的观点，但是要很好地描述这个主题必须同时给人以数学的丰富性和多样性的观念，R. Courant 和 H. Robbins 所写的经典著作 What is Mathematics? (Oxford 1947)， 或许是在为公众而写的 这 方面的书中最好的一部。作者在这本书中漫谈代数、几何和分析中的一些基本概念和结果，极为通俗易读。

第 二 章 数 论

在这一章中，我们要看一看数的最简单的情形，其中数学模型是由自然数的集合 N＝（1，2，…）构成的．我们假定读者已经知道了自然数的基本性质，例如下列事实：给定任意两个自然数 m，n 时，我们或者有 $m < n$，或者有 $m = n$，或者有 $m > n$；每个自然数都有一个紧接的后继数 $n + 1$，它是 $> n$ 的数中的最小数；每个自然数都是 1 的后继数．由这些事实可以得出一些最简单的推论；例如，自然数有无穷多个；如果自然数的一个子集含有 1，并且如果它含有 n 的话，它也含有 $n + 1$，那么这个子集必是整个 N．最后这个性质称为归纳原理．这个原理表明，为了证明多个命题的无穷序列 P_1，P_2，…都是真的，只须验证 P_1 成立，并且证明，对于任意的 n 来说，P_1，…，P_n 一起蕴涵 P_{n+1}．这个原理在数学中是一种常用的办法，我们在本章一开始就要碰到它，这里 P_n 是说："自然数 $n + 1$ 或者是素数或者是一些素数的乘积"．在大多数情况下，由上下文可以清楚地看到，命题所涉及的是什么，此时不必把它们明显地一步一步地写出来，而通常只是简单提一下"归纳"这个词，读者就可以想到整个的步骤．

我们要把自然数的加法和乘法两种运算引进我们的模型．这样已经可以导出很有内容的理论．随后，我们使用减法和除法，并通过把自然数集嵌入到复数集 **C** 中而扩大数的范围．但是在大多数情况下，我们都只讨论整数集 **Z**＝(0，±1，±2，…)，有理数集 **Q**，以及实数集 **R**．

2.1 素　　数

整除性

数论中最古老也是最重要的部分是整除性的讨论．所谓一个自然数 a 能被另一个自然数 b 整除，就是说商 a/b 是一个整数；或者，换句话说，存在第三个自然数 c，使得 $a=bc$．这也可以表述为 b 整除 a，或者 b 是 a 的因子，或者 a 是 b 的整倍数．数 b 和 c 也称为 a 的整因子．例如，3 能整除 6 但 5 不能整除 6．因为 $a\cdot 1=a$，所以 1 能整除每一个数，而且每个数都能整除它自己．这两种因子都是平凡的因子．做乘法的一些经验表明，整除性是一个复杂的问题．存在着具有许多因子的数，例如 $120=2\cdot 3\cdot 4\cdot 5$；也存在着只有平凡因子的数，例如 3，5，17．大于 1 的自然数 p 如果只有平凡因子，就称为素数．小于 100 的素数顺次是 2，3，5，7，11，13，17，19，23，29，31，37，41，43，47，53，59，61，67，71，73，79，83，89，97．作为整除性理论的第一步，我们现在证明一个简单的结果．为了使得表述简单明了，我们也容许只有一个因子的乘积．

定理 1　每个大于 1 的自然数都是一些素数的乘积．

这个定理在希腊数学的伟大的百科全书——欧几里得的《原本》中，已经得到陈述和证明．这本书大部分是讨论几何学的，大约在公元前 270 年编辑成书，它共分十三部分，每一部分传统上称为"篇"．关于这部书的作者欧几里得，我们知道得很少，但是，他的著作作为数学中最重要的教本，一直到 1850 年左右都还保持着这种地位．假如我们把它的各种版本都算在内的话，《原本》的确是历史上最主要的畅销书之一．在几何和线性代数的一章中，我们还要进一步谈到它．我们论述的某些定理可以在

《原本》中找到，这是指书中谈到了它们的内容，虽然形式上可能颇不相同。譬如说，希腊人没有我们的代数记号，他们往往用我们看起来十分古怪的方式来表达他们的思想。

现在我们来证明定理1。假定 a 是已给的数。如果 a 本身不是素数，那么它便是乘积 bc，其中 b 和 c 都是大于1的自然数，从而都比 a 小。假如定理对于所有小于 a 的自然数都成立，特别对于 b 和 c 成立，那么它对于 a 也成立。事实上，如果 b 和 c 都是素数的乘积，那么 a 也是素数的乘积。而当 $a=2$ 时定理成立，因为2是一个素数。因此，所述定理当 $a=3$，4，…时也必然成立，也就是对于所有大于1的自然数都成立。这里我们用到了归纳原理。

尽管我们给出了相当形式化的证明，但是定理1还几乎可以说是素数定义的直接推论。下面的定理属于另外一种类型。这个定理在《原本》中也有陈述和证明，它在想法上十分奇妙、大胆和精巧。

定理2. 素数有无穷多个。

事实上，假设 $p_1, \cdots, p_n$ 是 n 个素数。我们将会看到，不管怎样选取这些数，也不管它们有多少个，至少总还有另外一个素数存在。这样就证明了本定理。考虑一个数 $a=p_1\cdots p_n+1$，则由定理1可知，存在一个素数 p 和一个自然数 c（也可能等于1），使得 $a=pc$。因此

$$p_1\cdots p_n + 1 = pc,$$

此时 p 不可能等于 $p_1, \cdots, p_n$ 当中的任何一个。譬如说，假若 $p=p_k$，而 b 是 $p_1, \cdots$ 中其他各数的乘积，那么

$$pb + 1 = pc,$$

因而 $p(c-b)=1$。但这是不可能的，因为 p 大于1，而 $c-b$ 至少等于1。

素数定理

定理2表明我们不可能有列出了全部素数的表，但是由于人

类的好奇心，已经造出了许多大表，现在这些表是用计算机来造的。原则上计算是简单的：只要从自然数当中相继把所有素数的真倍数都删掉，那么就只剩下了素数。我们首先删掉 2 的所有倍数，然后删掉 3 的所有倍数，依次类推。希腊人把这个方法称为埃拉托色尼的筛。它表明，在大的自然数当中，素数变得越来越稀少。我们可以问：到底稀少到何种程度？素数定理给出了一个粗略的回答：对于相当大的整数 n，小于 n 的素数的数目大约为 $n/\log n$，这句话的意思就是说，当 n 趋于无穷时，小于 n 的素数的个数与 $n/\log n$ 的比值趋近于 1 。用一种不太精确的方式，我们也可以说，一个大数 n 是素数的概率大约是 $1/\log n$ 。素数定理到 1890 年左右才被阿达玛和德·拉·瓦莱·布森独立地用高深的解析工具所证明。1948 年，A.塞尔贝格给出了一个初等的(但不是简单的) 证明，这在当时是数学上的一件大事。素数定理是一个相当粗略的估计，它可能并不是素数的专有特征。用类似于埃拉托色尼的筛的方法也可以从自然数当中得到许多种人造的素数；对于它们来说，素数定理也成立。一个至今尚未解决的问题是：判定在素数当中是否有无穷多孪生素数；所谓孪生素数，就是指相差为 2 的一对素数，例如 101 和 103 。

模

现在我们把大的素数放在一边，进而研究整除性理论。整数的一个集合 $M=(u,v,\cdots)$ 如果具有下面的性质，就称为模：只要 u 和 v 都属于 M，则 $u-v$ 也必定属于 M。重复这个步骤可以证明，这意味着：对于所有的整数 x 和 y，有

$$u,\ v\in M \Longrightarrow xu+yv\in M。 \qquad (1)$$

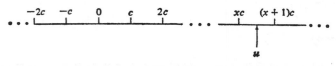

图　2.1

模的一个最简单的例子，是一个固定数 a 的一切整倍数，也就是 0, $\pm a$, $\pm 2a$, …所构成的集合。我们把这个模记作 Za。另一个例子是：M 由所有的数 $u = xa + yb$ 构成，其中 a 和 b 是固定的数，而 x 和 y 是任意的整数。我们把这个模记作 $Za + Zb$。模这个概念的主要之点在于，我们头一个例子已经把各种模完全包括进来了：对于每一个模 $M \neq 0$，都存在唯一的数 $c > 0$，使得 $M = Zc$。为了证明这点，只要令 c 为 M 中的最小正数，并在实数轴上标记出模 Zc 来（见图 2.1）。此时每一个整数 u 或者是模 Zc 中的数，或者是落在 Zc 的两个相邻的数 xc 和 $(x+1)c$ 之间。如果是后一情形，而 u 又属于 M，那么数 $u - xc$ 也属于 M。但是 $u - xc > 0$ 而 $< c$，这就和 c 的定义相矛盾。所以 $M = Zc$。这样我们就证明了下面这个定理的第一部分。

定理 3（最大公因子）. 对于每一对自然数 a 和 b，都存在唯一的自然数 c，使得

$$Za + Zb = Zc. \tag{2}$$

数 c 整除 a 和 b，并且，具有这个性质的所有数都能整除 c。

现在我们来证明这个定理的最后一个论断。由（2）可知，a 和 b 都是 c 的倍数。这个公式还说明，存在整数 x 和 y，使得 $c = ax + by$。因此，能整除 a 和 b 的数必然也能整除 c，从而 c 显然就是这些公共因子当中的最大数。当 $c = 1$ 时，我们就说 a 和 b 彼此互素。

定理 3 包含了整数的整除性的所有实质内容。它以另一种形式出现在《原本》中，并有一个类似的证明。

假设 p 是一个素数而 a 是一个整数，它不是 p 的倍数，那么 1 便是 a 和 p 的最大公因子，从而我们便有 $Za + Zp = Z$；这就是说，存在整数 x 和 y，使得

$$1 = xa + yp. \tag{3}$$

由此即可推出众所周知的事实：如果 p 能整除乘积 ab，那么 p 必定整除 a 或 b。事实上，假如 p 不能整除 a，那么由（3）即知，$b = xab + byp$ 是 p 的倍数。这样我们就已经证明了

定理 4. 如果一个素数能整除一些整数的乘积，那么它至少能整除其中一个因子.

定理 2 表明，对于每个大于 1 的自然数 a，至少存在一组不相同的素数 $(p_1, \cdots, p_k)$ 以及自然数 $n_1, \cdots, n_k$，使得

$$a = p_1^{n_1} \cdots p_k^{n_k}. \tag{4}$$

由定理 4 可知，这组素数 $(p_1, \cdots, p_k)$ 包括了所有能整除 a 的素数. 因此，它便由 a 唯一决定. 同样，指数 $n_1, \cdots, n_k$ 也由 a 唯一决定. 事实上，n_j 是使得 p_j^n 能整除 a 的最大整数 n. 我们把这件事实表述成一个定理：将大于 1 的自然数分解为素因子的因子分解法，在不计因子的次序之下是唯一的. 以后我们将会看到，这个定理在某些其他场合下是不一定成立的；在这些场合，我们有相当于定理 1 和定理 2 的结果，但相当于定理 3 的定理不成立.

2.2 费马定理和威尔逊定理

我们从下面的推断开始：

a，b 是整数，p 是素数 $\Longrightarrow$ p 能整除

$$(a + b)^p - a^p - b^p. \tag{5}$$

这可以由二项式定理推出，因为

$$(a + b)^p - a^p - b^p = \sum_{k=1}^{p-1} \binom{p}{k} a^k b^{p-k},$$

其中所有的二项式系数

$$\binom{p}{k} = p! / k! (p - k)!, \quad 0 < k < p,$$

都是整数. 因为 p 不能整除分母，所以它必定能整除这个商. 因此，当 $0 < k < p$ 时，p 就能整除 $\binom{p}{k}$.

大约在 1640 年左右，费马得到了下面一个著名的结果. 这个结果希腊人并不知道.

费马定理. 对于每个整数 a，下面的推断是正确的：
$$p \text{ 是素数} \Longrightarrow p \text{ 能整除 } a^p - a 。 \tag{6}$$

我们采用欧拉在 1736 年证明这个定理时所用的方法。把 (5) 的特殊情形，即
$$p \text{ 整数 } (b+1)^p - b^p - 1$$

与假设即当 $a = b$ 时 (6) 成立，两者结合起来，就得出 p 整除和
$$\begin{aligned}(b+1)^p - b^p - 1 + b^p - b = \\ (b+1)^p - (b+1) 。\end{aligned}$$

因为我们的推断 (6) 对于 $a = 1$ 成立，所以由归纳法就可以证明，当 a 是任何自然数时，(6) 也成立。为了证明当 a 是 $\leqslant 0$ 的整数时定理也成立，只要注意一点：假如 (6) 对于 a 成立，那么它对于 $a - p$ 也一定成立。

现在我们要给出一个更好的证明，其中利用了模的概念。假设 m 是一个固定的整数。当 $x - y$ 属于模 $\mathbf{Z}m$ 时，即 $x - y$ 是 m 的整数倍时，我们就说 x 和 y 关于模 m 为同余，并记作
$$x \equiv y \bmod m; \tag{7}$$

或者，当我们所指的 m 是明显的时候，也可以更简单地记作 $x \equiv y$。例如，关于 $\bmod 5$，我们有 $8 \equiv 3$，$4 \equiv -1$，$10^{11} \equiv 0$，但是 $7 \not\equiv 1$，$99 \not\equiv 66$，虽然，每个整数 $\bmod m$ 都同余于 $0, 1, \cdots, m-1$ 当中的唯一一个数。应用同余式的要点在于：在加法和乘法之下，它们的性质就如同等式一样。我们立刻可以看出
$$x \equiv y, z \equiv u \Longrightarrow x + z \equiv y + u,$$
$$xz \equiv yu 。 \tag{8}$$

最后一个同余式由 $y = x + am$，$u = z + bm$（a, b 都是整数）的事实可以显然看出。

给定整数 a，倘若存在一个整数 a'，使得 $aa' \equiv 1 \pmod{m}$，那么这就正是说存在另外一个整数 m'，使得 $a'a + m'm = 1$，也就是 a 与 m 互素。我们把 a' 叫做 $a \bmod m$ 的逆元。特别，当 $m = p$ 是素数时，每个 $a \not\equiv 0 \bmod p$ 都有一个逆元 $a' \bmod p$。例如，

mod 5 的逆元是：$1' = 1, 2' = 3 = -2, 3' = (-2)' = 2, 4' = (-1)' = -1$。注意：当 a 有一个逆元 $a' \bmod m$ 时，用 a' 相乘就可以证明消去律：$ax \equiv ay \bmod m \Longrightarrow x \equiv y \bmod m$。

现在我们能够重新写出 1806 年伊沃利给出的费马定理的证明，这个证明在 1828 年又为狄利克雷重新发现。令 $a \not\equiv 0 \bmod p$ 而考虑 $a, 2a, \cdots, (p-1)a$ 这些数，它们在 $\bmod p$ 之下互不相同；这是因为，如果 xa 和 ya 是其中两个数，则因 $x \not\equiv y \bmod p$，所以 $xa \not\equiv ya \bmod p$。因此，除了顺序不计外，它们同余于 $1, 2, \cdots, p-1 \bmod p$。把它们乘在一起，并应用（8），就得到 $a^{p-1}(p-1)! \equiv (p-1)!$ 再用消去法即得

$$a \not\equiv 0 \bmod p \Longrightarrow a^{p-1} \equiv 1 \bmod p, \qquad (9)$$

这就是费马定理的另一种表现形式。同样的推理方式也可以应用于下面的情形：我们把 p 换成任意的自然数 m，把数 $1, \cdots, p-1$ 换成 0 到 m 之间的与 m 互素的数。任何两个这样的数的乘积也有同样的性质；如果在 0 和 m 之间共有 $\varphi(m)$ 个与 m 互素的数，则由上面的证明即可得出欧拉对费马定理的推广，即

$$a \text{ 与 } m \text{ 互素} \Longrightarrow a^{\varphi(m)} \equiv 1 \bmod m.$$

例：当 $m = 6$ 时，0 与 6 之间的整数中只有 1 和 5 与 6 互素。因此 $\varphi(6) = 2$，而欧拉定理就说明 $1^2 \equiv 1$ 和 $5^2 \equiv 1 \bmod 6$。

费马定理有一个相伴的定理——威尔逊定理。它在 1740 年由华林所证明，但是莱布尼茨可能早已经知道了这个定理。它的内容是：

$$p \text{ 是一个素数} \Longrightarrow (p-1)! \equiv -1 \bmod p.$$

$$(10)$$

$p = 2$ 时这个定理成立。对于 $p > 2$ 时，我们可以把数 $1, 2, \cdots, p-1$ 配成对 x, x'，使得 $xx' \equiv 1 \bmod p$。因为 $x^2 \equiv 1 \Longrightarrow (x-1)(x+1) \equiv 0 \Longrightarrow x \equiv 1$ 或 -1，所以只有 $x = 1$ 和 $x = p-1 \equiv -1$ 这两个数是它们本身的逆元，其他的数都配成对，而它们的乘积 $\equiv 1$。把所有的数都乘在一起，则由（8）即可推出（10）。

平方

对于 $p > 2$，我们可以把费马定理写成

$$a^{p-1} - 1 = (a^{(p-1)/2} + 1)(a^{(p-1)/2} - 1)$$
$$\equiv 0.$$

不难看出，对于每个 $a \neq 0$，右边至少有一个因子 $\equiv 0$。究竟哪一个因子 $\equiv 0$，就要看 a 是不是一个平方 $\bmod p$，也就是说，是否存在一个整数 b，使得 $a \equiv b^2 \bmod p$。我们会看到，如果 $a \neq 0 \bmod p$，则

$$a \text{ 是一个平方} \bmod p \Longrightarrow a^{(p-1)/2} \equiv 1 \bmod p \qquad (11)$$

$$a \text{ 不是一个平方} \bmod p \Longrightarrow a^{(p-1)/2} \equiv -1 \bmod p. \qquad (12)$$

事实上，如果在（11）中令 $a \equiv b^2$，这个命题就可以由费马定理推出。为了证明（12），把数 $1, 2, \cdots, p-1$ 配成对 x, x^*，使得 $xx^* \equiv a$。因为 a 不是一个平方 $\bmod p$，所以 x 与 x^* 总是不相同，因此我们就可以得到 $(p-1)/2$ 对，它们的乘积 $a^{(p-1)/2} \equiv (p-1)!$。所以由威尔逊定理即可推出（12）。

定义记号

$$\left(\frac{a}{p} \right)$$

等于 1，如果 a 是一个平方 $\bmod p$；它等于 -1，如果 a 不是一个平方 $\bmod p$。数论中最著名的定理之一，是首先由高斯所证明的(1801)二次互反律。它表明，当 p 与 q 是奇素数时，

$$\left(\frac{p}{q} \right)\left(\frac{q}{p} \right) = (-1)^{[(p-1)/2][(q-1)/2]}.$$

1）原书公式误为 $(-1)^{(p-1)/2}(-1)^{(q-1)/2}$。——译者注

2.3 高斯整数

范数和整除性

为了更清楚地了解整除性概念，就必须在自然数之外还考虑其他的数。首先我们考虑高斯整数，这就是复数 $\alpha = a + ib$，其中 a 和 b 是平常的整数，这里把它们叫做有理整数。高斯整数的集合用 **Z*** 表示。**Z*** 在复平面中形成一个方格（见图 2.2）。显然，高斯整数的和与乘积都是高斯整数。整除性可以用自然的方式来定义。例如，$(2+i)(3+i) = 5+5i$ 意味着 $2+i$ 和 $3+i$ 是 $5+5i$ 的因子，反过来 $5+5i$ 是 $2+i$ 和 $3+i$ 的整倍数。另一方面，数 2 不能整除 $1+i$，因为商 $(1+i)/2$ 不是高斯整数。素数的概念也可以搬到高斯整数上，但是，由 $5 = (2+i)(2-i)$ 可知，有理素数不一定都是高斯素数。高斯整数 α 的范数平方 $|\alpha|^2 = a^2 + b^2$ 是 $\geqslant 0$ 的有理整数，并且可以用来测量 α 的大小。它具有性质 $|\alpha\beta|^2 = |\alpha|^2|\beta|^2$。范数平方为 1 的高斯整数，即 ± 1 和 $\pm i$，不看作素数。它们称为单位。如果我们回过头来试图对于高斯整数来证明我们以前的定理，那么定理 1 和定理 2 的证明并没有什么困难，只要对于范数平方应用归纳法即可。每个范数平方 > 1 的高斯整数都是一个素数或一些素数的乘积，并且存在着无穷多个高斯素数。

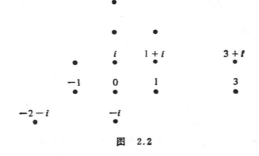

图 2.2

理想

对于高斯整数,可以用两种方式来定义模的概念.或者我们对于所有的有理整数 x 和 y 要求(1)成立,或者对于所有的高斯整数 x 和 y 要求(1)成立.习惯上,我们对第一种情形仍然保留模这个词,而对第二种情形就用理想这个词.这种概念的更一般的形式,在代数学中起着非常重要的作用,它在下一章将会出现.高斯整数集 $\mathbf{Z}^*$ 中的理想的一个例子是集合 $\mathbf{Z}^*\gamma$,它是由一个固定的高斯整数 γ 的所有高斯整倍数 $\mathbf{Z}\gamma$ 构成的.它也可以看作数 $x\gamma+iy\gamma$ 的集合,其中 x 和 y 是任意的有理整数.在复平面上,理想 $\mathbf{Z}^*\gamma$ 构成一个如图 2.3 所示的方格.高斯整数集合中的每一个理想 J 都具有 $\mathbf{Z}^*\gamma$ 的形式.事实上,如果 $J=0$,则取 $\gamma=0$.如果 $J\neq 0$,就在 J 中选取一个元素 $\gamma\neq 0$,使其范数最小,然后考虑理想 $\mathbf{Z}^*\gamma$.从图中显然可以看出,由任意一个复数 u 到 $\mathbf{Z}^*\gamma$ 中适当选取的元素的距离最多是 $|\gamma|/\sqrt{2}$,换句话说,存在一个高斯整数 z,使得 $|u-z\gamma|\leqslant|\gamma|/\sqrt{2}$,此时如果 u 属于 J,那么 $u-z\gamma$ 也属于 J.但它的范数小于 $|\gamma|$,而这只有当 $u=z\gamma$ 时才有可能.

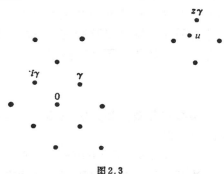

图2.3

由上面已经证明的事实可以推知,定理 3 对于高斯整数也成立,其差别在于:由等式 $\mathbf{Z}^*\alpha+\mathbf{Z}^*\beta=\mathbf{Z}^*\gamma$ 只能决定 γ 到乘上一个单位 ± 1 或者 $\pm i$.在同样的保留条件下,关于素因子的唯一分解定理也成立。

欧拉定理

把费马定理和我们所知道的高斯整数的性质结合起来，我们就会得到意外的收获——一个由费马陈述而被欧拉在 1749 年证明的定理。首先注意，如果一个奇数 m 是两个有理整数的平方之和 a^2+b^2，那么 a，b 当中有一个必定是偶数而另一个是奇数，因此 m 就具有 $4n+1$ 的形式，其中 n 是整数。

定理 5. 每一形式如 $4n+1$ 的有理素数都是两个有理整数的平方和。

证 事实上，假设 p 是这样的素数，则由(11)可知，-1 是一个平方 $\mathrm{mod}\,p$，即 p 至少能整除一个数 $x^2+1=(x+i)(x-i)$，其中 x 是有理整数。如果 p 是一个高斯素数，那么 p 就能整除 $x+i$ 或 $x-i$，而这是不可能的，因为 $(x\pm i)/p$ 都不是高斯整数。这样就证明了 p 不是高斯整数，从而 p 必定是两个非单位的高斯整数的乘积。如果其中一个因子是 $a+bi$ 的话，另一个因子必定是 $a-bi$，因此 $p=a^2+b^2$ 是两个有理整数的平方和。最后，我们还要指出，因子 $\alpha=a\pm bi$ 是高斯素数。这是因为，如果 $\alpha=\beta\gamma$，则 $p=|\alpha|^2=|\beta|^2|\gamma|^2$，从而 β 或者 γ 必定是单位。不难看出，数 α 以及所有形式如 $4n+3$ 的有理素数在乘以单位之后，就构成了全部高斯素数。

代数数论

假设 a 是一个实数或复数，如果它是具有有理系数 $a_{n-1}, \cdots, a_0$ 而且次数为最低的方程

$$x^n+a_{n-1}x^{n-1}+\cdots+a_0=0 \qquad (13)$$

的根，则称 a 为 n 次代数数；如果对于某个 n 而言，它是这样一个方程的根，则称 a 为代数数。当系数是整数时，我们就说 a 是代数整数。当 $n=1$ 时，我们就回到平常的有理数和整数。但是如果 $n>1$，我们就必须讨论像 $\sqrt{2}$（来自 $x^2-2=0$）或者 1

的 n 次根（来自 $x^n - 1 = 0$）这类的数。我们顺便提一下，如果有理数 $x = b/c$ 是满足具有整系数的方程（13）的代数整数，那么 x 必定是能整除 a_0 的整数。事实上，用 c^n 乘（13），就看出 c 能整除 b^n，因而当 b 和 c 互素时即有 $c = \pm 1$。

如果 x 是方程（13）的根，那么重复使用这个方程，就不仅可以把 x^n，而且可以把 x 的高次幂 x^{n+1}，x^{n+2}，$\cdots$ 都用 $x_1 = 1$，$\cdots$，$x_n = x^{n-1}$ 表出。利用模的语言，说得更确切些，就是：对于一切整数 $m \geq 0$，恒有

$$x^m \in \mathbf{Q}x_1 + \cdots + \mathbf{Q}x_n. \tag{14}$$

有一个重要的事实：不论 x_1，$\cdots$，x_n 是什么数，具有这种性质的 x 一定是代数数。为了证明这一点，我们必须利用有理系数线性方程组的最简单的事实（参看 4.3）。事实上，由（14）可知，1，x，$\cdots$，x^n 这些数都是 x_1，$\cdots$，x_n 的具有有理系数的线性组合；因此，如果 y_0，$\cdots$，y_n 是任意的数，那么 $y_0 + y_1 x + \cdots + y_n x^n$ 便是一个和式 $f_1(y)x_1 + \cdots + f_n(y)x_n$，其中 f_1，$\cdots$，f_n 是 y_0，$\cdots$，y_n 的具有有理系数的线性组合。令 $f_1(y) = 0$，$\cdots$，$f_n(y) = 0$，就得到 $n+1$ 个未知数 y_0，$\cdots$，y_n 的 n 个方程。而由不定方程组的定理可知，它有一个解 $y_0 = a_0$，$\cdots$，$y_n = a_n$，其中 a_0，$\cdots$，a_n 是不全为零的有理数。因此，x 便是代数数。

现在假设 x 和 y 的所有方幂都分别是 x_1，$\cdots$，x_n 和 y_1，$\cdots$，y_m 的有理线性组合。此时，如果 a 和 b 都是有理数，那么 $ax + by$ 和 xy 的所有方幂都是 nm 个乘积 $x_1 y_1$，$x_1 y_2$，$x_2 y_2$，$\cdots$，$x_n y_m$ 的有理线性组合。因此，代数数的有理倍数、和以及乘积也都是代数数。将（13）式乘以 x^{-n} 时，我们就可以看出，如果 $x \neq 0$ 是代数数，那么 $1/x$ 也是代数数。

用同样的方法可以证明，代数整数的整倍数、和以及乘积也都是代数整数。于是，我们可以用 $\mathbf{Z}x_1 + \cdots + \mathbf{Z}x_n$ 来代替 $\mathbf{Q}x_1 + \cdots + \mathbf{Q}x_n$，并限制 x_1，$\cdots$，x_n 为这样一些数，使得其中有一个等于 1，而且所有的乘积 $x_j x_k$ 都是 x_1，$\cdots$，x_n 的整系数线性组合；当 $x_1 = 1$，$\cdots$，$x_n = x^{n-1}$ 而且 x 满足具有整系数的方程（13）时，这种性质成立。

如果 x 是 $x_1, \cdots, x_n$ 的整系数线性组合，那么所有的乘积 $xx_1 = a_{11}x_1 + \cdots + x_{1n}x_n$，$xx_2 = a_{21}x_1 + \cdots + a_{2n}x_n$ 等等也是 $x_1, \cdots, x_n$ 的整系数线性组合。而这就可以写成具有整系数和系数 x 的齐次线性方程组：

$$(a_{11} - x)x_1 + \cdots + a_{1n}x_n = 0,$$
$$\cdots\cdots$$
$$a_{n1}x_1 + \cdots + (a_{nn} - x)x_n = 0.$$

因此，由行列式的性质可知，对于所有的 k 都有 $D(x)x_k = 0$，特别 $D(x) = 0$，其中

$$D(x) = \det(A - xE)$$
$$= (-x)^n + (a_{11} + a_{22} + \cdots + a_{nn})$$
$$(-x)^{n-1} + \cdots + \det A$$

是方程组的矩阵 $A - xE$ 的行列式，这里 $A = (a_{jk})$，E 是 $n \times n$ 单位矩阵（参看 4.3 末尾）。因为 $D(x)$ 具有整系数，所以 x 是代数整数。然后我们可以应用如上的推理而得出这样的结论：代数整数的整倍数、和以及乘积也是代数整数。

至今我们所证明的只不过是代数数论的出发点。代数数论是数学中一个古老的、庞大的而且已经有了很大发展的分支。其中一个突出的事实是，素因子唯一分解定理只是在例外的情形下才成立。代数数论讨论 $M = Z + Za_1 + \cdots + Za_m$ 这种类型的模，其中 $a_1, \cdots, a_m$ 都是代数数，而且要求 M 是一个环，即它具有和高斯整数集合 $Z + Z_i$ 一样的性质：当 u 和 v 属于 M 时，$u - v$ 和 uv 也属于 M。在大多数这种环中，唯一分解成不同的素数幂的定理并不成立。例如，环 $Z + Zi\sqrt{5}$ 中的数 2，3，$1 \pm i\sqrt{5}$ 都是素数，但 $2 \cdot 3 = (1 + i\sqrt{5})(1 - i\sqrt{5})$。不过，如果我们把 M 中的数用 M 中的理想 J 来代替，那么整除性理论还能够得到挽救。所谓 M 中的理想 J 就是 M 中的子集，它具有这种性质：当 u 和 v 都属于 J，并且 x 是 M 中任意的数时，$u - v$ 和 xu 也都属于 J。理想也可以按自然的方式相乘，并且可以证明，每一个理想实质上可以唯一地写成素理想的乘积，就像整数可以唯一地写成

素数的乘积一样。另外，还有（比如说）费马定理以及二次互反定理的推广。

2.4 一些问题和结果

一直到现在为止，本章所讲述的只不过是数论中很少的一点实例。数论的实际应用并不特别多，但它却总是吸引着像高斯和希尔伯特（1900 年左右）这样的最杰出的数学家。原因 或 许是由于数论中充满着尚未解决的问题，假如把它们摆在适当的地位，这些问题都是很重要的，而且要解决它们似乎总是需 要 新 的 方法。比起数学的其他大多数分支来，数论有一大优点：大多数结果（但是一般说来并不是证明的方法）只要有一点点数学知识就能理解。下面是一些例子。

毕达哥拉斯数和费马大定理

所谓毕达哥拉斯数，就是满 足 $x^2+y^2=z^2$ 的 自 然 数 x, y, z。例如：3，4，5 和 5，12，13。如果不考虑 x 和 y 的顺序，在公式

$$z = (p^2+q^2)\, r,$$
$$x = (p^2-q^2)\, r,$$
$$y = 2pqr$$

中，令 p, q, r 取遍所有的自然数，并且保持 p 大于 q，那么我们就能得到所有的毕达哥拉斯数。这个定理在《原本》中有 证 明，但是可能早在许多世纪之前巴比伦人和亚述人就已经知道了这个定理。无需很多想像，就可以由毕达哥拉斯数进而寻求满足 $x^n+y^n=z^n$ 的自然数 x, y, z，其中 $n>2$。费马宣称，这种数是不存在的，但他并没有给出证明。后来这个命题 就称为费马大 定理。对于 n 的许多值，例如，$n=3$，这个定理都已经得到证明，但是并非对于所有的 n 都已经作出证明。这个问题仍然吸引着许多业余爱好者。大约在 1800 年左右，由最初力图得出证明

的种种努力导致了代数数论的产生，而这个领域要比创始它的那个问题更重要得多。

平方和

1770 年，拉格朗日证明了，每个自然数至多是 4 个平方数的和。

堆垒数论

假如我们试图把自然数写成素数之和，我们很快就会发现，在每一个和中，并不需要有很多个素数。1750 年左右，哥德巴赫提出一个最大胆的猜想：每一个 > 2 的偶数都是两个素数之和。这个猜想至今未获证实，但是现在已经知道，例如，每个充分大的整数都是至多 20 个素数之和[1]。

用有理数来逼近实数

如果 a 是实无理数，那么不等式 $\left| a - \dfrac{p}{q} \right| < \dfrac{1}{q^2}$ 便有无穷多个整数解 (p, q)。这个事实长期以来已经被人们注意到，它在 1840 年左右为狄利克雷所证明。他还证明了，如果 a 是 n 次代数数，则当 $m > n$ 时，不等式

$$\left| a - \frac{p}{q} \right| < \frac{1}{q^m} \tag{15}$$

只有有限个整数解 (p, q)。因为不难造出这样的无理数 a，使得 (15) 式对于任意的 m 都有无穷多个整数解 (p, g)，所以由此即可推出（除了别的事情以外）存在着不是代数数的无理数。这种数就是所谓超越数。1873 年，埃尔米特证明了，自然对数的底 e 是超越数；1882 年，林德曼证明了，π 是超越数。这就使两千多年以前提出来的化圆为方的问题最终得到了（否定的）解答。

1）已经证明，每个充分大的整数都可表为 4 个素数的和。——译者注

根据（15）式可知，代数数不可能被有理数逼近得太精确。后来证明，条件 $m > n$ 可以改进为 $m > (2n)^{1/2}$。最后的结果是 1955 年罗斯得到的，他证明了确切的下界是 2，与 n 无关。换句话说，如果 a 是代数数而 $m > 2$，那么不等式（15）只有有限多个整数解 (p, q)。我们可以说，所有的代数数用有理数来逼近都是同样困难的。

2.5 几 段 原 文

欧几里得论素数的无穷性

下面引自希斯翻译的欧几里得关于存在着无穷多个素数的证明。不言而喻，只要考虑三个素数就足够了。在一般情形下，推理是完全一样的。"测量"这个词表示"除"的意思，它是用几何的方式来考虑的，如图所示。

"素数比任何给定的一批素数都多。

假设 A, B, C 是指定的素数，我说除了 A, B, C 之外还有其他的素数。事实上，取 A, B, C 所能测量的最小数，设它为 DE；把单位 DF 加到 DE 上。于是 EF 或者是素数或者不是素数。首先，假设 EF 是素数，那么就已经得到了素数 A, B, C, EF，它比素数 A, B, C 要多。其次，假设 EF 不是素数，从而它就能被某个素数所测量。假设它能被素数 G 测量。我说，G 和数 A, B, C 都不相同。因为，如果可能的话，假定 G 和 A, B, C 当中的某一个数相同。那么由于 A, B, C 能测量 DE，所以 G 也能测量 DE。但是 G 还能测量 EF。所以，G 作为一个数，它就能测量余数，也就是单位 DF；而这是荒谬的。所以，G 与 A, B, C 当中的任何一个数都不相同。并且，按照假设，G 是素数。所以我们就找到了素数 A, B, C, G，它们比给定的一批素数 A, B, C 更多。"

狄利克雷论费马定理

我们上面关于费马定理的论述，完全取自 1828 年狄利克雷的一篇小论文：《数论中一些结果的新证明》（New Proofs of Some Results in Number Theory）。这里引用的是他轻松地证明费马定理的逐字逐句的英译。

"假设 a 与 p 如上（p 是素数，a 不能被 p 整除），让我们考虑下面 $p-1$ 个 a 的倍数：

$$a,2a,3a,\cdots,(p-1)a。$$

不难看出，将其中两个数用 p 除时，总不能得到相同的余数；事实上，假定将 ma 和 na 除以 p 时余数相等的话，那么 $ma-na=(m-n)a$ 就能被 p 整除。但这是不可能的，因为 a 不能被 p 整除，而 $m-n$ 比 p 小又不为零。因此，用 p 除这 $p-1$ 个倍数后所得的余数都完全不同，也不等于零。不难看出，如果不考虑次序的话，这些余数必然和数列 $1,2,3,\cdots,p-1$ 相重合。由此即可推知，将 $p-1$ 个 a 的倍数的乘积除以 p 所得的余数，就和乘积 $1\cdot2\cdots(p-1)$ 除以 p 所得的余数相同。

P. de 费马（1608～1665）

于是这两个乘积的差必定是 p 的倍数。但不难把这个差写成下面的形式

$$(a^{p-1} - 1) \cdot 1 \cdot 2 \cdot 3 \cdots (p - 1).$$

而 $1 \cdot 2 \cdot 3 \cdots (p - 1)$ 不被 p 整除，所以我们就可以断定 $a^{p-1} - 1$ 是 p 的倍数，或者，换句话说，a^{p-1} 除以 p 所得的余数为 1。"

文献

关于数论的书非常之多。Hardy 和 Wright 所著 An Introduction to Number Theory(Oxford, 1959) 一书写得很好，而且材料丰富，其中还写进了一些代数数论。Alan Baker 所著 Transcendental Number Theory(Cambridge, 1975) 是关于超越数论的最新论述。Courant 和 Robbins 所著 What is Mathematics?（Oxford, 1947）一书中关于数论的一章有一个附录，其中对于素数定理作了不太严格但却富有启发性的讨论。

第三章 代 数

3.1 方程理论. 低于五次的方程. 多项式. 次数和整除性. 素多项式. 多变量多项式. 3.2 环，域，模和理想. 合成律. 环、域、模. 非交换环，四元数. 有限域. 整环和商域，代数元素. 理想. 诺特环，准素分解，极大理想. 代数簇，希尔伯特零点定理. 3.3 群. 双射. 对称变换. 置换. 双射群. 仿射群. 抽象群. 同态和同构. 群的作用. 轨道. 不变子群. 有限生成的阿贝尔群. 有限群. 晶体群和范型. 文献. 可解群. 伽罗瓦理论. 用直尺和圆规作图. 群的表示. 历史. 3.4 几段原文. 大法. 伽罗瓦论置换群. 凯利论矩阵.

代数这个词是公元 800 年左右阿拉伯的某份手稿的题目的一部分，这份手稿是讨论解方程的规则的. 一直到大约 100 年以前，代数就是方程理论. 到了今天，代数最好说成是讨论或多或少的形式的数学运算和关系. 近世代数实际上是由数学的许多部门中提炼出来的第二代抽象模型的集合. 为了使记号精简起见，规定除非绝对必要时，一般不引进新的记号. 因此，通常的运算记号，例如加号和乘号，都在反复地应用，但是，根据模型不同，它们可以获得新的意义. 代数的对象按照在其中所能施行的运算来分类. 它们的名称取做，例如，"环"和"理想"，一开始听起来可能有点滑稽；但是在进一步熟悉了以后，这种感觉就会消失掉.

代数学初级教程的内容，随着时间的推移而起了变化. 过去通常只有方程理论，但是现在转向抽象方面，讨论像环和群之类的所谓代数结构. 下面我们将对每个方面都稍作讨论. 在第一部分中，我们解低于五次的方程，接着讨论代数学基本定理以及多项式的整除性问题。第二部分讨论环、域、模和理想，它有点典型的代数学教科书的味道，其中塞满了定义和简单的解说性的例子。这一部分是为了使读者对于抽象代数是讲什么的有一个概念，并且为伽罗瓦域和希尔伯特零点定理（它把代数学基本定理推广到多个变量上）的表述提供一个足够的背景材料。第三部分是讨论群的，它不难阅读，并且有着广泛的视野。最后，我试图解释伽罗瓦理论是什么，以及如何利用它来解决方程用根式的可解性、二倍立方体以及三等分任意角等问题。

3.1 方 程 理 论

低于五次的方程

让我们把一次、二次、三次方程分别写成：

$$x + a = 0, \tag{1}$$

$$x^2 + ax + b = 0, \tag{2}$$

$$x^3 + ax^2 + bx + c = 0, \tag{3}$$

在所有这些情形下，系数 a，b，c 都是已给的有理数、实数或者甚至于是复数，而问题在于求方程的根，也就是所有满足给定方程的数 x。关于方程（1）没有多少可说的，它有唯一一个根 $x = -a$。方程（2）恰有两个根：

$$x = -\frac{a}{2} \pm \sqrt{\frac{a^2}{4} - b}, \tag{2*}$$

这两个根一般不相等，除非判别式 $a^2 - 4b$ 等于 0。为了证明这一点，只要把（2）改写为

$$\left(x + \frac{a}{2}\right)^2 = \frac{a^2}{4} - b \tag{2'}$$

即可。当 a，b 是实数而判别式为负时，两个根都是复数。方程（2）的解（2*）在巴比伦帝国时（公元前2000年）基本上已经知道。在当时讨论的方程中，a，b 都是有理数而判别式是个平方数，从而根也是有理数。那时还不知道负数和零，在当时的文

献记载（用焙烧的黏土做成的泥板文书）中，方程（2）及(2*)都用文字陈述，a 和 b 都用具体数值。负数和复数在数的模型中出现得相当晚；公元1500年左右在意大利，人们力图解三次方程（3）以及四次方程

$$x^4 + ax^3 + bx^2 + cx + d = 0, \qquad (4)$$

与此有关，才引进了负数和复数。对于这两类方程，可以借助于下面的事实

$$\left(x + \frac{a}{3}\right)^3 = x^3 + ax^2 + \cdots,$$

$$\left(x + \frac{a}{4}\right)^4 = x^4 + ax^3 + \cdots,$$

而作出初步的简化（其中 "$\cdots$" 表示 x 的较低次的幂）。用 $x - \frac{a}{3}$ 及 $x - \frac{a}{4}$ 分别取代（3）及（4）中的 x，就可以得出下列更简单但是等价的方程：

$$x^3 + px + q = 0, \qquad (3')$$

$$x^4 + px^2 + qx + r = 0, \qquad (4')$$

其中 p，q，r 是某些新的系数。这两个方程都是用非常巧妙的方法来解的。为了求解（3'），令 $x = u + v$。此时因为

$$(u + v)^3 = u^3 + 3u^2v + 3uv^2 + v^3,$$

所以我们可以把方程改写为

$$u^3 + v^3 + (3uv + p)(u + v) + q = 0.$$

然后，我们试图决定 u 和 v，使得两个括号的乘积等于 0。一种办法是要求 u，v 满足这两个方程：$3uv + p = 0$ 和 $u^3 + v^3 + q = 0$。于是，$u^3 + v^3 = -q$，$u^3 v^3 = -\frac{p^3}{27}$；而这就意味着，$u^3$ 和 v^3 都是二次方程

$$w^2 + qw - \frac{p^3}{27} = 0$$

的根。因此，假如我们走运的话，由公式

$$x = \sqrt[3]{-\frac{q}{2} + \sqrt{\frac{q^2}{4} + \frac{p^3}{27}}} + \sqrt[3]{-\frac{q}{2} - \sqrt{\frac{q^2}{2} + \frac{p^8}{27}}} \quad (3^*)$$

即可给出方程（3′）的所有的解。如果（3*）式右边的平方根和立方根（作为复数）的幅角选择得当的话，把 x 代入（3′）中就可以证明这个论断是正确的，但是我们不拟深入讨论其细节了。

四次方程（4′）也可以用同样的办法通过平方根和立方根来解。然而这样得到的相应于（3*）的表达式太复杂了，通常都不完全写下来。还有一个解法就是设法把方程（4′）的左边写成两个二次因子的乘积 $(x^2 + 2kx + l)(x^2 - 2kx + m)$。经过一些计算之后，就得出 k^2 的一个三次方程。此时系数 l 及 m 也不难求出来。

公式(3*)称为卡尔达诺公式，因为数学家卡尔达诺在1545年出版的一本代数书中发表了这个公式。他骄傲地把这本书命名为《大法》(Ars Magna,意即伟大的技艺),其中也有四次方程的解法。

三次方程和四次方程的解法，是从希腊数学向前迈出的决定性的一步。它导致进一步研究 $n > 4$ 次方程

$$x^n + anx^{n-1} + \cdots + a_0 = 0, \quad (5)$$

其中系数 a_{n-1}, ⋯, a_0 都是已给的数。对于这种方程的不断的研究经历了 250 年之久。解这个方程自然就意味着求出 x 的一个表达式，这个表达式包含系数以及累次的平方根和更高的根的有理组合；换句话说，化为通常的算术再加上方程 $x^m = b$ 的解。到了18世纪末，人们已经怀疑这也许是不可能的。1824年阿贝尔证明了：除去系数取特殊数值的情形以外，高于四次的方程不能用开方法来解。阿贝尔的证明现在已经陈旧过时，但从前后情形来看，它却是一个了不起的成就。在近世代数中，这种不可解性是所谓伽罗瓦理论的推论，这种理论已经是许多教科书的标准题材。伽罗瓦是和阿贝尔同时代的人，他发现问题的核心在于群论，但是这一点经历了 50 年才得到了公认。在叙述了群和代数域等重要概念以后，我们在本章最后还要回过来讨论伽罗瓦理论。

即使方程（5）不能用根式求解，但是看起来它可能还是有解的。高斯在1799年证明了下面的

定理 1（代数学基本定理）　每个具有复系数的方程（5）（$n > 0$）都至少有一个根；这就是说，至少有一个复数 x 满足这个等式。

这个定理之所以得到这个名称，是因为当时代数学和方程理论就是一回事；现在这个名称已经不再是合理的了。但这个定理对于应用复数的许多科学技术领域还是基本的，并且它在计算代数方程的根的良好近似值时，有着非常巨大的实际的重要性。

由代数学基本定理出发，通过下一节所讲的简单论证可以推知：n 次方程不仅有一个根，而且有 n 个根 C_1，…，C_n（其中某些根可能相等），使得对于 x 的所有复值，等式

$$x^n + a_{n-1}x^{n-1} + \cdots + a_0$$
$$= (x - c_1)\cdots(x - c_n) \tag{6}$$

都成立。

多项式

多项式是具有如下形式的表达式：

$$P = a_0 + a_1x + \cdots + a_nx^n. \tag{7}$$

它们出现于（比如说）方程论中。这里 a_0，…，a_n 都是数，它们称为多项式的系数，而 x 是一个未定的符号，或者如果我们愿意的话，也可以说是一个能取得任何复数值的变量。多项式 1，x，x^2，x^3，…称为 x 的方幂。多项式可以相加、相乘，就好像 x 是数一样。假如 P 与

$$Q = b_0 + b_1x + \cdots + b_mx^m \tag{8}$$

是两个多项式，那么我们就可以把相应的系数加起来而得出 P，Q 的和：

$$P + Q = a_0 + b_0 + (a_1 + b_1)x + \cdots, \tag{9}$$

也可以将（7）式及（8）式的右端相乘，然后归并所得结果成为一个新的多项式而得出它们的乘积：

$$PQ = a_0b_0 + (a_1b_0 + a_0b_1)\,x + \cdots + a_nb_mx^{n+m}. \qquad (10)$$

例如，当 $P = 1 + x + x^2$，$Q = 2 + 3x$ 时，即 有 $P + Q = 3 + 4x + x^2$，$PQ = 2 + 5x + 5x^2 + 3x^3$. 具有有理系数、实系数或者复系数的所有多项式的集合，分别记作 $\mathbf{Q}[x]$、$\mathbf{R}[x]$ 和 $\mathbf{C}[x]$。为了简单起见，我们也用 $A[x]$ 这个记号，其中 $A = \mathbf{Q}$，$\mathbf{R}$ 或 $\mathbf{C}$。由（9）式和（10）式可知，每个 $A[x]$ 都是一个环；也就是说，倘若 P 和 Q 都属于 $A[x]$，那么 $P \pm Q$ 和 PQ 也属于 $A[x]$。当 Q 的所有系数都等于 0 时，我们就称它为零多项式，并记作 $Q = 0$。零多项式有如下的性质：对于任意多项式 P 有 $P + 0 = P$，$P0 = 0$。

当 P 是多项式（7）时，用 $P(x)$ 表示 P 在 x 处的值，也就是当 x 为复数时，由（7）式右端所得到的复数。注意到我们已经定义了和 $P + Q$ 与乘积 PQ，使得对于所有的复数 x，恒有 $(P+Q)(x) = P(x) + Q(x)$ 及 $(PQ)(x) = P(x)Q(x)$。

次数和整除性

如果在（7）式中 $a_n \neq 0$ 的话，我们就说 P 的次数为 n 并记做 $n = \deg P$。所以数 $a \neq 0$ 是零次多项式，而当 $a \neq 0$ 时，$ax + b$ 是一次多项式，等等。由（10）式可知，当 $P \neq 0$，$Q \neq 0$ 时，

$$\deg PQ = \deg P + \deg Q. \qquad (11)$$

通常为了方便起见，可以对零多项式给以一种象征性的次数，即 $\deg 0 = -\infty$；它具有这种性质：对于所有的 P，恒有 $\deg 0 = \deg 0 + \deg P$。这样一来，（11）式就对于所有的多项式都成立而无任何限制。给定的环 $A[x]$ 中的多项式都有下面的重要性质：如果 P 和 Q 都是多项式而且 $Q \neq 0$，那么就存在这样的多项式 S 和 R，使得

$$P = SQ + R, \ \text{其中} \deg R < \deg Q. \qquad (12)$$

这里 $\deg 0 = -\infty$ 当然 < 0。为了证明这件事，必须区别下面几种情形。如果 $\deg Q = 0$，那么 Q 就是一个数 $b \neq 0$；此时我们可以取 $R = 0$，而取 $S = b^{-1}P$，它确实是一个多项式。其次，设

$\deg Q > 0$。如果 $\deg P < \deg Q$，那么就取 $S = 0$，而取 $R = P$。这样就只剩下一种有意思的情形，即 $\deg P \geqslant \deg Q > 0$ 的情形了。假设 P 与 Q 分别由（7）式及（8）式给出，其中 $\deg P = n$，$\deg Q = m$。此时多项式

$$x^{n-m}Q = b_0 x^{n-m} + b_1 x^{n-m+1} + \cdots + b_m x^n$$

的次数为 n。如果我们将它乘以 $a_n b_m^{-1}$，那么 x^n 的系数就和 x^n 在 P 中的系数一样，都是 a_n。因此，令 $S_1 = a_n b_m^{-1} x^{n-m}$，就可以得出 $P = S_1 Q + R_1$，其中 $R_1 = P - S_1 Q$ 的次数小于 P 的次数。假如此时也有 $\deg R_1 < \deg Q$，我们就证完了。如果不是这样，我们又可以用同样的办法把 R_1 写成 $S_2 Q + R_2$，从而 P 可以写成 $(S_1 + S_2) Q + R_2$，其中 $\deg R_2 < \deg R_1$。如果 R_2 还是不行，也就是说，如果 $\deg R_2 \geqslant \deg Q$，我们又可以把 R_2 再改写。因为每一步次数都在减少，所以最后总可以得到（12）式。这个证明可以通过下面的例子来说明：令 $Q = x - 1$，$P = x^3 + x^2 - 3$，则

$$\begin{aligned}
P &= x^2(x-1) + 2x^2 - 3 \\
&= x^2(x-1) + 2x(x-1) + 2x - 3 \\
&= (x^2 + 2x)(x-1) + 2(x-1) - 1 \\
&= (x^2 + 2x + 2)(x-1) - 1 .
\end{aligned}$$

现在我们要利用（11）式和（12）式来证明（6）式。倘若 $\deg P = n > 0$ 而 $Q = x - c_1$ 是一次多项式，那么由（12）式可知，存在一个多项式 S 和一个数 r，使得 $P = SQ + r$，从而对于所有复数 x 都有 $P(x) = S(x)(x - c_1) + r$。如果 $P(c_1) = 0$，那么由此就得出 $r = 0$，从而 $P = SQ$；此时由（11）式可知，$\deg S = \deg P - 1$。假如 $\deg S > 0$，那么方程 $S(x)$ 就有一个根 $x = c_2$，而它也给出了一个新的因子 $x - c_2$。这样下去，经过 $n = \deg P$ 步之后，就得到我们所需要的结果（6）式，它也是多项式之间的等式。由（6）式可知，方程 $P(x) = 0$ 的每个根都是 $c_1, \cdots, c_n$ 当中的一个数。它们称为多项式 P 的零点。显然，只有零多项式 $P = 0$ 的零点数目大于 $\deg P$。由此可以推知，比如说，两个最高是 n 次的多项式 P 和 Q，如果在 $n+1$ 个不同

的点取得相同的值，那么 P 与 Q 相等，也就是具有相同的系数。实际上，此时 $P-Q$ 必定是零多项式。因为（6）式是多项式之间的等式，所以多项式 P 和多项式

$$(x -c_1) \cdots (x -c_n)$$
$$=x^n-(c_1+\cdots +c_n)x^{n-1}+\cdots +(-1)^nc_1\cdots c_n$$

具有相同的系数。由此即可得出多项式的零点和系数之间的著名关系式，例如 $c_1+\cdots c_n=-a_{n-1}$, $c_1\cdots c_n=(-1)^na_0$。

素多项式

由（11）式和（12）式可以推出关于环 $A(x)$ 中的整除性的一些重要事实。如果 $PQ=R$，我们就说 P 和 Q 都是 R 的因子，此时也可以说 P 和 Q 可以整除 R。由（11）式可知，能整除 $R=1$ 的多项式只有 A 中 $\neq 0$ 的数。与此相关，我们把后者称为可逆元。一个正次数的多项式如果只能被可逆元以及它本身的可逆元倍数整除，就称它为素多项式。利用(11)式并用第二章定理 1 的证明中的推理方法，就可以看出每个正次数多项式都是一些素多项式的乘积。环 $A(x)$ 的子集 J 称为一个理想，如果下面的条件成立：若 P，Q 都属于 J，而 U，V 是 $A(x)$ 中的任意多项式，则 $UP+VQ$ 也属于 J。由（12）式可知，对于每个理想 $J\neq 0$，都存在一个多项式 $Q\neq 0$，使得 $J=A(x)Q$ 成立，也就是说，J 由一切 PQ 所组成，其中 P 是 $A(x)$ 中的任意多项式。事实上，在 J 中可以选取次数尽可能最小的 Q，然后考虑理想 $I=A(x)Q$。I 是 J 的一部分。根据（12）式，对于 J 中每一个 P，都存在一个多项式 S，使得 $R=P-SQ$ 的次数小于 Q 的次数。但是 R 在 J 中，所以这只有当 $R=0$ 时才可能，因此，I 就是整个的 J。把我们刚才证明的结果和第二章中证明定理 3 和定理 4 的推理方法结合在一起，我们就得出关于多项式分解为素因子 的 重 要 定理。注意（12）式就和第二章的图形所起的作用一样。

定理 2 每个正次数的复（实、有理）系数多项式都是同一类系数的素多项式的乘积。这些素多项式除了它们的次序和数值

因子以外是唯一确定的.

一个多项式是否为素多项式, 强烈地依赖于A, 也就是与A是否是Q, R或者C有关. 在所有的情形下, 由 (11)式可以推知, 每个一次多项式$ax+b$ ($a\neq 0$) 都是素多项式. 当$A=$C时, 由 (6) 式可知, 所有的素多项式都是一次多项式. 当$A=$R时, 不难证明, 除了这种素多项式以外, 还要加上的只是那些具有复零点的二次多项式 $ax^2+2bx+c$, 其中 $ac-b^2>0$. 当$A=$Q时, 对于每个$n>0$, 都有 n 次素多项式存在, 例如 x^n-2.

所有这些事实从高斯的时代起就已经知道了, 它们现在都属于普通的数学教育范围之内. 但定理 2 并不是最终的结果. 由证明过程可以看出, 只要A是一个域, 定理 2 就成立, 而域的概念要放在下一节中去解释. 大致说起来, 它的意思就是指通常的算术法则在A中成立. 因为除了Q, R, C之外还有很多很多的域, 所以这样就使得定理 2 成为一般的代数结果. 回想一下, 证明并不困难. 另一方面, 这个定理在许多看起来似乎很不相同的情况之下都能成立.

因为有仅仅包含有限多个元素的域A存在 (见下节), 所以我们指出下面一点还是有趣的: 对于任意的域A, 环$A[x]$都有无穷多个素多项式. 特别, 任意给出 $A[x]$中的一个多项式P时, 都存在另一个与它互素的多项式Q. 为了证明这一点, 我们只须重复欧几里得的证法: 假如$P_1, \cdots, P_n$是素多项式, 则$P=a+P_1\cdots P_n$(其中$a\neq 0$) 也属于A, 但P不被 $P_1, \cdots, P_n$中任何一个整除. 这是因为, 例如, 倘若P能被P_1整除, 则P_1必定是 a 的因子, 而这就与 $\deg P_1>0$ 相矛盾.

多变量多项式

在讨论过系数取自$A=$Q, R或者C中的单变量多项式的集合 $A[x]$以后, 我们也可以同样引进系数取在A中的两个变量x, y的多项式的集合 $A[x, y]$, 也就是有限和

$$P=a+bx+cy+dx^2+exy+fy^2+gx^3+hx^2y+\cdots \quad (13)$$

所成的集合，其中系数 a，b，…都属于 A。只有当所有系数都等于 0 时，这样一个多项式才看作是零多项式；所谓两个多项式相等，就是指所有的对应系数都相等；它们可以通过对应系数相加而求和；也可以通过逐项相乘，然后再把结果写成形如 (13) 的形式而得出它们的乘积，其中我们要利用 $xy = yx$ 这个事实。例如：设 $P = 2 + 3x + y$，$Q = 3 + y^3$，则 $P + Q = 5 + 3x + y + y^3$，$PQ = 6 + 9x + 3y + 2y^3 + 3xy^3 + y^4$。这个规则可以自然而然地推广到系数取在 A 中的 n 个变量 x_1，…，x_n 的所有多项式的集合 $A[x_1, \cdots, x_n]$。$A[x_1, \cdots, x_n]$ 的元素是有限和

$$P = \sum a_{k_1, \cdots, k_n} x_1^{k_1} \cdots x_n^{k_n},$$

其中 k_1，…，k_n 都是 $\geqslant 0$ 的整数，而系数 $a_{k_1, \cdots, k_n}$ 是 A 的元素。在下一节中，多变量多项式是很重要的。

3.2 环，域，模和理想

合成律

为了把数的模型 **Q**，**R** 和 **C** 中的计算法则精确地加以陈述，并且把它们移植到具有元素 a，b，c，…的非特定集合 A 中，我们得出下列具有特殊性质的合成律。

1. 加法。对于 A 中的每一对元素 a，b，都有 A 中的唯一的第三个元素存在，它称为 a 与 b 的和并记作 $a + b$，使得对于 A 中的任何元素 a，b，c，恒有

$$a + b = b + a \qquad \text{（交换律），} \qquad \text{（i）}$$
$$(a + b) + c = a + (b + c) \qquad \text{（结合律）。} \qquad \text{（ii）}$$

2. 减法。在 A 中存在唯一的这样的元素，它称为零元，并记作 0，使得对于一切元素 a，都有

$$a + 0 = 0 + a. \qquad \text{（iii）}$$

对于 A 中每个元素 a，都存在唯一的这样的元素，它称为 a 的负元，并记作 $-a$，使得

$$a + (-a) = (-a) + a = 0. \qquad \text{（iv）}$$

（注意：和 $a+(-b)$ 也可以写成 $a-b$。）

3. **乘法**。对于 A 中每一对元素 a，b，都存在 A 的唯一的第三个元素，称为 a 与 b 的乘积，并记作 ab，使得对于 A 中所有元素 a，b，c，有

$$(ab)c=a(bc) \qquad （结合律）。 \qquad （v）$$

4. **除法**。在 A 中存在唯一的元素，称为幺元或简称为一，并记作 1，使得对于所有 a，都有

$$a1=1a。 \qquad （vi）$$

对于 A 中每个元素 $a \neq 0$，都存在唯一的这样的元素，它称为 a 的逆元，并记作 a^{-1}，使得

$$a^{-1}a=aa^{-1}=1。 \qquad （vii）$$

5. **分配性** 加法和乘法具有如下的性质：对于 A 中所有的元素 a，b，c，有

$$a(b+c)=ab+ac$$

$$\qquad\qquad\qquad （分配律）。 \qquad （viii）$$

$$(b+c)a=ba+ca$$

（注意：我们可以说，公式（iii）表示在加法之下，零元是中性元素，公式（vi）表示在乘法之下，幺元是中性元素。）

环、域、模

抽象代数产生于 19 世纪初期，当时数学家开始研究满足所有这些合成律或者满足其中的一部分的集合。倘若一个集合具有在加法、减法、乘法和分配性这些标题之下所列举的性质，它就称为环。如果 A 还具有除法标题之下所列举的性质，它就称为除环。倘若对于 A 中所有的 a 和 b，都有

$$ab=ba \qquad （乘法交换律）， \qquad （ix）$$

则称 A 为交换环。交换除环称为域。环中可以存在具有性质（vi）的幺元，也可以不存在这种元素。我们已经有许多交换环和域的例子。整数集 **Z** 构成一个具有幺元的环，而当 $a \neq 1$ 是一个整数时，模 **Z**a 就是不含幺元的环。有理数集 **Q**，实数集 **R**，复数集 **C** 都是域。其相应的多项式的集合 **Q**〔x〕，**R**〔x〕，**C**〔x〕都是具有

幺元的环，其幺元都是数 1。整系数多项式的集合 $\mathbf{Z}[x]$ 也是具有幺元的环。所有这些多项式集合都不是域，因为由 $PQ=1$ 就可以推出 $\deg P=0$，也就是只有零次多项式才能有逆元。当 A 是一个环时，系数 a_0，$\cdots$，a_n 属于 A 的所有多项式（7）构成一个新的环——多项式环 $A[x]$，其中加法、减法、乘法由（9）和（10）来定义，假定 x 和 A 的元素都可以交换，而且两个多项式相等当且仅当对应的系数都相等。如果 A 是交换环或者具有幺元，那么 $A[x]$ 也有同样的性质。例如，对于系数属于 A 的二变量 x，y 的多项式环 $A[x,\ y]$，同样的命题也成立；当然，这里 x 与 y 可以互相交换并且都可以和 A 的元素相交换。这个环也可以看作由 y 的所有多项式构成的环 $B[y]$，其系数属于 $B=A[x]$；这是因为，由（13）得知，$A[x,\ y]$ 中每个多项式 P 都是一个和 $c_0+c_1y+c_2y^2+\cdots$，其中 c_0，c_1，$\cdots$ 是系数属于 A 的 x 的多项式。同样的论述也适用于系数属于 A 的所有以 x_1，$\cdots$，x_n 为变量的多项式的环 $A[x_1,\ \cdots,\ x_n]$。

假设 A 是具有幺元的环，a，b，$\cdots$ 是 A 的元素。又设 M 是含有元素 ξ，η，$\cdots$ 的集合，它具有加法和减法的标题之下所列举的性质。此时 M 称为 A 模，如果下列条件成立：A 中的元素 a 与 M 中的元素 ξ 的乘积 $a\xi$ 有定义并且属于 M，此外，对于 A 中所有的 a，b 和 M 中所有的 ξ，η，还有下列各式成立：

$$(a+b)\xi=a\xi+b\xi,$$
$$a(\xi+\eta)=a\xi+a\eta,\qquad\qquad (\text{x})$$
$$a(b\xi)=(ab)\xi,$$
$$1\xi=\xi.$$

当 $A=\mathbf{Z}$ 是整数集合时，这种乘积就是 $0\xi=0$，$\pm\xi$，$\pm2\xi$，$\cdots$；此时因为 M 具有加法和减法，所以模的性质（x）成立。显然每个环 A 都是一个 A 模，每个多项式环 $A[x_1,\cdots,x_n]$ 也是如此。注意在乘积 $a\xi$ 中，我们采用 A 的元素由左边乘 M 的元素 ξ，因此 M 也称为左 A 模。我们也可以定义乘积 ξa，其中 A 的元素在右边，而且（x）中的公式改为 $\xi(a+b)=\xi a+\xi b$，等等。这时 M 就称为

右 A 模。环 A 及其多项式环 $A[x_1, \cdots, x_n]$ 既是右 A 模也是左 A 模。

非交换环，四元数

现在我们要举出一个非交换环。这种环的元素 a，b，$\cdots$ 都有四个分量，它们排列在一个正方形中，这种正方形称为矩阵：

$$a = \begin{pmatrix} a_{11} & a_{12} \\ a_{21} & a_{22} \end{pmatrix}, \qquad b = \begin{pmatrix} b_{11} & b_{12} \\ b_{21} & b_{22} \end{pmatrix}, \quad \cdots,$$

此时和、差、积定义如下：

$$a \pm b = \begin{pmatrix} a_{11} \pm b_{11} & a_{12} \pm b_{12} \\ a_{21} \pm b_{21} & a_{22} \pm b_{22} \end{pmatrix},$$

$$ab = \begin{pmatrix} a_{11}b_{11} + a_{12}b_{21}, & a_{11}b_{12} + a_{12}b_{22} \\ a_{21}b_{11} + a_{22}b_{21}, & a_{21}b_{12} + a_{22}b_{22} \end{pmatrix}.$$

矩阵还要在几何与线性代数那一章中出现；在那章中，乘法规则可以得到更好的解释。不管怎样，元素取自于环 A 中的矩阵 a，b，$\cdots$ 构成了一个新的环，我们称它为 $M(A)$，其中 M 表示矩阵。$M(A)$ 中的零元和幺元分别是矩阵

$$\begin{pmatrix} 0 & 0 \\ 0 & 0 \end{pmatrix} \quad \text{和} \quad \begin{pmatrix} 1 & 0 \\ 0 & 1 \end{pmatrix},$$

其中 0 和 1 是 A 的零元和幺元。由乘法规则可以推出，例如

$$\begin{pmatrix} 0 & 1 \\ 0 & 0 \end{pmatrix} \begin{pmatrix} 0 & 0 \\ 1 & 0 \end{pmatrix} = \begin{pmatrix} 1 & 0 \\ 0 & 0 \end{pmatrix}$$

和

$$\begin{pmatrix} 0 & 0 \\ 1 & 0 \end{pmatrix} \begin{pmatrix} 0 & 1 \\ 0 & 0 \end{pmatrix} = \begin{pmatrix} 0 & 0 \\ 0 & 1 \end{pmatrix}.$$

因此，当 $A \neq 0$ 也就是 A 中的 $1 \neq 0$ 时，$M(A)$ 就是非交换环。对于 A 中所有的 c 和 $M(A)$ 中所有的 a，倘若令

$$ca = \begin{pmatrix} c\,a_{11} & c\,a_{12} \\ c\,a_{21} & c\,a_{22} \end{pmatrix},$$

那么 $M(A)$ 就成为一个左 A 模。如果要想得到一个除环，我们可

以令 $A = C$，并且令 K 为 $M(A)$ 的子集，它由所有矩阵 $a = a_0 e_0 + a_1 e_1 + a_2 e_2 + a_3 e_3$ 构成，其中 a_0, a_1, a_2, a_3 是实数，而

$$e_0 = \begin{pmatrix} 1 & 0 \\ 0 & 1 \end{pmatrix}, \quad e_1 = \begin{pmatrix} i & 0 \\ 0 & -i \end{pmatrix},$$

$$e_2 = \begin{pmatrix} 0 & 1 \\ -1 & 0 \end{pmatrix}, \quad e_3 = \begin{pmatrix} 0 & i \\ i & 0 \end{pmatrix}.$$

这四个矩阵具有如下的乘法表：

$$e_0^2 = -e_1^2 = -e_2^2 = -e_3^2 = e_0,$$

$$e_0 e_1 = e_1 e_0 = e_1, \quad e_0 e_2 = e_2 e_0 = e_2,$$

$$e_0 e_3 = e_3 e_0 = e_3,$$

$$e_1 e_2 + e_2 e_1 = 0, \quad e_2 e_3 + e_3 e_2 = 0,$$

$$e_3 e_1 + e_1 e_3 = 0.$$

这表明 K 是具有幺元 e_0 的环，而且

$$(a_0 e_0 + a_1 e_1 + a_2 e_2 + a_3 e_3)(a_0 e_0 - a_1 e_1 - a_2 e_2 - a_3 e_3)$$
$$= (a_0^2 + a_1^2 + a_2^2 + a_3^2) e_0.$$

因此，当 $a \neq 0$ 时，a 便有逆元

$$a^{-1} = (a_0^2 + a_1^2 + a_2^2 + a_3^2)^{-1} (a_0 e_0 - a_1 e_1 - a_2 e_2 - a_3 e_3).$$

这个除环 K 的元素称为四元数，它是哈密顿在1843年发现的。他认为四元数也会像复数那样重要，但这一点他猜错了。

考虑 $n \times n$ 型的方阵：

$$a = \begin{pmatrix} a_{11} & \cdots & a_{1n} \\ \vdots & & \vdots \\ a_{n1} & \cdots & a_{nn} \end{pmatrix},$$

其中分量 a_{11}, …属于环 A，这种矩阵也可以像 $n = 2$ 的情形那样相加与相乘，这样就构成了一个环，称为 A 上的 n 阶矩阵环。当 $n > 1$ 而 $A \neq 0$ 时，这个环是非交换环。

有限域

为了使得我们这一套代数方法能够起作用，我们现在来研究

一下只有有限个元素的域的性质。假设 $F=(\xi,\ \eta,\cdots)$ 是这样的一个域，并设它有 q 个元素。那么对于 F 中的任何元素 ξ，必定有 $\xi^q=\xi$。事实上，当 $\xi=0$ 时此式成立；当 $\xi\neq 0$ 时，假设 $\xi_1,\cdots\xi_{q-1}$ 是 F 中的非零元素，则乘积 $\xi\xi_1,\cdots,\ \xi\xi_{q-1}$ 都不为零，并且彼此各不相同，所以它们必定与 $\xi_1,\ \cdots,\ \xi_{q-1}$ 在某种顺序之下相等。因此，$\xi^{q-1}\xi_1\xi_2\cdots\xi_{q-1}=\xi_1\xi_2\cdots\xi_{q-1}$，从而用右边来除就得出 $\xi^{q-1}=e$，e 是 F 的幺元。由此可知，在任何情形下都有 $\xi^q=\xi$。（注意这个证法与我们对费马定理的一种证法的相似性。）

其次，考虑 e 的整数倍 $0,\ e,\ 2e,\ \cdots$。这里最多有 q 个不相等的元素，又因为 $me=ne\Longleftrightarrow(m-n)e=0$，所以存在一个最小的整数 $p>1$，使得 $pe=0$。于是 $0,\ e,\ 2e,\ \cdots,\ (p-1)e$ 都各不相同，而且 p 必定是素数。这是因为，假如 $a,\ b>0$ 都是整数，而且 $ab=p$，则 $aebe=abe^2=pe=0$；但 F 是一个域，所以由此即可推出 $ae=0$ 或者 $be=0$，因而 a 或者 b 就等于 p。这里要注意，对于 F 中的每个 ξ，都有 $p\xi=pe\xi=0$，同时元素 $0,\ e,\ 2e,\ \cdots,\ (p-1)e$ 构成 F 的一个子域 F_0。事实上，$F_0=\mathbf{Z}e$ 是一个环，而由初等数论可知，假如 $0<a<p$，那么就存在这样的 b，$0<b<p$，使得 $ab-1$ 是 p 的倍数；从而 $aebe=e$，即 ae 具有逆元 be。为了应用 F_0，我们令 $n>0$ 为具有下述性质的最小整数：在 F 中存在着 n 个元素 $\eta_1,\ \cdots,\ \eta_n$，使得 F 中每个元素 ξ 都是一个和 $a_1\eta_1+\cdots+a_n\eta_n$，其中 $a_1,\ \cdots,\ a_n$ 全属于 F_0。因为这样的和最多有 p^n 个，所以 $q\leqslant p^n$；下面我们来证明等式成立。实际上，如果有两个这样的和相等：$a_1\eta_1+\cdots+a_n\eta_n=a_1'\eta_1+\cdots+a_n'\eta_n$，但是（比如说）$a_1\neq a_1'$，那么 η_1 便可以写成 $a_2''\eta_2+\cdots+a_n''\eta_n$，其中 $a_2'',\ \cdots,\ a_n''$ 都属于 F_0，因此 F 中的任何 ξ 都可以这样表示，而这就与 n 的定义相矛盾。

总之，存在一个素数 p 和一个整数 $n>0$，使得 F 具有 $q=p^n$ 个元素。此外，对于 F 中每一个元素 ξ，都有 $p\xi=0$ 及 $\xi^q=\xi$。假如 $0,\ \xi_1,\ \cdots,\ \xi_{q-1}$ 是 F 的元素，那么仿照（6）式的论证方法可知，这就意味着

$$x^q - x = x(x - \xi_1)\cdots(x - \xi_{q-1})$$

是一个多项式恒等式. 利用这个事实我们可以证明, 对于每个素数 p 和整数 $n > 0$, 都存在一个具有上述性质的域, 而且 p 和 n 决定这个域的所有代数性质. 这个域通常记作 $GF(p^n)$, 并为纪念它的发现者 (1830) 而被称为伽罗瓦域. 一个简单的例子是 $GF(2^2)$, 它有四个元素 $0, e, \xi, \xi^{-1}$, 其中 e 是幺元. 此时由多项式恒等式可以推出 $e + \xi + \xi^{-1} = 0$. 由这个等式和条件 $2e = 0$ 就给出了这四个元素的全部的和与乘积. 由于魏德本在1905年证明了, 每个包含有限个元素的除环都是可交换的, 所以伽罗瓦域就构成全部有限域.

整环和商域

每一位上过小学的人都知道, 有理数集 **Q** 是通过整数集 **Z** 取商而得出来的. 有理数是整数 a 和 b 的商 a/b. 当 $b \neq 0$ 时, 这个商是有定义的. 如果 $ad - bc = 0$, 那么两个商 a/b 和 c/d 就看作相等. 它们的加法和乘法按照下列公式来运算:

$$\frac{a}{b} + \frac{c}{d} = \frac{ad + bc}{bd}, \quad \frac{a}{b}\,\frac{c}{d} = \frac{ac}{bd}.$$

我们自然会推测, 如果把整数集改为一个交换环 (它的元素记作 $a, b, \cdots$), 那么这些作法也可以照搬, 并且结果会得到一个域. 情况确是如此, 但是必须作下面的假设: 对于 A 中所有的 a 和 b, 都有

$$a \neq 0 \text{ 及 } b \neq 0 \Longrightarrow ab \neq 0. \tag{14}$$

这个证明很简单, 我们就省略了. 进行这种构造时, (14)的必要性是由于下面的事实: 如果 $a \neq 0$, $b \neq 0$, 但是 $ab = 0$, 那么商 a/b 和 b/a 都可能有定义, 但是它们的乘积 ab/ba 没有定义.

交换环 A 的元素的商 a/b ($b \neq c$) 可以通过上面的方法认作相等, 并且彼此相加、相乘, 这样得到的域 K 称为 A 的商域. 具有性质 (14) 的交换环 ($\neq 0$) 称为整环. 整除性的概念对于

这种环也是完全有意义的。例如，幺元定义为 1 的因子，幺元和一个元素的幺元倍数都是这个元素的平凡因子，素元就是只有平凡因子的元素。性质（14）也正是系数取自 A 中的 x 的多项式环 $A[x]$ 具有性质(11)时所必须满足的条件；在这种条件下，$A[x]$ 也是一个整环。我们还要提一下高斯在1800年左右所证明的事实：假如 A 具有分解为素元的唯一分解性，那么 $A[x]$ 也具有这种性质。重复地应用这一点就可以证明：这两个命题对于超过一个变量的多项式环 $A[x_1, \cdots, x_n]$ 也成立。

代数元素

假设 B 是具有幺元的整环，$A \subset B$ 是一个子环；这就是说，A 是 B 的一个子集，包含幺元，而且当 a 和 b 属于 A 时，$a-b$ 和 ab 也属于 A。下面我们考虑 B 的元素 $\xi_1, \cdots, \xi_n$ 的多项式所构成的环 $A[\xi_1, \cdots, \xi_n]$，这些多项式的系数都属于 A。这种环环构成 B 的另一个子环。但重要的是要注意，可能出现这种情形：随着 ξ 的选取不同，两个这样的多项式会相等，尽管对应的系数不全相等。我们把 B 的元素 ξ 称为在 A 上为代数的元素，假如下面的条件成立：对于某个 $m > 0$，ξ 满足方程

$$\xi^m + a_{m-1}\xi^{m-1} + \cdots + a_0 = 0,$$

其中系数 $a_{m-1}, \cdots, a_0$ 都属于 A。当 B 为复数域而 A 为整数环时，这正好就是代数整数的定义（见 2.3）。完全仿照这种特殊情形，可以证明代数元素的 A 倍元、它们的和以及乘积也都是代数元素。如果 A 具有唯一因子分解性质，那么我们也能证明，在它的商域中的代数元素就是 A 本身的元素。证法和 A 是整数环的情形完全一样；比如说，当 A 是一个域上的单变量多项式环时，这种证法也能适用。由上面的方程可以推知：假如 ξ 在 A 的商域上是代数的，那么 ξ 的某个 A 倍元 $c\xi$（$c \neq 0$）在 A 上也是代数的。事实上，我们只要选取这样的 $c \neq 0$，使得 $ca_{m-1}, ca_{m-2}, \cdots, ca_0$ 都属于 A，再将上述方程乘以 c^m 即可。

现在假设 $\xi_1, \cdots, \xi_m$ 属于 B 而考虑系数取在 A 中的 $\xi_1, \cdots,$

ξ_n 的多项式所成的环 $R = A[\xi_1, \cdots, \xi_n]$。因为这些多项式是由 $\xi_1, \cdots, \xi_n$ 重复地取 A 倍元、取和、取乘积而得出来的，所以这个环中所有元素都是 A 上的代数元素，当且仅当这个环的所谓生成元 $\xi_1, \cdots, \xi_n$ 都具有这种性质。作为掌握我们的代数方法的一个练习，我们来证明扎里斯基（1947）的一个定理，这个定理在以后将会起决定性的作用。

引理　如果 A 和 $R = A[\xi_1, \cdots, \xi_n]$ 都是域，那么 R 的所有元素都是 A 上的代数元素。

证　令 $C = A[\xi_1]$ 为系数在 A 中的 ξ_1 的多项式所成的环。如果 ξ_1 是 A 上的代数元素，那么 C 中的所有元素也都是 A 上的代数元素。如果 ξ_1 不是 A 上的代数元素，则 C 中的一个多项式 $C(\xi_1)$ 只有当它的所有系数都等于零才等于零。而这就意味着 C 正好就是系数取在 A 中的单变量多项式所成的环。特别，C 不是一个域。这就证明了，当 $n = 1$ 引理成立。

其次，我们来对生成元的个数 $n > 1$ 进行归纳法。因为 R 是域，所以 $C = A[\xi_1]$ 的商域 K 中的任何元素都属于 R，因而任何系数取在 K 中的 $\xi_2, \cdots, \xi_n$ 的多项式都可以写成系数取在 A 中的 $\xi_1, \cdots, \xi_n$ 的多项式。换言之，$R = K[\xi_2, \cdots, \xi_n]$。因此，由归纳法的假定即知，生成元 $\xi_2, \cdots, \xi_n$ 都是 K 上的代数元素。但此时 C 中必定存在一个元素 $d(\xi_1) \neq 0$，使得 $d_1(\xi_1)\xi_2, \cdots, d(\xi_1)\xi_n$ 都是 C 上的代数元素。更一般地说，把 R 中的给定元素 η 写成系数取在 C 中的 $\xi_2, \cdots, \xi_n$ 的多项式，就可推知：对于某个整数 $m > 0$，$d(\xi_1)^m \eta$ 是 C 上的代数元素。把 η 取在 K 中即可看出，如果 ξ_1 不是 A 上的代数元素，那么就会导出矛盾。于是，正如上面所解释的那样，C 就是由系数取在 A 中的单变量多项式所成的环。特别 C 是一个唯一因子分解整环，所以如果 K 中的一个元素是 C 上的代数元素，那么它一定就在 C 中。因此，对于 K 中任何元素 η，都存在整数 $m > 0$ 及 C 中的多项式 $a(\xi_1)$，使得 $d(\xi_1)^m \eta = a(\xi_1)$。取 $\eta = 1/b(\xi_1)$ 时，即可得出 $d(\xi_1)^m = a(\xi_1) \cdot b(\xi_1)$；这样，当 $b(\xi_1)$ 是一个素多项式但不是 $d(\xi_1)$ 的因子时，就出现了矛盾。因为 C 中有无穷个素多项式，所以这种选择总是可以做得到的。因此 ξ_1 是 A 上的代数元素。而这种论证也同样适用于其他的生成元，所以我们就完成了这个引理的证明。

我们要利用这个引理来证明一个著名的结果，这就是希尔伯特的零点定理。为此，我们就要引进一个极为重要的代数概念——理想。

理想

环 A 的子集 J 称为左（右）理想，如果它在环的加法、减法、乘法之下构成一个左（右） A 模。一个等价的性质是：如果 u 和 v 都属于 J，而 a 和 b 是 A 中的任何元素，那么 $au+bv(ua+vb)$ 也属于 J。倘若 J 同时具有这两种性质，则 J 称为双侧理想。在交换环中，每个左理想都是一个右理想，反过来也是一样；因此我们就把"右"和"左"字取消。

理想可以通过许多方式出现。例如，假设 N 是左 A 模的一个子集。考虑 A 中所有使 N 零化的元素 u（这就是说，对于 N 中所有的元素 ξ 都有 $u\xi=0$），则此种 u 构成一个左理想 J；这是因为，倘若 $u\xi=0$ 而且 $v\xi=0$，那么 $(au+bv)\xi=a(u\xi)+b(v\xi)$ 也等于零。反之，如果 J 是具有幺元的环 A 中的一个左理想，我们就能构造一个左 A 模 M，使得 J 是 A 的这样一种子集，它能零化 M 的某个元素。我们可以选择一切所谓 mod J 的剩余类作为 M 的元素；这就是集合 $\xi=a+J$，它由所有的和 $a+u$ 构成，其中 a 是 A 的一个固定元素，而 u 取遍 J 中所有的元素。如果 $a-b$ 属于 J，则两个剩余类 $\xi=a+J$ 和 $\eta=b+J$ 就是恒等的；如果 $a-b$ 不属于 J，则这两个剩余类就没有公共元素。这两个剩余类的和与差由

$$\xi\pm\eta=a\pm b+J$$

给出。此式右端确实是一个由 ξ 和 η 决定的剩余类，它与 ξ 中的 a 和 η 中的 b 的选法无关。此种定义使得 $J=0+J$ 是 M 的零元；这是因为，对于所有的 ξ，都有 $\xi+J=J$。A 中的元素

b 与 M 中的元素 $\xi = a + J$ 的乘积定义为

$$b\xi = ba + J.$$

此式右端也与 ξ 中的元素 a 的选法无关。这就使得 M 成为一个左 A 模；假如我们令 $\xi_0 = 1 + J$，则 a 属于 J 当且仅当 $a\xi_0 = 0$，这里 0 是 M 的零元 J。

我们刚刚建立的这个模记作 $A \bmod J$，或者更经常一些，用形式的商 A/J 来表示它。如果 J 是一个双侧理想，那么就不难看出，由公式 $\xi\eta = ab + J$ 可以定义一个乘积，使得 A/J 构成一个环，这就是 $A \bmod J$ 的剩余环。最简单的例子是环 $Z_m = Z/Zm$，其中 $m > 0$ 是一个整数。这个环的幺元是剩余类 $1 + Zm$；为了清楚起见。我们用 e 来表示它。于是这个环便有 m 个不同的元素 0，e，$2e$，$\cdots$，$(m-1)e$，它们像平常一样地相加、相减和相乘，但是要满足附加的条件：$e^2 = e$，$me = 0$。当然，这正是进行第二章中所讲的 $\bmod m$ 计算的另一种方法。倘若 m 是大于 1 的整数 a，b 的乘积 ab，则 $ab < m$；于是 $ae \neq 0$，$be \neq 0$，而 $aebe = me = 0$，所以 Z_m 不是一个域。但若 p 是一个素数，则由前面的讨论可知，Z_p 是一个域，这就是最简单的伽罗瓦域。

假设 $R = A[x_1, \cdots, x_n]$ 是系数取自交换环 A 的多项式所成的环，我们来看 R 的理想 J 的剩余环 $B = R/J$ 的性质。这就是说，令 $e = 1 + J$，$\xi_1 = x_1 + J$，$\cdots$，$\xi_n = x_n + J$，则 R 中的多项式 P 属于 J 的必要与充分条件为：在 B 中 $P(\xi_1, \cdots, \xi_n) = 0$。为了证明这一点，只要注意到，由构造的方法可知，$R$ 到 R/J 的剩余映射 $P \to f(P) = P + J$ 具有下列性质：$f(P+Q) = f(P) + f(Q)$，$f(PQ) = f(P)f(Q)$。此外，如果 $a \neq 0$ 属于 A，则 $aJ = J$。事实上，$aJ \subset J$，$a^{-1}J \subset J$，因此乘以 a 即得 $J \subset aJ$。这样，对于 A 中所有的元素 a，还有 $f(aP) = af(P)$。由此即知，假设 $P = \sum a_{k_1 \cdots k_n} x_1^{k_1} \cdots x_n^{k_n}$（其中系数都属于 A），那么 $f(P) = \sum a_{k_1 \cdots k_n} \xi_1^{k_1} \cdots \xi_n^{k_n}$，其中对于所有的 k，有 $\xi_k^0 = e$。但由定义可知，当且仅当在 B 中 $f(P) = 0$ 时，P

才属于 J，所以命题得证。

诺特环，准素分解，极大理想

在继续讨论理想时，我们现在考虑具有幺元的交换环 A 中的理想。设 B 为 A 的子集。设 $u_1, \cdots, u_m$ 属于 B，而 $a_1, \cdots, a_m$ 是 A 中的任意元素，则所有的和 $a_1u_1 + \cdots + a_mu_m$ 构成一个理想 J。B 的元素称为 J 的生成元；如果 B 只有有限个元素，则称 J 为有限生成的。倘若一个环中的每个理想都是有限生成的，那么这个环就称为诺特环——为了纪念德国数学家 A. E. 诺特。我们前面已经看到，环 Z 具有这个性质，并且当 A 是域时，$A[x]$ 也具有这个性质。事实上，这些环的每个理想都是由单个元素生成的。一旦有了一个诺特环以后，我们还可以造出另外许多诺特环。希尔伯特在 1888 年证明了环论的一个基本结果，这个结果可以表述如下。它的证明并不困难，但是太长，因而这里就不能叙述。

定理3 如果 A 是诺特环，则多项式环 $A[x_1, \cdots, x_n]$ 也都是诺特环。

假设 $J \neq A$ 是 A 中的理想。倘若 $ab \in J \Longrightarrow a \in J$ 或 $b \in J$，则称 J 为素理想。如果 $ab \in J \Longrightarrow a \in J$ 或者 $b^n \in J$ 对于某个整数 n 成立，则称 J 为准素理想。当 $A = Z$ 时，素理想和准素理想分别是形式如 Zp 及 Zp^m 的理想，其中 p 是素数或零而 m 是正整数。一个自然数可分解为素数的幂这个定理，在诺特环 A 中有一个突出的类似的定理：每个不等于 A 的理想 J 都是有限个准素理想的交集。不过理想理论的这个方面，我们在此不拟讨论。我们现在转而讨论一类特殊的素理想——极大理想。

当 A 的理想 J 是素理想时，就意味着剩余环 $B = A/J$ 是一个整环。事实上，由上述定义可知，$B \neq 0$，并且如果 ξ 与 η 都属于 B 而 $\xi\eta = 0$，那么 $\xi = 0$ 或者 $\eta = 0$。当 $B \neq 0$ 是域时，就意味着理想 J 是极大的；这就是说，包含 J 的理想 $I \neq A$ 只能是 J 本身。事实上，假设 a 属于 A，而且 $\xi = a + J$ 是 B 中相应的剩余类。当 ξ 具有一个逆元 $\eta = b + J$ 时，就意味着 ab 可以写

成 $1+c$，其中 c 属于 J，从而 a 和 J 就一起生成整个环。因此，在 B 中每个 $\xi \neq 0$ 都有一个逆元就正好表明，A 中不属于 J 的任何元素 a 都能与 J 一起生成整个环，换言之，J 是极大理想。

如果 K 是一个域，而 $c_1, \cdots, c_n$ 是 K 中的固定元素，那么 $A = K[x_1, \cdots, x_n]$ 中所有满足 $P(c_1, \cdots, c_n) = 0$ 的多项式 P 就构成一个极大理想。事实上，J 不为零，也不包含 1；如果 Q 属于 A 但不属于 J，则 $c = Q(c_1, \cdots, c_n) \neq 0$ 属于 K，而 $Q - c$ 属于 J。因此 $1 = c^{-1}Q - c^{-1}(Q - c)$ 是由 J 及 Q 生成的理想，从而必定是整个 A。现在我们应用上面的引理来证明：如果 $K = \mathbf{C}$，那么所有的极大理想都是这种类型。事实上，假设 J 是 A 中的一个极大理想，并设 $e = 1 + J$，$\xi_1 = x_1 + J$，$\cdots$，$\xi_n = x_n + J$ 为其剩余类。那么域 A/J 中每个元素都是系数取自域 $\mathbf{C}e$ 中的 $\xi_1, \cdots, \xi_n$ 的多项式。因此，由上述引理即知，A/J 中的每个 ξ 都满足一个代数方程 $S(\xi e) = 0$，其中 $S = x^m + a_{m-1}x^{m-1} + \cdots + a_0$ 是复系数多项式。因为我们是在复数域中讨论，所以我们就可以把 S 写成乘积 $(x - b_1)\cdots(x - b_m)$，其中 $b_1, \cdots, b_m$ 是 S 的零点。因此 $S(\xi e) = (\xi - eb_1)\cdots(\xi - eb_m) = 0$；但 A/J 是一个域，所以对于某个 k 必有 $\xi = b_k e$。特别，存在着复数 $c_1, \cdots$，c_n，使得 $\xi_1 = c_1 e$，$\cdots$，$\xi_n = c_n e$，从而对于 A 中的任何多项式 P，都有 $P(\xi_1, \cdots, \xi_n) = eP(c_1, \cdots, c_n)$。于是由前面的注解就得出了我们的结论。

现在我们基本上已经可以讨论零点定理了，但我们还要提一下极大理想的一个重要的性质。

定理 4 在具有幺元的交换环中，每个不等于整个环的理想都包含在某个极大理想里面。

证 我们只对诺特环来作证明。设 J 为已给的理想，并假定它不包含在任何极大理想中。此时我们就可以求出一个严格递增的无穷理想链 $J \subset J_1 \subset J_2 \subset \cdots$，其中任何一个都不等于整个环。这些理想的并集也是一个理想，而它必定是有限生成的。因此，所有的生成元必定都属于某个 J_n。于是对于所有 的 $m > n$，都有 $J_m = J_n$，而这样就得出了矛盾。

代数簇，希尔伯特零点定理

假设 K 是交换域，而 P 是 $K[x_1, \cdots, x_n]$ 中的一个多项式。所谓 P 的零点，就是 K 中的元素所 成 的 n 元 组 $c_1, \cdots, c_n$，使得 $P(c_1, \cdots c_n) = 0$。由一个或者几个多项式的一切公共零点所组 成 的集合称为代数簇。显然，一组多项式的所有公共零点也是这些 多项式所生成的理想的零点。因此，我们就可以只讨论理想的零点，也就是指这个理想的所有多项式的公共零点。上面我们已经 看到， $\mathbf{C}[x_1, \cdots, x_n]$ 的每个极大理想都有一个零点。把这个 命 题和定理 4 结合起来，就得到

希尔伯特零点定理（1888）　环 $\mathbf{C}[x_1, \cdots, x_n]$ 中的不具有 零点的非空理想必定是整个环。

用稍微通俗一点的语言来叙述就是：如果 $P_1, \cdots, P_m$ 是复 系数 n 变量多项式，并设它们没有公共零点。那么必定存在这样 的多项式 $Q_1, \cdots, Q_m$，使得 $1 = Q_1 P_1 + \cdots + Q_m P_m$。特别，取 $m = n = 1$ 时就意味着，倘若单变量复系数多项式没有复零点，它就必然是一个不等于零的常数。因此，我们这个定理便是代数 学基本定理的推广。最后，我们还要推出下面一个十分重要的命 题，它也称为希尔伯特零点定理：假设 $P, P_1, \cdots, P_m$ 是如上 的多项式，并设 P 在 $P_1, \cdots, P_m$ 的所有公共零点处都等 于 0，那 么必定存在这样的多项式 $Q_1, \cdots, Q_m$ 和一个整数 $k > 0$，使 得

$$P^k = Q_1 P_1 + \cdots + Q_m P_m。$$

为了证明这个命题，我们注意到，环 $A = \mathbf{C}[x_0, \cdots, x_n]$ 中的 多 项式 $P_0 = 1 - x_0 P, P_1, \cdots, P_m$ 没有任何公共零点，因 而 在这 个环中必定存在多项式 $Q'_0, \cdots, Q'_m$，使得 $1 = Q'_0 P_0 + \cdots + Q'_m P_m$。但这个等式在 A 的商域中也成立，因此，如果 $P \neq 0$（当 $P = 0$ 时定理显然成立），令 $x_0 = 1 / P$，并用 P 的足够高阶的幂 去 乘，就得到所要的结果。

文献

这里接触到的交换代数是数学中的一个重要分支，它与代数几何有紧密的联系。Atiyah和MacDonald合著的 Commutative Algebra (Addison-Wesley, 1969)，对这门学科提供了细致的论述。它有点难读，但整本书是以轻快的步调写出的，其中包含大量的练习，内容也相当丰富。

3.3 群

在本世纪 20 年代量子力学诞生之前，群论只是一个纯粹的数学专业。然而在物理学的这门新分支中，群论的方法导致了有子原子和分子结构的重要发现。现在群论已经是量子物理学和量子化学的经常用到的工具了，这使得只受过分析基础的数学训练的老一代物理学家和化学家感到大为惊异。

双射

像环和域一样，群也是用抽象的方式定义的，但是群的定义要简单得多，而且它在数学上和其他方面的现成的例子也多得不得了。我们不妨由双射群开始讲，这样做是很有启发性的。

让我们先回忆一下函数的概念。假设 M 是一个集合，其元素为 ξ, η, $\cdots$。由集合 M 到同一个集合 M 的函数 f，就是令 M 中的每个元素 ξ 都对应到 M 中另一个元素；后者用 $f(\xi)$ 来表示。如果 f 和 g 是这样两个函数，那么它们的乘积或者复合 $f \circ g$ 便由公式

$$(f \circ g)(\xi) = f(g(\xi))$$

来定义。复合是一个结合性的运算。也就是：如果 f, g, h 都是由 M 到 M 的函数，那么 $(f \circ g) \circ h = f \circ (g \circ h)$。但是只要举很简单的例子就可以说明，$f \circ g$ 和 $g \circ f$ 通常是不同的函数。由 M 到 M 的函数 f 称为一个双射，如果 ξ 取遍 M 时，$f(\xi)$ 也正

好取遍 M 一回；换名话说，对于 M 中每个元素 η，方程 $f(\xi)=\eta$ 都只有唯一的解 ξ。最简单的双射是恒等映射 e，它的定义是：对于 M 中所有的元素 ξ，都有 $e(\xi)=\xi$。显然，两个双射 f，g 的复合 $f\circ g$ 也是一个双射，并且对于所有的双射 f，$f\circ e=e\circ f=f$ 都成立。由方程 $g(f(\xi))=\xi$ 定义了一个双射 g，它称为 f 的逆射，并且具有性质 $g\circ f=f\circ g=e$。f 的逆射用 f^{-1} 来表示。许多几何映射都是容易想像的双射。当 M 是平面时，我们举一些熟知的例子：平行移动，围绕一点的旋转，关于一点的反射，关于一条直线的反射。我们可以得出这些映射的逆射；简单地说，它们是：平移回来，反着旋转，反射回去（图 3.1）。这些几何双射的合成，可以通过先进行第一个双射再进行第二个双射而得出。我们要对其中两种情形来进行说明（图 3.2）。

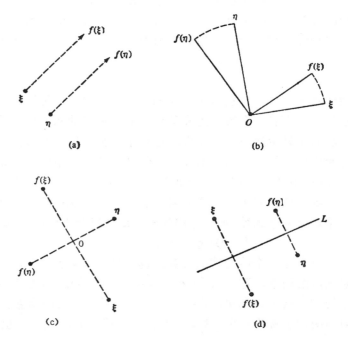

图3.1 平移、旋转和反射

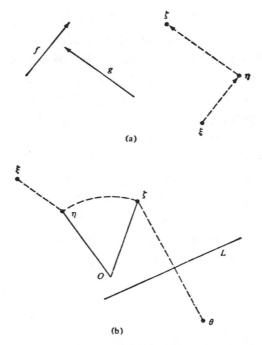

(a)

(b)

图3.2 平移、旋转和反射的复合。在图（a）中，f 和 g 是
平移，$\eta = f(\xi)$ 是 ξ 在 f 之下的像，$\zeta = g(\eta) =$
$(g \circ f)(\xi)$ 是 η 在 g 之下的像。在图（b）中，η 是 ξ
在平移 f 之下的像。ζ 是 η 在旋转 g 之下的像，θ 是 ζ 在
关于直线 L 的反射 h 之下的像。因此，$\theta = h(\zeta) =$
$(h \circ g)(\eta) = (h \circ g \circ f)(\xi)$

对称变换

所谓一个平面图形或者一个物体的对称变换，就是它的一种
保持距离不变的双射。例如，圆周的对称变换或者是围绕圆心的
旋转，或者是关于圆心的反射，或者是关于通过圆心的直线的反
射。正方形的对称变换或者是旋转 90° 的倍数，或者是关于它 的
中心的反射，或者是关于对角线的反射，或者是关于和一条边平
行的直线的反射。读者应该通过某些图形自己来阐明这些事实。

置换

具有有限个元素的集合的双射，称为置换。假设 M 是一个集合，其元素为 $\xi_1, \cdots, \xi_n$。如果 f 是 M 的一个置换，那么 $f(\xi_1), \cdots, f(\xi_n)$ 这些元素就与 $\xi_1, \cdots, \xi_n$ 完全一样，只是可能次序有所不同。不同的置换共计有 $n! = 1 \cdot 2 \cdots n$ 种。这是因为，$f(\xi_1)$ 可以有 n 种不同的方式来选取，而当 $f(\xi_1)$ 固定以后，$f(\xi_2)$ 就可以有 $n-1$ 种方式来选取，依次类推。置换共有两类：偶置换和奇置换。让我们把序列 $f(\xi_1), \cdots, f(\xi_n)$ 重排一下，通过把两个相邻元素互换位置的办法，使它变成 $\xi_1, \cdots, \xi_n$。此事可以用许多种方式来完成，但是我们能够证明，互换位置的回数总是偶数或者总是奇数，而相应的置换就称为偶置换或者奇置换。重要的事实是：奇置换的数目和偶置换的数目相同；另外，假如 f 和 g 都是偶置换或者都是奇置换，那么复合置换 $f \circ g$ 便是偶置换，而在其他情形下，$f \circ g$ 就是奇置换。证明很简单，但这里不拟讲述。

双射群

　　经过这些准备之后，我们可以写下一个

　　定义　一个集合的双射 a，b，$\cdots$ 所构成的非空集合 G 称为一个群，如果下面的条件成立：
$$a, \; b \in G \Longrightarrow a \circ b^{-1} \in G, \tag{15}$$
也就是说，每当 a，b 属于 G 时，$a \circ b^{-1}$ 也属于 G。

　　在（15）中令 $b = a$ 即可看出，每个群中都含有单位元 e；再令 $b = e$ 即知，如果 a 属于这个群，那么 a^{-1} 也属于这个群。一个群的元素的数目，称为该群的阶。如果群的阶是有限数，就称它为有限群，否则称为无限群。

　　一个集合的所有双射显然构成一个群。如果这个集合具有 n 个元素，那么这个群就称为 n 个对象的置换群，它的阶是 $n!$。一切偶置换也构成一个群，其阶为 $n!/2$。所有双射构成的群有许多有趣的子群。所谓子群，就是指这个群的一个子集，它也具有性质（15）。显然，这种子群可以构造如下。我们从任意一组

双射 c，d，…所成的集合 A 出发，建立所有的乘积 $a=a_1 \circ \cdots \circ a_m$，其中每个 a_k 或者 a_k^{-1} 都属于 A。因为当 $b=b_1 \circ \cdots \circ b_m$ 时，显然有 $b^{-1}=b_m^{-1} \cdots \circ b_1^{-1}$，所以所有这种乘积构成一个群。它是包含 A 的最小的群，而 A 的元素就称为这个群的生成元。由单独一个元素 a 出发，我们就得到一个群，它由 a 的全部方幂，即 $\cdots a^{-2}$，a^{-1}，$a^0=e$，$a^1=a$，$a^2=a \circ a$，…所构成，其中 $a^{-2}=a^{-1} \circ a^{-1}$，依次类推。这个群称为循环群。假如 a 的所有方幂都各不相同，那么这个群就是无限群，而此时关于它就没有什么可说的了。当 a 的两个方幂相等时，就存在两个整数 p 和 $q \neq p$，使得 $a^p=a^q$，即 $a^{p-q}=e$。假设使得 $a^m=e$ 的自然数 m 的最小值为 n，那么就可以推知这个群具有 n 个不同的元素 e，a，…，a^{n-1}，从而它便是 n 阶群。循环群本质上由它的阶所决定。例如，一个平行移动 $a \neq e$ 生成一个无限循环群，而一个反射 $a \neq e$ 生成一个二阶循环群，这是因为，此时 $a \circ a=e$。

从某个集合的一切双射所构成的群中选出子群的另一种办法，是利用某种不变性质。这里我们举一些例子。1）一个集合 M 中的使 M 的子集 N 不变的所有双射 a 构成一个群。所谓双射 a 使 N 不变，就是指如果 ξ 属于 N，那么 $a(\xi)$ 和 $a^{-1}(\xi)$ 也属于 N。倘若采用更强的条件：“对于 N 中的一切 ξ，都有 $a(\xi)=\xi$，”那么也可以推出同样的结论。2）所谓几何平面的等距变换，就是指不改变距离的双射 f，也就是说，对于所有的点 ξ 及 η，$f(\xi)$ 和 $f(\eta)$ 之间的距离总是等于 ξ 和 η 之间的距离。显然，所有等距变换的集合是一个群。等距变换也称为合同变换，它可以这样来想像：平面中一个图形 A（例如一个三角形）的像 $f(A)$ 可以用如下的方法得到：先把图形举到平面之外，然后再放下来或者把图形翻个身再放下来，放到平面上另外的地方。合同变换在欧几里得的《原本》的几何学中起着主导的作用，但是，在书中当然并没有提到这个词，而且概念也不是讲得十分明确的。

仿射群

假设 $\mathbf{R}^2$ 是一切实数对 $x=(x_1,\ x_2)$ 所成的集合。所谓由 $\mathbf{R}^2$ 到 $\mathbf{R}^2$ 的函数 $x \to f(x)=(f_1(x),\ f_2(x))$ 是仿射的，就是指 f_1 和 f_2 都是 x 的多项式，它们最高都只是一次式，换言之，对于所有的 x，有

$$f_1(x)=a_{11}x_1+a_{12}x_2+h_1,$$
$$f_2(x)=a_{21}x_1+a_{22}x_2+h_2, \qquad (16)$$

这里 a_{11}, …, h_2 都是固定的实数，它们称为 f 的参数。当 h_1 和 h_2 都等于 0 时，f 就称为线性函数。通过简单的计算可以证明，如果 g 是另外一个仿射函数，其参数为 b_{11}, …, k_2，则

$$(f \circ g)_1(x)=(a_{11}b_{11}+a_{12}b_{21})x_1+(a_{11}b_{12}+a_{12}b_{22})x_2$$
$$+a_{11}k_1+a_{12}k_2+h_1,$$
$$(f \circ g)_2(x)=(a_{21}b_{11}+a_{22}b_{21})x_1+(a_{21}b_{12}+a_{22}b_{22})x_2$$
$$+a_{21}k_1+a_{22}k_2+h_2,$$

所以 $f \circ g$ 也是一个仿射函数。(把本节和 3.2 关于矩阵环的一节进行对比即可看出，矩阵乘法反映了线性函数的合成。这就解释了它的结合性。)为了求出仿射函数 f 是双射的条件，我们尝试由方程组 $f_1(x)=y_1$, $f_2(x)=y_2$ 解出 x 来。如所周知，为使这个方程组对于任何 y_1, y_2 都有解，必须而且只须行列式 $d=a_{11}a_{22}-a_{12}a_{21}$ 不等于 0，而此时解就由下列二式给出：

$$dx_1=a_{22}y_1-a_{12}y_2-a_{22}h_1+a_{12}h_2,$$
$$dx_2=-a_{21}y_1+a_{11}y_2+a_{21}h_1-a_{11}h_2;$$

这就意味着，f 的逆射也是仿射函数。因此，$\mathbf{R}^2$ 的所有仿射双射就构成一个群。比如说，倘若我们要求双射 f 把（0，0）仍旧变成（0，0），我们就得到一个子群。此时 $h_1=0$，$h_2=0$，也就是说，f 是线性的。另外一个能产生子群的不变性条件是：对于所有的 x 和 y，都有

$$(f_1(x)-f_1(y))^2+(f_2(x)-f_2(y))^2$$
$$=(x_1-y_1)^2+(x_2-y_2)^2.$$

如果（x_1，x_2）是几何平面的标准正交坐标，那么这个条件就是使得 f 是等距变换的解析条件。不难证明，为使任意一个双射 f 具有这种性质，必须而且只须 f 是仿射的，而且它的参数 a_{11}，…，a_{22} 满足下列条件：

$$\begin{pmatrix} a_{11} & a_{12} \\ a_{21} & a_{22} \end{pmatrix} = \begin{pmatrix} \cos\theta & -\sin\theta \\ \sin\theta & \cos\theta \end{pmatrix}$$

$$或 \begin{pmatrix} -\cos\theta & \sin\theta \\ \sin\theta & \cos\theta \end{pmatrix},$$

其中 θ 是某个实数。此事的几何解释是 $f = v \circ g$，其中 g 是围绕原点转动 θ 角的旋转，可能还结合一个关于通过原点的一条直线的反射，而 v 是一个平移：$v_1(y) = y_1 + h_1$，$v_2(y) = y_2 + h_2$。

第三条不变性条件来自于相对论，它是

$$(f_1(x) - f_1(y))^2 - c^2(f_2(x) - f_2(y))^2$$
$$= (x_1 - y_1)^2 - c^2(x_2 - y_2)^2,$$

其中 $c > 0$ 是固定的，而 x，y 是任意的。由它可以推知 f 是仿射的，并且正如线性的 f 那样，具有这种性质的仿射函数 f 构成一个群。这个群称为具有一个空间维数的罗伦兹群——纪念本世纪初在相对论方面有过论著的物理学家罗伦兹。这种变换的物理解释如下：x_2 是时间 t，x_1 是空间坐标（我们现在把它叫做 x），c 是光速。如果罗伦兹群的元素不改变时间的方向，那么它就把 t，x 映射成

$$t' = \frac{1}{2}(a + a^{-1})t + \frac{1}{2c}(a - a^{-1})x,$$

$$x' = \frac{c}{2}(a - a^{-1})t + \frac{1}{2}(a + a^{-1})x,$$

其中 $a > 0$ 是一个参数。

抽象群

定义（凯利 1854） 群 G 是一个非空集合，它具有元素 a，b，c，… 和一个二元运算 $a \circ b$（称为群的合成或者群的乘法），

使得

(i) a，$b \in G \Longrightarrow a \circ b \in G$。

(ii) 对于 G 中所有的元素 a，b，c，都有 $(a \circ b) \circ c = a \circ (b \circ c)$（结合律）。

(iii) G 有一个单位元 e，它具有这种性质：对于 G 中所有的 a，都有 $e \circ a = a \circ e = a$。

(iV) 对于 G 中每个元素 a，都存在 G 中的元素 b（称为 a 的逆元素），使得 $b \circ a = a \circ b = e$。

注意 单位元素只有一个，因为假如 e，e' 都是单位元素，那么 $e = e \circ e' = e'$。用同样的论据也可以证明，每个元素 a 都只有唯一的逆元素。

显然，我们所谓的双射群也是上述意义下的群。因为双射的复合满足结合律，我们也看到双射群必然包含恒等映射，并且如果包含某个双射，那么也必然包含其逆映射。

由环和域的概念也可以给出一些群的标准例子。1) G 是一个环 A，合成法则是 $a \circ b = a + b$，单位元素等于 A 的零元，a 的逆元素等于 $-a$。这个群称为环的加法群，它是一个交换群，这就是说，对于所有的 a 和 b，都有 $a \circ b = b \circ a$。交换群也称为阿贝尔群——为了纪念阿贝尔，他在 1820 年左右研究过这种群。2) G 是一个除环 K 去掉其零元，合成法则是 $a \circ b = ab$，单位元等于 K 的单位元，a 的逆元等于 a^{-1}。这个群称为 K 的乘法群。K 的乘法群是交换群，当且仅当 K 是交换除环。这个例子还可以稍加推广。一个具有幺元 e 的环 A 中的元素 a 称为可逆元素，如果 A 中存在元素 b，使得 $ba = ab = e$。环 A 中的所有可逆元素在乘法之下构成一个群。

同态和同构

我们暂时先考虑整数加法群 $\mathbf{Z}$ 和 2 的整数次幂构成的乘法群 $2^{\mathbf{Z}}$。它们作为群都是无穷阶循环群，只是记法上有所区别。我们可以把这种情况表示为：$n \to \varphi(n) = 2^n$ 是由 $\mathbf{Z}$ 到 $2^{\mathbf{Z}}$ 的双射，使得 $\varphi(n+m)=\varphi(n)\varphi(m)$，这就是说，$\varphi$ 把加法映射为乘法。这种双射是对数理论的基础，但它在这里是同构概念的出发点。假设 φ 是从一个群 $G=(a，b，c，\cdots)$（合成法则为 $a\circ b$）到另一个群 $G'=(a'，b'，c'，\cdots)$（合成法则 $a'\circ' b'$）的函数，如果对于 G 中的任何 $a，b$，有

$$\varphi(a\circ b)=\varphi(a)\circ'\varphi(b)，$$

则称 φ 为同态。一对一的同态也称为同构。如果存在一个由 G 到 G' 的一个同构（此时它的逆映射是由 G' 到 G 的同构），则称两个群 G 和 G' 是同构的。作为群来考虑时，同构的群只是记法上有所不同。由 Z 到 Z_m 的映射 $\varphi(a)=a+Z_m$ 是满射同态的例子。如果 φ 是由 G 到 G' 的同态，而 e 是 G 的单位元素，那么 $\varphi(e)$ 便是 G' 的单位元素，而且 G 的像 $\varphi(G)$ 是 G' 的子群。验证留给读者。

群的作用

现在我们可以开始证明群的一些定理，但是，我们首先要引进一种非常有用的概念——群的作用。所谓群 $G=(a，b，\cdots)$ 在集合 $M=(\xi，\eta，\cdots)$ 上的作用，就是一个合成律 $a\cdot\xi$，它满足下列条件：

$$a\in G，\ \xi\in M\Longrightarrow a\cdot\xi\in M，$$
$$a，b\in G，\ \xi\in M\Longrightarrow (a\circ b)\cdot\xi=a\cdot(b\cdot\xi)\ （结合律），$$
$$e\cdot\xi=\xi\ 对于所有的\ \xi\in M\ 都成立。$$

此时我们也说 G 在 M 上运算。为了简单起见，我们有时不用记号 $\circ$ 及 $\cdot$ 而直接写出 ab 及 $a\xi$。群的作用有大量的例子。如果 G 由一个集合 M 的一些双射所组成，那么由 $a\cdot\xi=a(\xi)(a\in G,\xi\in M)$ 所定义的合成法则 $a\cdot\xi$ 便是一个群的作用。群可以用各种方式在它自身上运算，例如

$$a\cdot c=a\circ c\quad 或\ c\circ a^{-1}\quad 或\ a\circ c\circ a^{-1}。$$

在这些公式中，我们也可以令 c 属于一个包含 G 的群，此时 G 便作用于这个较大的群上。

由群 G 在 M 上的作用，可以产生由 G 到 M 的双射群的同态。这一点可由公式

$$\varphi_a(\xi) = a \cdot \xi$$

得出，它把 G 的元素 a 映射为由 M 到 M 的函数 φ_a。因为当 η 是 M 中的已知元素时，方程 $a \cdot \xi = \eta$ 有唯一解 $\xi = a^{-1} \cdot \eta$，所以这些函数都是双射。最后，对于 G 中所有的元素 a，b 和 M 中的元素 ξ，公式

$$\varphi_a(\varphi_b(\xi)) = \varphi_a(b \cdot \xi) = a \cdot (b \cdot \xi)$$
$$= (a \circ b) \cdot \xi = \varphi_{a \circ b}(\xi)$$

成立。由此可知，把 $a \rightarrow \varphi_a$ 看作由 G 映射为 M 的双射的函数时，它具有性质 $\varphi_a \circ \varphi_b = \varphi_{a \circ b}$。因此，映射 $a \rightarrow \varphi_a$ 便是同态。$\varphi_a = \varphi_b$ 表示对于所有 ξ，都有 $a \cdot \xi = b \cdot \xi$（或者等价于对于所有 ξ，有 $(b^{-1} \circ a) \cdot \xi = \xi$）。所以，如果群的作用具有下面的性质：

$a \cdot \xi = \xi$ 对于所有 ξ 都成立 $\Longrightarrow a = e$，那么映射 $a \rightarrow \varphi_a$ 是单射，而 G 同构于 M 的所有双射构成的群的某一子群。如果 $M = G$ 而 $a \cdot c = a \circ c$，那么群的作用的确有这种性质，从而我们就证明了

定理5（凯利 1854）　每个群 G 都同构于一个双射群。如果 G 是 n 阶有限群，那么它就同构于 n 个对象的置换群的某个子群。

轨道

群在集合 M 上的运算如图 3.3 所示。群的元素 a 把"点" ξ 移到"点" $a \cdot \xi$。G 在 M 中的轨道就是当 a 在 G 中变化时，由 ξ 生成的点集 $a \cdot \xi$。我们用下面的记号来表示它：

$G \cdot \xi = a \cdot \xi$ 的集合，其中 a 属于 G。

例：当 M 是几何平面，G 是围绕一个点的所有旋转时，轨道就是以这点为圆心的圆周以及这个点本身。当 G 是由关于一个点或者一条直线的反射所生成时，轨道是什么呢？下面的简单引理是群论中许多定理的来源。

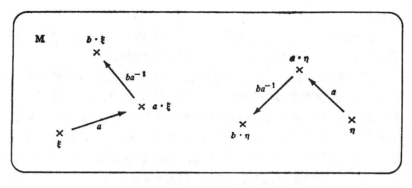

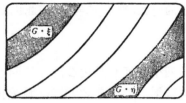

图 3.3 群 $G=(a,b,\cdots)$ 在集合 $M=(\xi,\eta,\cdots)$ 上运算。元素 ξ，$a\cdot\xi$，$b\cdot\xi$，$\cdots$属于轨道 $G\cdot\xi$，而 η，$a\cdot\eta$，$b\cdot\eta$，$\cdots$各点属于轨道 $G\cdot\eta$。箭头表示相应群元素的作用。下面的图非常粗略地表示 M 是不相交轨道的并集，轨道 $G\cdot\xi$ 和 $G\cdot\eta$ 用阴影区域来表示

引理 假设群 G 在集合 M 上运算，那么两个轨道或者恒等或者不相交。因此，集合 M 就是不相交的轨道的并集。

证 如果 $a\cdot\xi=b\cdot\eta$，其中 a，b 属于 G 而 ξ，η 属于 M，则 $\xi=a^{-1}\circ b\cdot\eta$，因此，对于 G 中所有的 c，都有 $c\cdot\xi=c\circ a^{-1}\circ b\cdot\eta$，从而 $G\cdot\xi\subset G\cdot\eta$。但是同样也可以证明 $G\cdot\eta\subset G\cdot\xi$，所以 $G\cdot\xi=G\cdot\eta$。

由这个引理可以推出有限群的一个著名定理，现在我们就来陈述并证明它。通常把这个定理归功于拉格朗日（大约 1790 年）。如果把这个定理的第二部分分别应用到以一个素数为模的剩余类的乘法群和以一个整数 m 为模并与 m 互素的剩余类的乘法群上， 那么由此即可推出费马定理以及欧拉对于费马定理所

作的推广。

定理 6　子群的阶能整除群的阶。特别有 $a_n = e$，其中 a 是群的任意元素，n 是群的阶，而 e 是单位元素。

证　假设 G 是一个群，H 是它的子群。我们把群的合成简写为 ab。H 通过乘积 ac 运算于 G 上，这里 a 属于 H，c 属于 G。此时轨道便是集合 Hc。这些轨道中元素的个数都与 H 的元素的个数相等，原因是：如果 $ac = bc$，则 $a = b$。倘若 G 有 n 个元素，H 有 m 个元素，而轨道有 k 个，则由引理即知，$n = mk$，这就证明了定理的第一部分。特别，当 $H = (e, a, \cdots, a^{m-1})$ 是由一个元素所生成的时候，即有 $a^m = e$，因此也就有 $a^n = a^{mk} = e$。

不变子群

假设 G 和 Γ 是两个群而 φ 是由 G 到 Γ 的同态，考虑 G 中这样的元素 a：φ 把 a 映射为 Γ 的单位元素；则所有这种元素 a 所成的集合称为同态 φ 的核。假设 G 具有元素 a，b，$\cdots$ 与合成 ab，而 Γ 具有元素 ξ，η，$\cdots$ 与合成 $\xi\eta$ 以及单位元素 ε，则因 $\varphi(ab^{-1}) = \varphi(a)\varphi(b^{-1})$，所以如果 a，b 都在 φ 的核中，那么 ab^{-1} 也是一样，因此，这个核是 G 的一个子群 H。同样，因为当 $\varphi(b) = \varepsilon$ 时有 $\varphi(aba^{-1}) = \varphi(a)\varphi(b)\varphi(a)^{-1} = \varepsilon$，故有 $aHa^{-1} \subset H$。把 a 换成 a^{-1} 就得到相反的包含关系 $H = aa^{-1}H aa^{-1} \subset aHa^{-1}$。因此，对于 G 中所有的 a，恒有

$$aHa^{-1} = H. \tag{17}$$

具有这种性质的子群称为**不变子群**。例：倘若 G 是阿贝尔群，那么所有子群都是不变子群。在实数直线的所有仿射双射 $x \to f(x) = ax + b\,(a \neq 0)$ 构成的群中，平移 $x \to x + b$ 构成它的不变子群。事实上，因为当 $g(x) = cx + d$ 时，$f \circ g(x) = acx + ad + b$，所以 $f \to a$ 便是映射到不等于零的实数的同态。仿此，如果 f 由 (16) 给出，则

$$f \longrightarrow \begin{pmatrix} a_{11} & a_{12} \\ a_{21} & a_{22} \end{pmatrix}$$

就是映射到二阶满秩方阵中的同态。因此，平移构成平面的仿射双射群的一个不变子群，从而也就构成了等距变换群的一个不变子群。这一点也可以由几何的论证看出来。

当我们有了群 G 的一个不变子群 H 时，我们也可以构造一个群 Γ 和一个由 G 到 Γ 的同态 φ，使得它的核等于 H。事实上，如果令 H 由左侧作用于 G，而将 G 中的轨道 $\xi = Ha$，$\eta = Hb$ 等取作 Γ 的元素，那么由 $\xi\eta = Hab$ 即可定义 Γ 中的合成法则。事实上，此时由 (17) 可以证明 $Hab = aHb = abH$；因此，当 c 属于 H 时，如果把 a 换成 ac 或 ca，或者把 b 换成 bc 或 cb，那么并不会使轨道 Hab 有所改变。于是立即可以验证，Γ 是具有单位元素 $\varepsilon = H$ 的群，而且映射 $a \rightarrow \varphi(a) = Ha$ 是同态。因为 $Ha = H$ 当且仅当 a 属于 H，所以 φ 的核正好就是 H。群 Γ 称为 G 关于 H 的商群，并用 G/H 表示。例：假设 G 是实数直线的线性双射 $f(x) = ax + b$ ($a \neq 0$) 的集合而 H 是平移群，那么每个轨道 Hf 中都包含一个齐次线性双射 $f_0(x) = ax$，于是商群实际上就同构于这些 $f_0(x)$ 所成的群。仿此，平面的等距变换群关于平移子群的商群同构于旋转群——旋转就是保持一点不变的等距变换。

现在我们已经准备得很充分而可以开始证明一些关于有限群的重要定理了；但由于篇幅有限，我们只得局限于考虑一些特别有趣的定理。

有限生成的阿贝尔群

通常我们把阿贝尔群写成加法的形式。这样，合成便是 $a + b$，单位元素是 0，而 $-a$ 是 a 的逆元素。每个循环群都是阿贝尔群。我们说阿贝尔群是（在整数集上）有限生成的，如果下面的条件成立：G 中存在有限个元素 $a_1, \cdots, a_s$，使得 G 中每个元素 a 都具有 $n_1a_1 + \cdots + n_sa_s$ 的形式，其中 $n_1, \cdots, n_s$ 是某些整数。对于这种群有下面的结构定理，它在许多教科书中都有证明。这是没有人名的定理，因为不能把它和任何人联系在一起。

定理 7　每一个有限生成的阿贝尔群都是循环子群 G_1，$\cdots$，G_n 的直和。这就是说，G 中每个元素 a 均可表为唯一的和 $a_1 + \cdots + a_n$，其中 $a_1 \in G_1$，$\cdots$，$a_n \in G_n$。子群 G_1，$\cdots$，G_n 当中的有限阶子群可以这样选取，使得它们的阶是素数的幂；这样，它们除了同构以外便是唯一确定的。

有限群

数学文献中有一部分是从事于这种工作的：造出具有给定阶数 n 的所有不同构的群的表。如果阶数是素数，那么情况就比较简单；这是因为，根据定理 6 可知，这种群没有真子群，因而必定是循环群。如果阶数不是素数，情况就变得更加丰富多采。例如，存在着 14 种不同的 16 阶群。另一方面，15 阶群却只有一种。当 p，q 是素数时，所有阶数为 p，p^2，pq 及 p^3 的群都已经知道了，而且在许多初等教材中都已经把它们构造出来。

晶体群的范型

矿物晶体及其他晶体都具有有趣的对称性质，这些性质可以通过群论来加以分类。结晶矿物的晶体排列成一个格子，我们可以想像它是无限的。于是，这种格子可以沿着三个独立的方向平移，使得它最后仍然和自身重合。换言之，它的对称群包含三个独立的平移。它还可以包含其他的对称变换，如旋转和反射之类。假若同构的群看成恒等的话，那么数学上可以证明只有 230 个不同的晶体群，而实验事实表明，确实存在着一些晶格，能表现其中的每个群。由这些群关于其平移子群的商群的同构类，可以得出一种比较粗糙的分类——32 个晶类。对于在两个独立方向上使自己重复出现的二维范型也可以进行同样的分类。它们的对称群分成 17 个同构类，然后关于平移群来取商群，商群的同构类数目就减少到 12。表示所有这 17 类的范型，比如说，曾经出现在古代埃及的艺术中。这表明人类对于对称性有着非常好的直观眼力。有些作者主张把所有这些范型类的早期发现看作是群论的诞生。晶体群学起来很不容易，但是，范型群却不难理解。

文献

A. Speiser, Gruppentheorie (Springer–Verlag, 1937) 和 Coxeter, Introduction to Geometry (Wiley, 1963)。还有一本不那么专门的书，即 H. Weyl 所著的 Symmetry (Princeton, 1952)。

可解群

一个群 G 称为可解的，如果存在一个有限的相继子群序列 $G = G_0 \supset G_1 \supset \cdots \supset G_n$，其中每个群都是前面一个群的不变子群，并且所有的商群 G_{k+1}/G_k 都是循环群，而 G_n 是单位元素群。本世纪 60 年代，美国数学家菲特和汤普森证明了一个极为困难的结果，即所有奇数阶的群都是可解群。

伽罗瓦理论

伽罗瓦曾经应用群论来判断，为什么某些方程可以用根式求解（即用开 n 次方根和有理运算来求解），而另外一些方程却不能用根式求解。为了解释这点（当然不是给出证明），我们现在已经具备所有必要的数学工具了。假设 $P(x) = x^n + a_{n-1}x^{n-1} + \cdots + a_0$ 是一个有理系数素多项式，而 $\xi_1, \cdots, \xi_n$ 是它在复数平面上的所有零点。构造这些零点的具有有理系数 $b_0, b_1, \cdots$ 的所有多项式

$$b_0 + b_1\xi_1 + \cdots + b_n\xi_n + b_{11}\xi_1^2 + \cdots,$$

所构成的环，并令 K 为其商域。这是一个包含有理数域 $\mathbf{Q}$ 的代数数域，它的元素用 ξ，η，$\cdots$ 表示。考虑 K 中的同时也是域的自同构的双射 φ，这就是说，对于 K 中所有的 ξ 及 η，φ 都满足关系式

$$\varphi(\xi + \eta) = \varphi(\xi) + \varphi(\eta),$$
$$\varphi(\xi\eta) = \varphi(\xi)\varphi(\eta), \tag{18}$$

同时还使 Q 中的元素保持不变：

$$a \in Q \Longrightarrow \varphi(a) = a.\qquad\qquad (19)$$

我们把这个规则应用几次，就得到对于所有的 ξ，

$$\varphi(P(\xi)) = \varphi(\xi)^n + a_{n-1}\varphi(\xi)^{n-1} + \cdots + a_0 = P(\varphi(\xi))$$

成立。特别有，假如 $P(\xi)$ 等于零，那么 $P(\varphi(\xi))$ 也等于零。因此，$\varphi(\xi_1)$, $\cdots$, $\varphi(\xi_n)$ 这些数就构成 ξ_1, $\cdots$, ξ_n 这些数的一个置换。同样，如果我们已经知道了 $\varphi(\xi_1)$, $\cdots$, $\varphi(\xi_n)$，那么对于 K 中所有的 ξ，$\varphi(\xi)$ 显然也就决定了。K 中具有性质（18）和（19）的所有双射显然构成一个群，称为 K 的伽罗瓦群。刚才我们已经看到，它可以看成 n 个对象的置换群 π_n 的子群。方程的根式可解性和伽罗瓦群之间的关系就由下面的伽罗瓦（1830）定理给出。

定理8 如果 P 是有理素多项式，则为使方程 $P(x) = 0$ 可用根式求解，必须而且只须相应的伽罗瓦群是可解群。

不难看出，伽罗瓦群等于 π_n，除非对系数作出特殊的选取。于是，一般的高于四次的方程的不可解性，就是群 π_n 的下面一个性质的推论——这个性质是不难证明的。所谓一个群是单群，就是指这个群除了单位元素和它本身之外没有其他的不变子群。这两种子群称为平凡子群。

定理9 当 $n > 4$ 时，n 个对象的偶置换群是非循环的单群，并且它是 n 个对象的置换群的唯一一个非平凡的不变子群。

上面两个定理是最好的例子，它们说明了，对于一些乍看起来似乎是毫无希望的混乱局面，强有力的数学可以带来简单性和清晰性。

用直尺和圆规作图

伽罗瓦理论还解决了希腊人所提出的两个问题。在《原本》中，几何作图是利用直尺圆规来进行的。这样就不难作出一个正方形，其面积为已知正方形的两倍，或者平分一个已知角。人们也一直力图作出一个立方体，使其体积等于已知立方体体积的两

倍，或者三等分一个已知角；但是，所有这种努力都失败了。伽罗瓦理论证明，这两件事根本不可能只在有限多步内实现。一般的问题是：利用直尺和圆规，根据一条长度为 1 的直线段，可以作出多长的线段？或者等价的问题是：从 0 和 1 出发，可以作出复平面上的哪些点？为了简单起见，我们把这些点记作 复 数 a，b，…。通过简单的论据可以证明，假如 a 和 b 都可作出来，那么 $a \pm b$，ab，ab^{-1}，$\sqrt{a}$ 也可以作出来。特别，所有可以作出来的数构成一个域，并且所有可以作出来的数都是代数数。因此，对于每一个这样的数 ξ，存在一个有理素 多 项式 P，使得 $P(\xi) = 0$。造出由 P 的一切零点所生成的相应的域，并设 G 为其伽罗瓦群。

定理10 数 ξ 可以作出来当且仅当 G 的阶数是 2 的幂。

由此可以推出，三次素多项式的零点是不能作出来的。事实上，此时相应的伽罗瓦群的阶是 6 或者 3。二倍立方体问题就等价于作出 $\xi = \sqrt[3]{2}$。这里对应的多项式 $x^3 - 2$ 是素多项 式，因而 ξ 就是不能作出来的。三等分一个角，实际上是对应于作出多项式 $4x^3 - 3x + a$（a 是有理数）的零点。除了极少的例外情况之外，它们都是有理素多项式，因而它们的零点也是不能作出来的。在库朗和罗宾斯所著的《近代数学概观》（Courant and Robbins, What is Mathematics (Oxford)）一书中，给出了这些命题的初等证明，这些证明没有用到伽罗瓦理论。

群的表示

按照定义，所谓群 G 的一种表示，就是由 G 到一个环 A 的可逆元素所成的群中的一个同态，也就是由 G 到 A 的一个映射 φ，使得对 G 中所有的元素 a，b，都有 $\varphi(ab^{-1}) = \varphi(a) \varphi(b)^{-1}$。如果 A 是复数方阵环，我们就称 φ 是 G 的复矩阵表示。从本世纪初以来，当 G 是有限群时，所有这种表示原则上都已经知道了，比如说，如果 G 是三维空间中围绕一点的旋转群，那么所有这种表示的细节都已经知道。三维旋转群的表示在非相对论性量子力

学中起着重要的作用．它们在H.魏尔的书《群论和量子 力学》
(H. Weyl, The Theory of Groups and Quantum Mechanics
(1931; Dover, 1950)）中得到了完备的阐述．

历史

群论的历史相当错综复杂，在它的名称术语固定下来 之 前，
很难对以前发生的事件进行清理．在 19 世纪末期才完成这种整
理工作，特别是C.若尔当《代换论》（C. Jordan, Traité des
Substitutions(1870)）一书，其中对伽罗瓦理论作了完备的论述．
（参看G. A. 密勒，《到1900 年为止的群论历史》（G. A. Mil-
ler, History of the Theory of Groups up to 1900)收入《全
集》（Collected Works）卷 I，1935，第 427 ～ 467 页．）

3.4 几 段 原 文

大法

《大法》中的证明，是以欧几里得的方式写出来的．卡尔达
诺公式也是用近代的记号写的，但是当时只有数值的系数．在那
个时候，负数还是新鲜事，复数还不知道，人们还不相信代数运
算能够提供证明．下面是卡尔达诺关于公式（3*）的论述，其中
方程为 $x^3 + px = q$ 。

> "把 x 的系数的三分之一取立方，然后加上方程的常系数的二
> 分之一的平方；再将所得的数求平方根．然后取两个这种平方根，
> 对于其中之一加上常系数的二分之一，而从另外一个数减去常系数
> 的二分之一．于是你就会得到一个二项数（binomium）及其相配
> 数（apotome）．然后从这二项数的立方根减去相配数的立方根，其
> 差数或者余数就是 x 的值。"

卡尔达诺　（1501～1576）

伽罗瓦　（1811～1832）

伽罗瓦论置换群

伽罗瓦在 21 岁死于决斗。 生前他已经发表过一篇讨论现在所谓的伽罗瓦域的文章，但是他的主要工作仍是未完成的手稿。其中除了别的东西以外，他陈述了下面三个定理，这里是我们逐字逐句的翻译。

"定理一 两个群所公有的置换构成一个群。定理二 如果一个群包含在另一个群中，那么后面这个群就是与前一个群相似的一些群的并集，而前面一个群称为一个因子。定理三 如果一个群中的置换的数目能被 p（一个素数）整除，那么这个群包含一个代换，其周期具有 p 项。"

定理一无须多解释。定理二中，一个子群作用于一个群上，其所有轨道也被称为群。定理三是一个难得的结果，1844 年被柯西重新发现。用近代术语来表述，这就是说，如果 p 能整除一个群的阶，那么这个群便具有一个 p 阶循环子群。这个定理还没有十分简单的证明。

凯利论矩阵

（发表在《伦敦皇家学会哲学学报》上（Philosophical Transactions of the Royal Society of London），1858 年，17 ~ 37 页。）

"矩阵这个术语可以在更广泛的意义之下使用，但是在本文中，我只考虑正方矩阵和长方矩阵，如果用矩阵这词而不加形容词时，我们就理解为方阵；在这个较窄的意义下，一些排成正方形的形状的量…。

我们将会看到，矩阵（只考虑具有相同阶的）就像单独一个量那样出现；它们可以相加、相乘或者复合在一起等等。矩阵的加法规律与通常代数量的加法规律完全相似，至于矩阵的乘法（或者合成），倒是具有一般来说不可逆的特点，然而，能够构成一个矩阵的幂（正的或负的，整数的或分数的）…。我得到了一个重要定理：任何矩阵都适合一个代数方程，它的次数等于矩阵的阶数，最高次幂的系数等于1，其他次幂的系数都是矩阵元素的函数，最后的系数事实上就是行列式…。"

凯利说的"不可逆"，意思是指矩阵的乘法一般来说不可交换。在最后一段中，凯利所讲的是现在著名的哈密顿-凯利定理，它可以阐述如下：假设 $A=(a_{ii})$ 是 $n \times n$ 矩阵，它的元素属于一个具有幺元的交换环 R，又设

$$
\begin{aligned}
D(x) &= \det(a_{jk} - x\delta_{jk}) \\
&= (-x)^n + (a_{11} + a_{22} + \cdots \\
&\quad + a_{nn})(-x)^{n-1} + \cdots + \det(a_{jk})
\end{aligned}
$$

为其特征多项式（见下章，4.3 节），那么在矩阵元素属于 R 的 $n \times n$ 矩阵环中，$D(A)=0$。这个惊人的结果是容易证明的，但是比起矩阵所得到的那么广泛的应用来，它还不是十分重要的。

A. 凯利　（1821～1896）

文献

Birkhoff 和 Maclane 合著的 A Survey of Modern Algebra (Macmillan, 1963) 与 M. Hall 所著的 The Theory of Groups

(Macmillan, 1959)都易于阅读，并且内容丰富。S.Lang 的 Algebra(Addison-Wesley, 1965) 是一本相当难的、百科全书式的著作。van der Waerden 的经典著作 Moderne Algebra (从 1930,1931 年起) 现在已有平装本,书名改为 Algebra(Springer-Verlag, 1968)。

第四章 几何和线性代数

要是没有线性代数，任何数学和初等教程都讲不下去。按照现行的国际标准，线性代数是通过公理化来表述的。它是第二代数学模型，其根源来自于欧几里得几何、解析几何以及线性方程组理论。这就带来了教学上的困难。对于初学的人，如果几何学及代数计算的基础不好，而且对于抽象也感到困难，那么他们学习线性代数的条件实际上并不成熟。另一方面，我们也无须夸大困难。线性代数的理论十分简单，定理不多而且没有复杂的证明。它还是有必要去学的。如果不熟悉线性代数的概念，像线性性质、向量、线性空间、矩阵等等，要去学习自然科学，现在看来就和文盲差不多，甚至可能学习社会科学也是如此。

本章的第一部分讨论线性代数的三个来源：欧几里得几何、解析几何以及线性方程组。在讲了一节矩阵之后，我们就转到线性代数本身以及它的对象——线性空间和它们之间的线性映射。

本章的其余部分讨论线性分析，这是代数和分析的非常有用的杂交品种，它是通过在代数方法中引进长度观念而得到的。无穷维线性空间中的线性分析，通常称为泛函分析，是 20 世纪的一项成功的发明。我们将介绍它的一些基本概念和结果，其中包括自伴线性算子的谱定理。我们还要应用谱定理来分析力学系统的微小振动。

读者应该认识到，这一章所涉及的范围很广泛，是不能很快地消化掌握的。有许多地方还要用到以前学过的这方面的知识。

4.1　欧几里得几何

历史

欧几里得的《原本》是公元前 300 年在亚力山大里亚写的。它以手抄本的形式流传下来，一直到公元1500年左右印刷术出现时才有印本。现存最古老的抄本大约是公元1000年左右的。（T. L. 希斯的带有评注的英文译本于 1908 年作为多佛出版物问世。）一直到本世纪初期，《原本》都始终是中学数学教科书。这书地位的牢固性以及希斯保守的倾向性在他的序言中表达得十分清楚：“我们用不着奇怪，在当前这种什么都要走捷径的时代，自然会掀起一场摆脱欧几里得的运动…许多人在赶时髦想写出‘更结合实际’的教科书，他们在这方面争先恐后积极竞争。”瑞典诗人 C. M. 贝尔曼写道：

甚至到现在一想到欧几里得，

我都得擦擦满是汗水的前额，

这两句诗反映了多少代学生的绝望情绪啊。

《原本》的十三个部分已经保存下来。前四个部分讨论三角形、平行四边形和圆。其中阐述并证明了众所周知的几何定理，例如三角形的三个内角之和等于两个直角，毕达哥拉斯定理，一段圆弧对于圆周上其他各点所张的角度相等。其证明依赖于未被证明的命题，用我们的术语讲就是公理或者公设．它们是普遍的逻辑规则（像与同一个量相等的量彼此相等）与几何命题（像著名的平行公理）的混合物．平行公理可以表述如下：通过一条直线外一点只能作唯一的一条直线与该直线平行，也就是说，不论这两条直线延长多远，它们也不相交．

平行线

绳子是人类文明的最古老的测量工具之一．我们可以把欧几里得几何看成是用绳子进行测量的数学模型．直线相当于拉紧了的绳子，直线上的点就相当于绳子上最小的一段．平面由两条相交的直线给出，而球面就相当于把绳子一端固定时另一端生成的曲面．从《原本》的头一个定义——一个点就是没有部分的对象——已经可以看出，欧几里得几何讨论的是抽象观念，这是很清楚的．模型与现实之间的相合反映了现象上的相近．在测量仪器的精密度范围之内，三角形的三个角之和事实上总是180°．航行的失败或木工几何上的错误，从来也不是由所用的几何定理的任何缺陷所引起的．从古典时期以来，对欧几里得几何学所做的唯一的真正贡献是三角函数表，其中给出了直角三角形各边之比作为其中某个角度的函数．

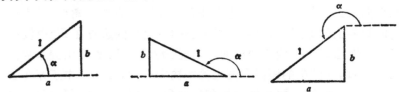

图4.1 三角函数。一个角度 α 的正弦、余弦、正切、余切分别定义为 $\sin\alpha = b$，$\cos\alpha = a$，$\tan\alpha = b/a$，$\cot\alpha = a/b$，其中 a 和 b 如图所示。长度 a 向左就当作负的，长度 b 向下也当作负的

非欧几何

随着公元1500年以后近代科学的兴起，欧几里得几何也成为科学上的好奇心所关注的对象．平行公理显然非常特别，因此有

许多人尝试着把它由其他公理推导出来，但是所有的努力都失败了。到1830年左右，鲍耶和罗巴切夫斯基彼此独立地证明了，进一步努力也是徒劳的。他们构造了一个所谓非欧平面 E^*，它与欧几里得平面 E 只在一个方面有差别：在 E^* 中平行公理不成立，但是 E 的所有其他公里都成立。 50 年以后，庞加莱把 E^* 的图画成欧几里得平面中的大圆盘 C 的形式，用来阐明这个发现（图4.2）。他把图上点 P 处的长度比例选为 $1:(1-d^2/R^2)^{-1}$，其中 R 是圆盘的半径， d 是在图上由 P 到圆盘中心的距离。由此得出，例如，图上两段弧 α 及 β 在 E^* 中等长。由这种长度比例的选取可以得到另外一个推论: E^* 中的无限长直线是图中与 C 的边界相交成直角的圆弧。图中有三条这样的圆弧: A, B, B'. 特

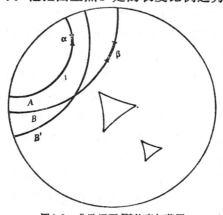

图4.2　非欧平面 E^* 的庞加莱图

别, A 和 B 上的弧 α 和 β 相当于 E^* 中的两个等长的线段。图中的两个曲线三角形对应于 E^* 中两个尺寸相同的直线三角形. 图中到 C 的边界上的道路在 E^* 中是无限长的，而 C 的边界在 E^* 中没有相应的对象. 但是，接近圆盘的中心时， α/R 很小，长度比例非常接近于 1:1， E^* 中的距离和图上的距离十分相似。 E^* 中还存在着欧几里得平面的合同变换群的相应对象。例如，存在 E^* 的保持距离的双射，它把一个已给的三角形映射到另一个已给的三角形，其边长大小与前一个三角形完全相等。图中的两个曲线三角形表示了这种情形。事实证明，在 E^* 中除了平行公理之外，所有欧几里得公理都成立。这点也由图中显示出来。在 E^* 中，两条直线 B 与 B' 只有唯一的交点，但它们都不与直线 A 相交。非欧平面还有其他突出的特性。例如， 一个三角形的三个角之和总是小于两个直

角，并且这个和随着三角形的大小的增加而减少．事实上，在图中确实如此，因此在 E^* 中也是如此，因为图是保持角度的．只有长度比例在逐点改变着．

非欧几何的发现是心理上的突破．欧几里得几何不再恒等于现实，还有其他的模型存在．对于鲍里耶来说，非欧平面是一个新世界．在 19 世纪初期，射影几何也诞生了．它由透视理论得到启发．射影平面就是由欧几里得平面添加所谓无穷远直线而得到的．射影几何以及非欧几何的发现，打破了欧几里得几何的垄断地位．1872年F. 克莱因指出，每一种几何学都具有一个双射群，这些双射对应于欧几里得几何中的合同变换；在 19 世纪末，希尔伯特对于几何公理做出了著名的逻辑分析．在希尔伯特的分析中，"点"和"线"这些词完全是非特定的，任何事物都是用集合和关系这种冷冰冰的逻辑语言来表达的，而图形的唯一目的就是为了阐明逻辑．这种讨论公理的方式现在已经完全被人们接受了．另一方面，图形对于我们的直觉来说现在是，今后也总是不可少的．只要不带偏见去使用，图形也能够表示极为抽象的概念．例如，用两个相互重叠的圆盘来表达两个完全任意的集合的并集和交集的思想，是一种经常用到的非常有效的办法．

圆锥曲线

经历这次时间中的飞行之后，让我们回到大约公元前 3～2 世纪的希腊数学．圆已不再是唯一研究过的曲线．《原本》中已经失传的四个部分讨论了椭圆、双曲线和抛物线，或者用一个共同的名称——圆锥曲线．这些曲线都可以用一个平面去截一个回转锥面而得出（图4.3）．在阿波罗尼乌斯的一本论著（公元前200年）中，载有圆锥曲线的完整理论．例如，他证明椭圆（双曲线）是到两个给定点（焦点）的距离之和（差）等于常数的动点的轨迹．进一步详细论述见图4.4～4.6．

由阿波罗尼乌斯的时代起，圆锥曲线在物理学中曾起过奇异的作用．大约在 1610 年左右，开普勒发现行星沿椭圆轨道运动，

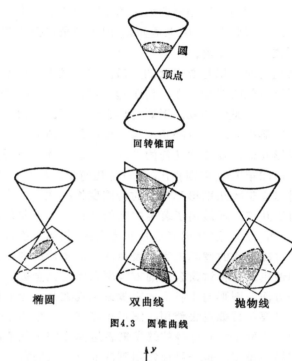

图4.3 圆锥曲线

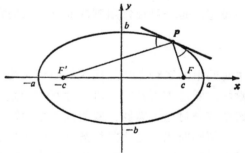

图4.4 椭圆。由椭圆上任意一点 P 到点 F 和 F' 的距离之和是常数 $= 2a$。在 P 点处有一条椭圆的切线。图上标出的两个角相等。由 F 发出的光线被椭圆反射到 F'，因此这两点称为焦点。在图上的坐标系中，椭圆的方程是 $(x/a)^2 + (y/b)^2 = 1$，两个焦点的坐标是 $(\pm c, 0)$，其中 $c^2 = a^2 - b^2$

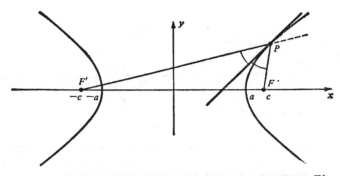

图4.5 双曲线，双曲线有两支。由双曲线上任意一点 P 到 F 和 F' 的距离之差等于 $\pm 2a$。在 P 点处有一条双曲线的切线。图上标出的两个角相等。由 F 发出的光线被双曲线反射以后好像来自于 F'。在图上的坐标系中，双曲线的方程是 $(x/a)^2-(y/b)^2=1$，两个焦点的坐标是 $(\pm c, o)$，其中 $c^2=a^2+b^2$

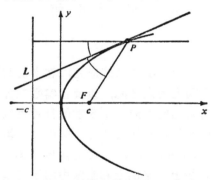

图4.6 抛物线，只有一支。抛物线上任意一点 P 到它的准线（即直线 L）的距离等于它到抛物线的焦点 F 的距离。在 P 点处有一条抛物线的切线。图中所标出的两个角相等。由 F 发出的光线经过抛物线反射以后成为平行线。在图上的坐标系中，抛物线的方程是 $y^2=4cx$

太阳是其中一个焦点。牛顿在他的著作《…数学原理》(1687)中证明了，这一点可以由万有引力定律和力学定律推出。量子力学的奠基石，是自伴线性变换的谱定理，这也是圆锥曲线的后裔。

以后我们要推导牛顿关于行星运动的结果，那时就要用到圆锥曲线的极坐标方程。这点在下面图 4.7 的解说中给出。

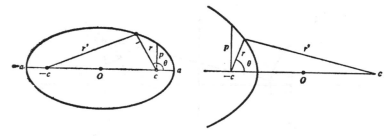

图4.7 圆锥曲线的极坐标方程。用左图中的记号, 我们得出 $r + r' = 2a$, $r'^2 = r^2\sin^2\theta + (2c + r\cos\theta)^2$。因此 $(2a - r)^2 = r^2 + 4cr\cos\theta + 4c^2$。令 $c = ea$, 其中 $0 \leqslant e < 1$, 就得出 $r = P(1 + e\cos\theta)^{-1}$, $P = a(1 - e^2)$ (∗) 数 e 称为离心率(当椭圆是圆时, e 等于零), 而 P 称为参数。对于双曲线, 我们用右图来说明。图上标出的一支的方程也是 (∗), 但 $P = a(e^2 - 1)$, 其中 $e = c/a > 1$。当 $e = 1$ 时, 我们得到抛物线方程

4.2 解 析 几 何

坐标系

解析几何是下面的事实的系统应用: 在实数与直线上的点之间, 在实数偶与平面上的点之间, 以及在实数三元组与空间中的点之间, 都存在着自然的对应。于是数的计算可以用几何的方式来解释, 而几何问题可以重新表述为代数问题。笛卡儿1637年出版的《几何学》(Géometrie), 一般被认为是解析几何的开端。我们只限于讨论直线上、平面上和空间中的平行坐标, 以具有说明的三个图来表示。我们的构造用到了日常的几何学, 即欧几里得几何。

要注意, 平行坐标决不是仅有的一种坐标。我们有许许多多方法把数与点对应起来, 其中许多种方法都在应用着, 例如极坐标和地球表面上的经纬度系统。

图4.8 直线上的坐标。点 P 具有坐标 x_0, 它定义为由 P 到某个固定点 O 的距离——它是相对于某种尺度来测量的。点 O 称为原点。在 O 的一个方向(通常用箭头的方向表示)上, 距离为正, 在 O 的另一个方向上, 距离为负

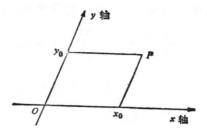

图4.9 平面上的平行坐标。两个轴——x轴和y轴——交于一点O，这叫做原点。通过P点作两个轴的平行线与它们相交于两点。把这两点的坐标x_0，y_0取在一起，就是P的坐标。如果两个轴相交成直角，而且两个轴上的长度单位相同，则这样得到的坐标系就称为直角坐标系或标准正交坐标系。此时如果P，Q两点的坐标是(x_0, y_0)，和(x_1, y_1)，则P与Q之间的距离平方由毕达哥拉斯定理给出：〔距离(P, Q)〕$^2 = (x_1 - x_0)^2 + (y_1 - y_0)^2$

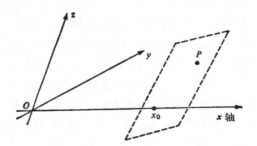

图4.10 空间中的平行坐标。三条轴——x轴，y轴，z轴——交于一点O，它就是原点。这三条轴两两决定三张通过原点的平面，它们分别称为xy平面、yz平面、xz平面。通过P作一个平面平行于yz平面，交x轴于一点，这点的坐标x_0称为P的x坐标。同样可以定义P的y坐标和z坐标。数组(x_0, y_0, z_0)称为P的坐标。如果三条轴两两垂直，而且三个轴上的长度单位相等，则这样得到的坐标系就称为直角坐标系或标准正交坐标系。此时如果P，Q两点的坐标分别是(x_0, y_0, z_0)和(x_1, y_1, z_1)，则P，Q两点之间的距离平方由毕达哥拉斯定理给出〔距离(P, Q)〕$^2 = (x_1 - x_0)^2 + (y_1 - y_0)^2 + (z_1 - z_0)^2$

曲线和曲面的方程

我们已经证明：椭圆、双曲线、抛物线的方程分别是

$$\left(\frac{x}{a}\right)^2 + \left(\frac{y}{b}\right)^2 - 1 = 0,$$

$$\left(\frac{x}{a}\right)^2 - \left(\frac{y}{b}\right)^2 - 1 = 0,$$

$$y^2 - 4cx = 0.$$

这表示坐标为 (x, y) 的点 P 位于其中某一曲线上当且仅当其坐标满足相应的方程。与此相关，我们可以提出下面的问题：是否每条曲线都有一个方程 $f(x, y) = 0$？是否每个这样的方程都对应于一条曲线？这里 $f(x, y)$ 是 x 和 y 的实函数。这两个问题的回答都是肯定的，但要加上某些自然的限制。这里深入讨论这个问题就会离题太远；但是，对于线性函数，也就是形式如 $f(x, y) = ax + by + c$ 的函数（其中 a，b，c 是实数），答案是容易的。由欧几里得几何中最简单的定理可以证明：如果 $a^2 + b^2 > 0$，则 $f(x, y) = 0$ 是一条直线的方程；每条直线都有这种形式的方程；两个方程 $f(x, y) = 0$ 和 $f'(x, y) = 0$（其中 $f'(x, y) = a'x + b'y + c'$，$a'^2 + b'^2 > 0$）是同一条直线的方程，当且仅当 f 与 f' 互为另一个的倍数，换言之，存在一个实数 $h \neq 0$，使得 $f'(x, y) = hf(x, y)$，也就是 $a' = ha$，$b' = hb$，$c' = hc$。对于空间中的平面，也有类似的情况。它们的方程具有形式 $ax + by + cz + d = 0$，其中 $a^2 + b^2 + c^2 > 0$。空间中的直线可以看作两个平面的交线。为了表示空间中一点 P 属于一条已知直线，我们需要它的坐标 x，y，z 的两个方程：$ax + by + cz + d = 0$ 和 $a'x + b'y + c'z + d' = 0$。一般规律是：一个方程 $f(x, y, z) = 0$ 定义一张曲面，两个这样的方程定义一条曲线。我们用两个图来解释这点，一个是椭球面，另一个是双叶双曲面。

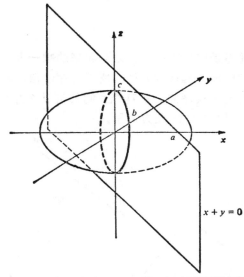

图4.11 椭球面 $(x/a)^2+(y/b)^2+(z/c)^2=1$ 以及
它与平面 $x+y=0$ 的交线（用粗线表示）

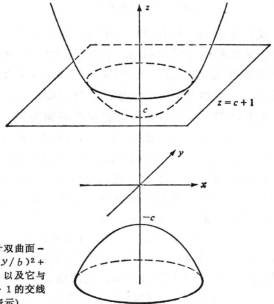

图4.12 双叶双曲面 $-$
$(x/a)^2-(y/b)^2+$
$(z/c)^2=1$ 以及它与
平面 $z=c+1$ 的交线
（用粗线表示）

向量

引进坐标并不是把代数和几何结合起来的唯一办法。我们也可以由有序线段作出一套代数方法。所谓有序线段，就是由一点 P 到一点 Q 顺着这种次序的一条直线。它们可以按照 $PQ+QR=PR$ 的规则相加，如图 4.13 左方所示。

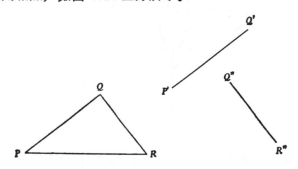

图4.13　向量的相等

这种定义的缺点是：只有当第二个向量的起点等于第一个向量的终点时，才能将两个线段相加。假如我们想把任意的线段加起来，就必须要补充一些东西。我们规定，所谓两个有序线段相等，是指其中一个线段是另一个线段的平行移动，如图4.13中的 PQ 和 $P'Q'$ 以及 QR 和 $Q''R''$。为了标记这种场面变化，我们引进一个新的术语。用这种方式考虑的有序线段 PQ 称为向量，用 $\overrightarrow{PQ}$ 或单个字母 u，v，…来表示。简单说来，向量就是一个矢，它能在平面上或者空间中与本身平行地移动而不失其恒同性。向量按照图4.14相加。从欧几里得几何的公理出发，经过细致的分析可以证明：对于所有的 u，v，w，有

$$u + v = v + u \qquad \text{（交换律），} \qquad \text{（A1）}$$

$$u + (v + w) = (u + v) + w \qquad \text{（结合律）。} \qquad \text{（A2）}$$

零向量 $\overrightarrow{PP}$ 用 $\underline{0}$ 表示；对于所有的 u，它都满足

$$u + \underline{0} = u \qquad \text{（零向量的存在性）。} \qquad \text{（A3）}$$

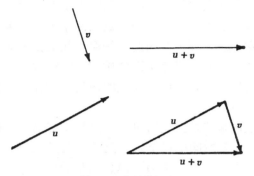

图4.14 向量的加法

当 u 由 $\overrightarrow{PQ}$ 给出时，由 $\overrightarrow{QP}$ 给出的向量 v 满足

$$u + v = \underline{0} \qquad (\text{逆向量的存在性})。 \qquad (\text{A}4)$$

我们还能将实数 a，b，…与向量 u，v，…相乘。由几何上看，向量 au 平行于 u，其长度为 u 的 $|a|$ 倍，当 $a > 0$ ($a < 0$) 时，au 与 u 方向相同（相反）。当 $a = 0$ 时 $au = \underline{0}$。再由欧几里得公理出发而进行另外的分析，就能证明，对于所有的数 a，b 及向量 u，v，下列规则成立：

$$1u = u, \qquad (\text{A}5)$$

$$(ab)u = a(bu), \qquad (\text{A}6)$$

$$(a+b)u = au + bu, \qquad (\text{A}7)$$

$$a(u+v) = au + av。 \qquad (\text{A}8)$$

这些都是算术中熟知的规则，唯一的差别是要记住：两个向量之和是一个向量，一个数与一个向量的乘积是一个向量。

每个形如 $a_1 u_1 + \cdots + a_n u_n$ 的向量（其中 a_1，…，a_n 都是数），称为向量 u_1，…，u_n 的线性组合。如果这样一个线性组合等于 $\underline{0}$，但是比如说 $a_1 \neq 0$，那么用 $1/a_1$ 去乘，并将 u_2，…，u_n 的倍数移到右方，就可看出，u_1 是 u_2，…，u_n 的某个线性组合。我们说 u_1，…，u_n 线性无关，如果当 x_1，…，x_n 是数时，恒有

$$x_1 u_1 + \cdots + x_n u_n = \underline{0} \Rightarrow x_1 = 0, \cdots, x_n = 0。$$

换句话说，只有平凡的线性组合 $0u_1 + \cdots + 0u_n$ 才能等于 $\underline{0}$。其几

何解释是：一个向量线性无关，如果它不是零向量；两个向量线性无关，如果它们不平行；三个向量线性无关，如果它们由一点出发时，不在同一平面上。因此，按照直线上、平面上或者空间中的向量构造法，它们具有下列性质，称为维数公理：

存在一（二、三）个线性无关的向量但不存在更多个线性无关的向量。 (A9)

由我们的向量代数立刻可以给出平行坐标的一个代数定义。假如 e_1，e_2，e_3 是空间中三个线性无关的向量，O 是一个固定点，而 P 是一个动点，则由（A9）可知，向量 $\overrightarrow{OP}$，e_1，e_2，e_3 是线性相关的，而这只有当 $\overrightarrow{OP}$ 是另外三个向量的线性组合时才有可能，即

$$\overrightarrow{OP} = x_0 e_1 + y_0 e_2 + z_0 e_3.$$

这里的数 x_0，y_0，z_0 由 P 唯一决定。事实上，如果等式的右端可以换成 x_0'，y_0'，z_0'，那么就得到 $(x_0 - x_0')e_1 + (y_0 - y_0')e_2 + (z_0 - z_0')e_3 = \underline{0}$，从而 $x_0' = x_0$，$y_0' = y_0$，$z_0' = z_0$。当 e_1，e_2，e_3 是单位向量即长度为 1 时，数 x_0，y_0，z_0 正好就是上面用图引进的平行坐标。一般的情形就是在每个轴上分别改变长度单位，此时我们的坐标仍然称为平行坐标。

利用平行坐标的代数定义十分容易看出，当我们将 O 换成另外一点 O'，而将 e_1，e_2，e_3 换成另外三个线性无关的向量 e_1'，e_2'，e_3' 时，坐标应该怎样变化。此时我们有先前关于 $\overrightarrow{OP}$ 的公式：

$$\overrightarrow{O'P} = x_0' e_1' + y_0' e_2' + z_0' e_3',$$

以及 $\overrightarrow{O'P} = \overrightarrow{O'O} + \overrightarrow{OP}$，因此，

$$x_0' e_1' + y_0' e_2' + z_0' e_3' = w + x_0 e_1 + y_0 e_2 + z_0 e_3,$$

其中 $w = \overrightarrow{O'O}$。把右端的每个向量都写成 e_1'，e_2'，e_3' 的线性组合，我们就可以看出，每个新坐标 x_0'，y_0'，z_0' 都具有 $a + bx_0 + cy_0 + dz_0$ 的形式。

距离，角，内积

向量代数的好处就在于，它对于欧几里得的距离和角的概念

有一种与坐标无关的代数表示法。这种表示法是以两个向量 u 与 v 的内积 (u, v) 为基础的；u 与 v 的内积定义为

$$(u, v) = |u||v|\cos\alpha,$$

其中 $|u|$ 是 u 的长度，$|v|$ 是 v 的长度，α 是当 u 和 v 由同一点出发时，它们之间的夹角。有时也把内积称为纯量积，因为 (u, v) 是实数，而当实数和向量一起出现时，就称实数为纯量。由欧几里得几何可以证明，内积有下列重要性质：对于任何数 a，b 及向量 u，v，w，有

$$(u, u) \geqslant 0, \quad (u, v) = (v, u), \tag{B1}$$

$$(u, u) = 0 \quad \Rightarrow \quad u = 0, \tag{B2}$$

$$(au + bv, w) = a(u, w) + b(v, w), \tag{B3}$$

$$(u, av + bw) = a(u, v) + b(u, w). \tag{B4}$$

注意 $(u, u) = |u|^2$ 是 u 的长度的平方。长度为 1 的向量称为单位向量；而两个向量 u，v 称为正交，如果 $(u, v) = 0$。公式 (B3) 与 (B4) 说明，函数 $u \to (u, v)$ 与 $v \to (u, v)$ 都是线性函数。所谓由向量到数或者由向量到向量的函数是线性函数，就是指下面的条件成立：对于任何向量 u，v 及任何数 a，b，有 $f(au + bv) = af(u) + bf(v)$。如果 $u = x_1e_1 + x_2e_2 + x_3e_3$ 和 $v = y_1e_1 + y_2e_2 + y_3e_3$ 是 e_1，e_2，e_3 的两个线性组合，我们就可以通过多次应用 (B3) 和 (B4)，而把内积 (u, v) 写成

$$\begin{aligned}
(u, v) = & x_1y_1(e_1, e_1) + x_1y_2(e_1, e_2) \\
& + x_1y_3(e_1, e_3) + x_2y_1(e_2, e_1) \\
& + x_2y_2(e_2, e_2) + x_2y_3(e_2, e_3) \\
& + x_3y_1(e_3, e_1) + x_3y_2(e_3, e_2) \\
& + x_3y_3(e_3, e_3).
\end{aligned}$$

如果 e_1，e_2，e_3 是一个标准正交系，即它们是互相垂直的单位向量，则由此可得 $(u, v) = x_1y_1 + x_2y_2 + x_3y_3$；而当 $u = v$ 时，这就是毕达哥拉斯定理。这个公式也表明，$(u, e_1) = x_1$，$(u, e_2) = x_2$，$(u, e_3) = x_3$，从而

$$u = (u, e_1)e_1 + (u, e_2)e_2 + (u, e_3)e_3.$$

u 在标准正交系中的坐标简单地就是 u 与轴向量的内积。

重建欧几里得几何

我们已经从欧几里得几何推出向量的代数规则 A1～A9 和内积的代数规则 B1～B4，但并没有确切写出如何推导的。我们还可以沿着相反的道路，结果得出欧几里得几何的公理化定义，它与原来欧几里得的公理等价。这时我们要用到实线性空间这个术语，它指的是具有对象 u，v，…的任一集合 M，其中定义了加法与数乘法，使其满足性质 A1～A8。如果再有 A9 成立，我们就说 M 具有维数 1，2 或 3。如果存在由 $M \times M$ 到实数集的函数 (u, v)，它具有性质 B1～B4，我们就称 M 是具有相应维数的赋予内积的实线性空间。

现在我们就能对所谓欧几里得平面或欧几里得空间下一个严格的抽象定义了。其定义如下：E 是具有元素 P，Q，R，…的集合，赋予从 E 到一个实线性内积空间 V 的双射，当 V 是 2 维时，E 就是平面，当 V 是 3 维时，E 就是空间。对于 E 中每个元素 P，都存在唯一的双射 f_P，使得关系式 $f_P(R) = f_P(Q) + f_Q(R)$ 对于 E 中的所有元素 P，Q，R 都成立。（当 V 已经属于欧几里得平面或者欧几里得空间时，$f_P(Q)$ 就是向量 $\overrightarrow{PQ}$。）这时 E 的元素称为点，三个点 P，Q，R 称为在同一直线上，如果 $f_P(Q)$，$f_Q(R)$，$f_R(P)$ 中任意两个向量都线性相关。根据欧几里得空间或欧几里得平面的这些定义，就可以指导出欧几里得几何的所有公理和定理，其中也包括平行公理。于是由 P 到 Q 的线段长度自然就由 $(u, u)^{1/2}$ 所给出，其中 $u = f_P(Q)$。假如不考虑内积，我们就得到所谓仿射几何。在仿射几何中，《原本》中所有不用到距离的公理和定理都成立，例如平行公理以及三角形的三条中线交于一点。（在 E. 阿廷的《几何代数学》(E. Artin, Geometric Algebra, Interscience, 1957) 一书中，可以找到几何与代数的相互作用的更多的资料。）

向量的起源的应用

从十七世纪以来，我们刚才讲到的向量代数曾以多种形式在许多数学论文中出现，它没有一个主要的发明者。向量代数在物理学中已经用了一百年以上，其中各种力用箭头表示并记以符号，它们可以相加也可以用实数来乘。向量加法的物理表示，是力的合成的平行四边形规则，这已经隐含在阿基米得（公元前 200 年）的著作中。在本世纪五十年代，向量已经引入中学课程，作为数学近代化的一个组成部分。

4.3 线性方程组和矩阵

线性方程组

包含 n 个未知数 x_1, …, x_n 的 p 个线性方程所成的方程组，可以表示如下：

$$\begin{aligned}
a_{11}x_1 + a_{12}x_2 + \cdots + a_{1n}x_n &= y_1, \\
a_{21}x_1 + a_{22}x_2 + \cdots + a_{2n}x_n &= y_2, \\
&\cdots \\
a_{p1}x_1 + a_{p2}x_2 + \cdots + a_{pn}x_n &= y_p.
\end{aligned} \tag{1}$$

这里左边都具有 $a_1x_1 + \cdots + a_nx_n$ 的形式，其中 a_1, …, a_n 是已给的数。这种表达式称为 x_1, …, x_n 的具有系数 a_1, …, a_n 的线性组合。在（1）里面，有 p 个线性组合，每个线性组合具有双重指标的系数，其中 a_{jk} 是第 j 个方程中 x_k 的系数。按照 $p < n$，$p > n$ 或 $p = n$，即方程的数目小于、大于或等于未知数的数目，该方程组称为欠定的、超定的或者正方的。当右边的 y_1, …, y_p 都等于零时，该方程组就称为齐次的。

大量的或多或少有些实用的问题，都归结为两个未知数的两个线性方程的问题，其中有一些已经在四千年前的楔形文字的典籍中出现。一般的方程组（1），特别是正方方程组，在各门应用数学中出现，并且在数值分析中起着重要的作用。它们在理论上也是重要的。

我们现在的任务是：在不对系数及右边作不必要的假定的情形下，讨论方程组（1）的解。例如，当 $n=p=2$ 时，如果行列式

$$D=a_{11}a_{22}-a_{12}a_{21}$$

不等于零，那么我们就知道（1）具有唯一解

$$x_1=\frac{a_{22}y_1-a_{12}y_2}{D}, \quad x_2=\frac{-a_{21}y_1+a_{11}y_2}{D}.$$

但是，假如 D 等于零，我们似乎就面对着一团混乱的情形。此时这个方程组可能没有解（例如 $x_1+x_2=1$，$x_1+x_2=0$），或者可能有无穷多个解（例如当所有系数及右边都等于零时的情形）。下面我们将会看到，这种混乱局面可以用简单的方法来分析，即使 p 和 n 是任意的数的时候也是如此。这一点依赖于下面的简单事实：把一个方程的倍数加到另外一个方程时，方程组（1）就变成另一个方程组，它与（1）的解完全相同。事实上，把 x_1，…，x_n 简写为 x 时，我们注意到，如果 x 是（1）的解，那么把第一个方程的 b 倍加到第二个方程上就可以证明，对于将方程组（1）的第二个方程变换成

$$(a_{21}+ba_{11})x_1+(a_{22}+ba_{12})x_2+\cdots+(a_{2n}+ba_{1n})x_n=y_2+by_1$$

以后所得的方程组而言，x 也是它的解。反之，如果 x 是这个新方程组的解，那么从第二个方程减去第一个方程的 b 倍以后，就可以证明 x 是（1）的解。

利用刚才证明的这个原理，我们现在更仔细地研究一下方程组（1）。首先有一种可能令人为难的情形：方程组可能包含零方程，即 $0x_1+\cdots+0x_n=t$ 这种类型的方程。如果方程组中出现了一个 $t\neq0$ 的零方程，那么这个方程组就没有解。另一方面，如果比如说 $a_{11}\neq0$，我们可以从除了第一个方程以外的所有方程中消去 x_1，这只要把第一个方程乘以 $b_k=a_{k1}/a_{11}$，然后从第 k 个方程中减掉所得的方程即可。于是我们就得出一个新的方程组，它和（1）有相同的解，其中 x_1 只在第一个方程中出现，而且右

边的 $y_1, \cdots, y_p$ 换成 $y_1, \cdots, y_p$ 的某种线性组合，即顺次是 y_1, $y_2 - b_2 y_1, \cdots, y_p - b_p y_1$。如果 $a_{11} = 0$ 而 $a_{21} \neq 0$，那么利用同样的方法可以从除了第二个方程以外的所有方程中消去 x_1，如此等等。假如我们把未知数及方程重新标记一下，并且重复我们的消去法足够多次，我们就可以看出（1）与至少一个形如

$$c_{11} z_1 + \cdots\cdots\cdots\cdots\cdots + c_{1n} z_n = h_1(y)$$
$$c_{22} z_2 + \cdots\cdots\cdots\cdots + c_{2n} z_n = h_2(y)$$
$$\cdots$$
$$c_{rr} z_r + \cdots + c_{rn} z_n = h_r(y) \qquad (1')$$
$$0 = h_{r+1}(y)$$
$$\cdots$$
$$0 = h_p(y)$$

的方程组具有相同的解，其中 $h_1(y), \cdots, h_p(y)$ 是 $y_1, \cdots, y_p$ 的某种线性组合，$z_1, \cdots, z_n$ 是未知数 $x_1, \cdots, x_n$ 按照某种顺序的排列，而且 $c_{11}, c_{22}, \cdots, c_{rr}$ 这些数都不等于零。比如说，假如（1）只含有零方程，我们就令 $r = 0$，$h_1(y) = y_1, \cdots, h_p(y) = y_p$。这自然是一种极端情形，但是我们的推理也考虑了它。

方程组（$1'$）很容易分析。它有解的必要与充分条件为：$h_{r+1}(y) = 0, \cdots, h_p(y) = 0$；当这个条件满足时，我们可以随意固定 $z_{r+1}, \cdots, z_n$，然后由前面 r 个方程顺次计算出 $z_r, z_{r-1}, \cdots, z_1$，这样就得出所有的解。

由于（1）和（$1'$）具有相同的解，我们现在马上可以推出一系列重要的结论。因为这两个方程同时为齐次的或同时为非齐次的，又因为 $r \leqslant p$，并且因为当 $r < n$ 时，齐次方程组（$1'$）中的 z_n 可以任意选取，于是我们就得出

欠定方程组定理　每个欠定齐次线性方程组至少有一个非平凡解，这就是未知数不全为零的解。

方程组（$1'$）称为具有秩 r。r 也叫做方程组（1）的秩；因为尽管（$1'$）右方的系数依赖于所进行的消去步骤，但是对于从（1）得出的所有方程组（$1'$），数 r 都是相同的。为了证明这

一点，假设（1）是齐次方程组，并且同（1'）一起的还有第二个方程组(1")，它也是用同样方法得出的，但是具有秩 s 。在这两个方程组中都添加方程 $z_{r+1}=0, \cdots, z_n=0$ 。于是结果得到的方程组也具有相同的解，而且第一种情形只有平凡解 $z_1=0, \cdots, z_n=0$ 。但是，假如 $s<r$ ，在第二个方程组中，如果零方程不计在内的话，方程的数目小于 n 。这就和上面的定理相矛盾。因此 $s \geqslant r$ ，而由于对称的关系可知，$s=r$ 。

（1）的秩 r 显然不能超过 p 或 n 。比较（1）和（1'）就表明 $r=n$ 意味着齐次方程组（1）只有平凡解，而 $r=p$ 意味着，不论右边是什么，（1）都有解。事实上，只要观察一下消去步骤就可以看出，（1）和（1'）都具有后一种性质。当 $n=p$ 时，由这些观察就得出

正方方程组定理. 对于正方的线性方程组，下列性质是等价的：

（i）秩等于未知数的数目；

（ii）不论右边为什么数，方程组都有解；

（iii）齐次方程组只有平凡解。

正方的方程组（1）（其中 $p=n$ ）也有一个行列式 D ，当 $n=2$ 时它定义为

$$D=a_{11}a_{22}-a_{12}a_{21},$$

而在一般情形之下，由下面这个给人深刻印象的公式来定义

$$D=\sum_{k_1=1}^{n} \sum_{k_2=1}^{n} \cdots \sum_{k_n=1}^{n} \varepsilon (k_1, \cdots, k_n)a_{1k_1}\cdots a_{nk_n}, \qquad (2)$$

其中 $\varepsilon (k_1, \cdots, k_n)$ 等于 0，1，-1 ，要看 $k_1, \cdots, k_n$ 这个序列中有两个数相等或者这个序列是 1，$\cdots$，n 的偶置换还是奇置换而定。可以证明，

$$D \neq 0 \qquad \text{(iv)}$$

与上面三个条件中的任何一个都等价。与一直到现在所作的证明比较起来，这个证明是太麻烦了些，我们就不讲了。但是，为了完备起见，让我们简要地讲一下，怎样分析（1）有解还是没有

解。所谓数 $c_1, \cdots, c_p$ 的序列 c 是（1）的线性关系，就是指对于所有的 $x_1, \cdots, x_n$，$c_1 f_1(x) + \cdots + c_p f_p(x) = 0$ 都成立。此处 $f_1(x), \cdots, f_p(x)$ 是（1）的左边，而上述条件就相当于 $c_1, \cdots, c_p$ 的 n 个方程所构成的齐次线性方程组，这个方程组是在表达式 $c_1 f_1(x) + \cdots + c_p f_p(x)$ 中令 $x_1, \cdots, x_n$ 的系数都等于零而得到的。事实是：方程组（1）有解，当且仅当对于（1）的所有线性关系 c，恒有 $c_1 y_1 + \cdots + c_p y_p = 0$。为了证明这个事实，我们要注意一点：在这个条件中进行代换，比如说将 c_1 换成 $c_1 + bc_2$（仅仅是记号的变换），等于说对于从（1）把第一个方程乘上 b 倍加到第二个方程之后所得的方程组来考虑。通过重复此种步骤，这个条件对于（1）和它的等价方程组（1′）是完全一样的。但是在后一种情形它显然成立，因为（1′）的线性关系 c' 是 $c'_1 = 0, \cdots, c'_r = 0$。

一直到现在为止，我们用了数这个字而始终没有说在（1）中出现的究竟是什么样的数。它们可以是有理数、实数或者复数，而且事实上可以是任何域中的数。这是因为，在（1）和（1′）之间的变换中，我们只用到了域的计算规则；例如，域中任何 $\neq$ 0 的元素都具有一个逆元素。因此，当（1）中的数——系数、未知数和右边都属于一个域时，我们上面所讲的一切都成立。

自从 17 世纪以来，我们讲的这两个定理或多或少明显地出现在数学文献中。就其近代陈述而言，第一个定理来自于雅科比（大约1840年）。第二个定理开始是藉助于行列式来陈述和证明的（克拉默，大约 1750 年）。秩的概念是克罗内克在 1864 年引进的。

在用了很少的篇幅和最少的专门概念以后，我们实际上已经掌握了线性代数的中心部分的内容。下面我们要把这些结果用另外两种语言来陈述，一种是用线性函数的概念，另一种用矩阵的运算。

线性函数

倘若把（1）中的一组未知数 $x_1, \cdots, x_n$ 用一个单独的记号来表示，那将是很方便的。令 $x=(x_1, \cdots, x_n)$ 而称 x 为具有分量 $x_1, \cdots, x_n$ 的 n 元组。所有这种 n 元组所成的集合用 K^n 表示，而 K 是我们在其中进行算术运算的域。（1）的解可以看作 K^n 中的元素。对于 K 感到不舒服的读者，只要随时随地想到它是 R 就行了。

两个 n 元组可以相加，其和通过对应分量相加而得到。一个 n 元组可以被一个数相乘，其结果是用这个数去乘每个分量。这就是说，

$$x+y=(x_1+y_1, \cdots, x_n+y_n),$$
$$ax=(ax_1, \cdots, ax_n)。 \tag{3}$$

利用这些定义，我们就能够陈述（比如说）下面的简单明了的命题：如果 x 和 y 是齐次方程组（1）的解，那么 $x+y$ 和 ax 也是解（不论 a 是什么数）。证明留给读者。令 $0=(0, \cdots, 0)$，我们立刻可以验证，加法及数乘运算（3）服从几何向量的运算法则 A1 到 A8。

现在回到（1），这组方程的左边可以看作一些由 K^n 到 K 的函数

$$x \to f(x)=c_1x_1+\cdots+c_nx_n。 \tag{4}$$

这里 $c_1, \cdots, c_n$ 是一些固定的数，它们决定这个函数，反过来也被这个函数所决定，这是因为，如果

$$e_k=(0, \cdots, 0, 1, 0, \cdots, 0) \tag{5}$$

（第 k 个位置上是 1），则 $e_k=f(e_k)$。这种函数称为线性函数。为了同时处理（1）的左边，我们引进由 K^n 到 K^p 的函数

$$x \to f(x)=(f_1(x), \cdots, f_p(x)), \tag{6}$$

它的分量是由 K^n 到 K 的函数。这样一个函数称为线性函数，如果它的分量都是线性函数。特别，令

$$f_j(x)=\sum_{k=1}^{n} a_{jk}x_k=a_{j1}x_1+\cdots+a_{jn}x_n, \tag{7}$$

那么（1）的左边就给出了一个由 K^n 到 K^p 的线性函数。

现在暂时假定 f 和 g 都只是由 K^n 到 K^p 的任意函数，并设 a 和 b 是两个数。此时和 $af+bg$ 也是由 K^n 到 K^p 的函数，它的定义是

$$(af+bg)(x)=af(x)+bg(x), \qquad (8)$$

其中 x 属于 K^n，而右边表示 K^p 中的加法。又设 f 是由 K^n 到 K^p 的函数，而 g 是由 K^q 到 K^n 的函数。于是由 K^q 到 K^p 的复合函数 $f \circ g$ 就定义为

$$(f \circ g)(x)=f(g(x)), \qquad (9)$$

其中 x 属于 K^q。归根到底，一门称为线性代数的数学分支依赖于

线性函数定理　线性函数的线性组合和复合也都是线性函数。

这里所谓由 K^n 到 K^p 的一些函数 $f_1, \cdots, f_r$ 的线性组合，是指任何形式如 $a_1 f_1 + \cdots + a_r f_r$ 的函数，其中 $a_1, \cdots, a_r$ 都是数。（8）中的函数 $af+bg$ 是线性组合的一个例子，以前我们也把（4）的右边描述为变数 $x_1, \cdots, x_n$ 的线性组合。

这个定理的证明只是将它写下来的问题。我们必须验证，如果 f 和 g 是线性函数，那么（8）和（9）的右边的分量分别是 $x_1, \cdots, x_n$ 和 $x_1, \cdots, x_q$ 的线性组合。如果 f 和 g 的分量

$$f_j(x)=\sum_{k=1}^{n} a_{jk} x_k$$
和
$$g_j(x)=\sum_{k=1}^{n} b_{jk} x_k \qquad (10)$$

都是 $x_1, \cdots, x_n$ 的线性组合，那么根据（8）即知，$af+bg$ 的分量

$$(af+bg)_j(x)=af_j(x)+bg_j(x)$$

$$=\sum_{k=1}^{n}(aa_{jk}+bb_{jk})x_k \qquad (11)$$

也具有同样的性质。如果 f 和 g 的分量

$$f_i(y) = \sum_{k=1}^{n} a_{ik}y_k \quad \text{和} \quad g_k(x) = \sum_{j=1}^{q} b_{kj}x_j \qquad (12)$$

分别是 $y_1, \cdots, y_n$ 和 $x_1, \cdots, x_q$ 的线性组合,那么根据(9)即知,$f \circ g$ 的分量

$$(f \circ g)_i(x) = f_i(g_1(x), \cdots, g_q(x))$$
$$= a_{i1}g_1(x) + \cdots + a_{in}g_n(x)$$

都是 $x_1, \cdots, x_q$ 的线性组合。更明确地说,我们得出

$$(f \circ g)_i(x) = \sum_{j=1}^{q} c_{ij}x_j, \text{其中} c_{ij} = \sum_{k=1}^{n} a_{ik}b_{kj}. \qquad (13)$$

(这里我们假定读者已经知道如何处理求和的符号。)这样定理就得到了证明;但是在结束这次线性函数的讨论以前,我们还要证明一个结果,这个结果也可以当作出发点。

定理 一个由 K^n 到 K^p 的函数 f 是线性函数的必要与充分条件为:对于 K^n 中任意的 x 和 y 以及任何数 a 和 b,恒有

$$f(ax + by) = af(x) + bf(y). \qquad (14)$$

因为一个函数是线性函数,当且仅当其分量都是线性函数,而 f 具有性质(14),当且仅当其分量具有同样的性质,所以只考虑 $p=1$ 的情形就够了。假如 f 具有性质(14),而 $e_1, \cdots, e_n$ 由(5)定义,那么 $x = x_1e_1 + \cdots + x_ne_n$,从而

$$f(x) = x_1 f(e_1) + \cdots + x_n f(e_n)$$

便是线性函数。反之,如果 $f(x) = c_1 x_1 + \cdots + c_n x_n$ 是线性函数,那么由

$$c_1(ax_1 + by_1) + \cdots + c_n(ax_n + by_n) = a(c_1x_1 + \cdots + c_nx_n) +$$
$$b(c_1y_1 + \cdots + c_ny_n)$$

这个事实就可以推出(14)。

现在再一次回到方程组(1),此时可以把它写成单个方程

$$f(x) = y,$$

其中 f 是由 K^n 到 K^p 的线性函数,而 y 是 K^p 的元素。这样就把方程组放在一个新的背景之下。它是可解的(即该方程有解)

是指 y 属于 f 的值集。此外，正方方程组定理的三个条件都意味着 f 是由 K^n 到 K^n 的双射。事实上，根据（14）可知，等式 $f(x)=f(x')$ 等价于 $f(x-x')=0$；因此，f 是单射的必要与充分条件为：齐次方程组只有平凡解 $x=0$。在讲线性空间的那一节中，我们还要回到这个观点。

矩阵代数

倘若把线性函数的每件外衣都剥掉，那么剩下来的就是矩阵和矩阵演算。设 f 为由（6）及（7）给出的线性函数。这个方法只考虑线性函数的系数阵列

$$A=\begin{bmatrix} a_{11} & a_{12} & \cdots & a_{1n} \\ a_{21} & a_{22} & \cdots & a_{2n} \\ \vdots & \vdots & & \vdots \\ a_{p1} & a_{p2} & \cdots & a_{pn} \end{bmatrix}, \qquad (15)$$

除此之外其他一切都不考虑。我们把它表示为具有 p 行 n 列的数的长方形阵列，并称之为 $p \times n$ 型矩阵。我们定义同型两个矩阵的线性组合 $aA+bB$，使得它对应于函数 $af+bg$，其中 f，g 由公式（10）给出。我们又定义 $p \times n$ 型矩阵 A 和 $n \times q$ 型矩阵 B 的乘积，使得它对应于函数 $f \circ g$，其中 f，g 由公式（12）给出。为了简单起见，把（15）写成 $A=(a_{jk})$，则由（11）可知，当 A 和 B 是同型的矩阵时，即有

$$A=(a_{jk}), \quad B=(b_{jk}) \Longrightarrow aA+bB=(aa_{jk}+bb_{jk})。$$

而由（13）可知

$$A=(a_{ik}), \quad B(b_{kj}) \Longrightarrow AB=(c_{ij}),$$

其中 $c_{ij}=\sum_k a_{ik}b_{kj}$；这里要假设 A 的列数等于 B 的行数，否则乘积就没有定义。为了记住乘法规则，注意 AB 中处在 i，j 位置的元素等于 A 的第 i 行与 B 的第 j 列的乘积，而一个行矩阵与一个列矩阵的乘积

$$(a_1, \ a_2, \cdots, \ a_n)\begin{bmatrix} b_1 \\ b_2 \\ \cdots \\ b_n \end{bmatrix} = a_1 b_1 + \cdots + a_n b_n$$

是一个数。同型矩阵的线性组合也服从几何向量的规则A1到A8，0表示所有元素都等于零的某一型的矩阵。因为函数的复合遵守结合律，所以矩阵乘法也是可结合的；这就是说，当下面的式子两边都有定义时，

$$(AB)C = A(BC)。$$

另一方面，由恒等式 $(f_1+f_2)\circ g(x) = (f_1+f_2)(g(x)) = f_1(g(x))+f_2(g(x)) = f_1\circ g(x)+f_2\circ g(x)$，以及对于 $g\circ(f_1+f_2)$ 的类似恒等式，可以证明矩阵乘法是双方分配的，即

$$(A_1+A_2)B = A_1 B + A_2 B,$$
$$A(B_1+B_2) = AB_1 + AB_2。$$

矩阵 AB 与 BA 具有同一型，当且仅当 A 和 B 都是 $n \times n$ 型方阵。这时我们称它们的阶为 n。当阶大于 1 时，用很简单的例子就可以证明一般 $AB \neq BA$。因此，方阵的矩阵乘法一般说来是不可交换的。最后我们也要提一下，数可以穿过乘积：设 A, B 为矩阵，而 a 为数，则有 $aAB = AaB$，从而我们可以把 Aa 看成 aA。

将一个矩阵的行与列互相换位称为转置。如果 $A=(a_{jk})$ 是 $p \times n$ 型，则转置矩阵 $A'=(a_{jk}^t)$ 是 $n \times p$ 型，它由下面的方程来定义：

$$a_{jk}^t = a_{kj},$$

对于转置，我们有下列计算规则：

$$(aA+bB)' = aA' + bB',$$
$$(AB)' = B'A',$$

其中 A, B 是矩阵而 a, b 是数。对于复元素的矩阵，还有复共轭运算 $A \rightarrow \bar{A}$，其中所有的元素都取共轭；另外还有取伴随矩阵的运算 $A \rightarrow A^* = \bar{A}'$。我们有 $(aA+bB)^* = \bar{a}A^* + \bar{b}B^*$ 及 $(AB)^* =$

B^*A^*。

回到方程组（1），我们现在可以把它写成下面的形式：
$$AX=Y, \tag{1''}$$
其中 $X=(x_1, \cdots, x_n)'$，$Y=(y_1, \cdots, y_p)'$ 是列矩阵，它们分别具有 n 个和 p 个元素。公式 $A(aX_1+bX_2)=aAX_1+bAX_2$ 用简单的方式表示下面的事实：齐次方程组 $AX=0$ 的解 X 的线性组合仍然是该方程组的解。

现在所讲的矩阵代数是处理大部分线性代数的一种简单而有效的工具。下面是一些例子。

方阵及其逆阵

n 阶矩阵与由 K^n 到 K^n 的线性函数相对应。把它们相加或相乘仍然得到同一种矩阵，因此所有的 n 阶方阵就构成一个环；当 $n>1$ 时，它是非交换环。这个环具有单位元素，这就是 n 阶单位矩阵

$$E=E_n=\begin{bmatrix} 1 & & & 0 \\ & 1 & & \\ & & \ddots & \\ 0 & & & 1 \end{bmatrix},$$

它对应于函数 $x \to x$。A 对应于 K^n 的双射这件事意味着，A 有一个逆阵 A^{-1}（A^{-1} 必定是唯一的），它满足 $A^{-1}A=AA^{-1}=E$。如果 A 是可逆的，也就是具有一个逆阵，则方程组（1''）具有唯一解 $Y=A^{-1}X$。可逆矩阵的乘积也是可逆的，而且 $(AB)^{-1}=B^{-1}A^{-1}$。满足 $A^{-1}=A'$ 的矩阵 A 称为正交矩阵。所有正交矩阵在乘法之下构成一个群——正交群；当 $K=R$ 时相应的正交群是最重要的。当 $K=C$ 时，酉矩阵和酉群可以由条件 $A^{-1}=A^*$ 用同样的方式来定义。

行列式和特征多项式

方阵 A 的行列式 $\det A$ 由公式（2）定义。可以证明：$\det AB$

$=\det A \det B$，并且 A 是可逆的当且仅当 $\det A \neq 0$。由 行 列 式的定义和少量计算可以证明，函数 $z \to \det(A-zE)$ 是 n 次多项式，称为 A 的特征多项式。说得更确切些，

$$\det(A-zE)=\det A+\cdots+(a_{11}+a_{22}+\cdots+a_{nn})$$
$$\cdot(-z)^{n-1}+(-z)^n.$$

特别根据代数学基本定理可知，对于每个具有复数元 素 的 方阵，至少存在一个复数 z，使得 $\det(A-zE)=0$。这 就意味着至少对于一个复的列矩阵 $X \neq 0$，$(A-zE)X=0$，即 $AX=zX$，这个结果我们以后还要用到。

线性方程组的可解性

设 A，X，Y 分别为 $p \times n$ 型，$n \times 1$ 型，$p \times 1$ 型矩阵。此时 $AX=Y$ 便是包含 n 个未知数的 p 个方程所 成的 线性 方程组。如果 $A=(a_{jk})$，我们就得到方程组（1）。前面所讲 的 有关（1）的线性关系以及（1）的可解性也可 以 表示为：方程组 $AX=Y$ 可解的必要与充分条件 是，对 于 所 有 $p \times 1$ 型 矩阵，$Z'A=0 \Longrightarrow Z'Y=0$。对于正方方程组，如果 $\det A \neq 0$，则其解是唯一的，并由克拉默公式（大约 1750 年）给出，即

$$x_k=\det(A_1, \cdots, Y, \cdots, A_n)/\det A,$$

其中 $k=1, \cdots, n$ 而 $A_1, \cdots, A_n$ 是 A 的列，右边括号中 的 Y 出现在第 k 个位置上。

矩阵的起源及应用

从 19 世纪中叶以来，矩阵代数已经以现在这种形式存在。它由哈密顿、凯利及西尔维斯特所发明，长期以来一直是代数的一个专门分支，直到 20 世纪 20 年代，它才成为量子力学的工具。现在矩阵成为普通数学教育的一部分。它在数值分析与所有其他应用数学分支中有着广泛的应用。

4.4 线 性 空 间

定义和例子

许多数学对象，例如几何向量、同型的矩阵、实函数 等等，都能相加以及用数相乘，而且满足平常的计算规则。这种对象通常称为向量。向量的一个集合V，如果加法及数乘法的结果仍旧在V内，则称为线性空间。由一个线性空间到另一个线性空间的函数F称为线性的，如果对于V中所有向量u，v和数a，b，都有F $(au+bv)=aF(u)+bF(v)$。这些概念是线性代数中最基本的抽象概念。线性代数是数学的一支，它可以说是线性空间以及线性空间之间的线性映射的理论。用通常的语言，我们可以说线性代数是计算的数学模型，这种计算常常是对几何向量或线性方程组或函数来进行的。线性代数的定理可以根据线性空间的性质用多种方式来解释。抽象还有另外的好处。线性代数的定理对于那些熟悉"抽象"风光的任何人都是容易掌握、容易证明的。我们现在就来描述这种抽象风光。

线性空间或向量空间V是元素u，v，…的集合，其中定义了和$u+v$以及与数a的乘积au，使得 4.2 节的计算规则 A1 到A8 都成立。V的元素称为向量，而数称为纯量。如果V中只有一个元素，这元素必定为0，这时我们就说V是平凡的。按照纯量是有理数、实数或者复数，我们就称V是有理线性空间、实线性空间或者复线性空间，或者称为 Q、R 或 C 上的线性空间。以后我们用K表示这些域当中的一个。它也可以是任意的域。

有大量的线性空间的例子。平面上或者空间中的所有几何向量，构成实数域上的线性空间。所有同型的矩阵，其元素属于K时，是K上的线性空间。更有趣的例子是，系数取在K中的线性齐次方程组 $AX=0$的所有解X，也是K上的线性空 间。一 个重要的例子是由具有元素t，…的任意集合到数集的所有函数$t \rightarrow u(t)$的集合。自然这时这样定义加法和乘法，使得 对于 所有

t，$(u + v) t = u(t) + v(t)$ 和 $(au)(t) = au(t)$ 成立。

和 $a_1 v_1 + \cdots + a_p v_p$（其中 $v_1, \cdots,$ v_p 是向量，$a_1, \cdots,$ a_p 是数）称为 $v_1, \cdots,$ v_p 的以 $a_1, \cdots,$ a_p 为系数的线性组合。如果 $a_1 = 0$，$\cdots,$ $a_p = 0$，则这个线性组合就称为平凡的。一组向量 $v_1, \cdots, v_p$ 称为线性无关的，如果其中没有任何向量是其余向量的线性组合。在相反的情形下，即其中至少有一个向量是其余向量的线性组合，这组向量就称为线性相关。此时显然可知（比如说），v_1 是 $v_2, \cdots,$ v_p 的线性组合，当且仅当至少有一组 $a_1, \cdots,$ a_p 存在，其中 $a_1 \neq 0$，使得 $a_1 v_1 + \cdots + a_p v_p = 0$（只要乘以 $1/a_1$ 即可证明）。因此，这组向量线性相关，当且仅当某个非平凡的线性组合 $a_1 v_1 + \cdots + a_p v_p$ 等于零，而这组向量线性无关，当且仅当只有平凡的线性组合等于零。还有一个重要的事实是：q 个向量的线性组合，如果总数超过 q 个，那么这些线性组合总是线性相关的。事实上，假如 $v_1, \cdots,$ v_p 都是 $u_1, \cdots,$ u_q 的线性组合（比如说，$v_1 = c_1 u_1 + \cdots, \cdots, v_p = c_p u_1 + \cdots$），那么我们就可以把 $a_1 v_1 + \cdots + c_p v_p$ 写成 $b_1 u_1 + \cdots + b_q u_q$，其中系数 $b_1, \cdots,$ b_q 都是 $a_1, \cdots,$ a_p 的线性组合（比如说，$b_1 = c_1 a_1 + \cdots + c_p a_p$）。当 $p > q$ 时，根据欠定方程组定理可知，对于某组不平凡的 $a_1, \cdots,$ a_p，这些线性组合都等于零。

线性空间 V 的子集 U 称为线性子空间。如果对于所有的数 a，b，$u, v \in U \Longrightarrow au + bv \in U$。当 U 由有限个固定向量的所有线性组合构成时，我们就说 U 是有限生成的，并以这些向量为生成元。假如生成元当中有一个是其他生成元的线性组合，那么它当然就是多余的。把这些多余的生成元一个一个地取消，并假定 $U \neq 0$，我们就可以看出，U 也由一组线性无关的向量 $v_1, \cdots,$ v_n 所生成。这样一组线性无关的向量称为 U 的基。于是，U 中每个元素 v 都可以唯一地表示为线性组合 $a_1 v_1 + \cdots + a_n v_n$，这是因为，任何两个这样的线性组合只有当它们的系数重合时才会相等。从以上所证明的结果可以推知，所有的基都包含同样多的元素，而且 U 中每一组线性无关的向量都可以完备化而构成一组基（为此，只须每次添加一个向量而使整个向量组仍然保持线性无关）。U 的基所含的元素的个数称为 U 的维数，并记作 $\dim U$。假如 U 不是有限生成的，我们就说它的维数是无穷大，并记作 $\dim U = \infty$。平凡的空间没有基，它叫做维数为 0 的空间。

来自欧几里得直线、平面和空间的向量空间，分别具有维数1，2，3。各个分量都取自 K 中的所有 n 元组 $x = (x_1, \cdots, x_n)$，组成一个线性空间 K^n，它具有（3）所示的加法及纯量乘法。这个空间的维数是 n，而（比如说）$v_1 = (1, 0, \cdots, 0)$，$v_2 = (0, 1, 0, \cdots, 0)$，$\cdots$，$v_n = (0, \cdots, 0, 1)$ 就是它的一组基。假如 $a_1, \cdots, a_n$ 是 $\neq 0$ 的数，那么向量 $(a_1, 0, \cdots)$，$(0, a_2, \cdots)$，$\cdots$，$(0, \cdots, 0, a_n)$ 也构成一组基，而不管 a_1 后面，a_2 后面打点的位置上出现的是什么数。空间 K^n 与由一个 n 元集合到 K 的所有函数构成的线性空间的差别，只是记号上的不同。其他的例子：复数域 C 就是实数域上的 2 维线性空间，其基（比如说）是 1 和 i。任何域 F 都是由 F 的单位元生成的域 k 上的向量空间。因此，假如 F（在 k 上）是有限生成的，它就有一组基 $v_1, \cdots, v_n$，并且由所有 $v = a_1 v_1 + \cdots + a_n v_n$ 组成，其中 $a_1, \cdots, a_n$ 属于 k。如果 F 只有有限个元素，则 $k = Z_p$（其中 p 是某个素数），而 F 具有 p^n 个元素。（参看前一章关于有限域的那一节。）

最后，我们要举一些无穷维向量空间的例子。实数域 R，从而复数域 C 都是有理数域 Q 上的无穷维向量空间。事实上，如果每个实数都是有限个固定实数的有理系数的线性组合，那么实数集就是可数的，而实际上并非如此。另外一个例子是从一个区间到 K 的所有函数构成的线性空间。事实上，把这个区间分成一组子区间，在每个区间上选一个 $\neq 0$ 的函数，使它在该子区间外为零，这样我们就得到一组线性无关的函数。甚至由连续函数或者可微函数所构成的子空间（当 $K = $ R 或 C 时）也不是有限维的。进一步限制到一个实变数的所有实系数多项式 $v(x) = a_0 + a_1 x + \cdots + a_n x^n$ 构成的线性空间，我们仍然得到一个无穷维线性空间。事实上，为使这样一个多项式在一个区间上恒等于零，必须而且只须它的所有系数都是零，从而多项式1，x，x^2，…便是线性无关的。另一方面，所有次数小于或者等于n的多项式，构成一个$n+1$维线性子空间，它的基是1，x，…，x^n。

线性空间的元素当然也可以看成点。于是通过两点u，v的直线便是点$tu+(1-t)v$所成的集合，其中t是任意实数。当$0<t<1$时，这些点称为落在u与v之间，它们构成一个线段，其端点为u，v。考虑线性空间的一个子集，倘若当它包含两点u，v时它也包含u，v之间的线段，那么这个子集就称为凸的。所有这些情形都和欧几里得空间中一样。在上面所举的最后一个例子中，所有正系数多项式或者系数加起来等于一个固定数的多项式$a_0+a_1x+\cdots+a_nx^n$，都构成凸集。

线性函数

假设F是由一个线性空间U到另一个线性空间V的函数，如果对于U中的任何向量u，v与任何数a，b，都有

$$F(au+bv)=aF(u)+bF(v), \qquad (16)$$

则称F为线性函数。我们还用线性映射、线性变换或者线性算子这些词来称呼线性函数；而当$V=K$由纯量构成时，线性函数也称为线性型。如果e_1，…，e_n是U的一组基，则由（16）可以证明，对于所有的数x_1，…，x_n，有$F(x_1e_1+\cdots+x_ne_n)=x_1F(e_1)+\cdots+x_nF(e_n)$。反之，把这个公式当作定义，其中$F(e_1)$，…，$F(e_n)$是$V$中的任意元素，我们就得出由$U$到$V$的一个线性函数。（读者可以把验证这个命题作为一个练习。）简单地说，定义在有限维线性空间上的线性函数由它在一组基上所取的值唯一决定，而这些值可以任意选取。注意，假如f_1，…，f_p是空间V的一组基，则由方程组

$$F(e_j)=\sum_{k=1}^{p}a_{kj}f_k, \quad j=1, \cdots, n,$$

就定义了一个$1\times n$型矩阵$A=(a_{kj})$。（事实上，映射$F\to A$是由

从 U 到 V 的线性函数的集合到这种类型矩阵的集合的一个双射。）

由 (16) 可以推知，像

$$\mathrm{Im}F = \{F(u);\ u \in U\}$$

与核

$$\ker F = \{u \in U;\ F(u) = 0\}$$

分别是 V 与 U 的线性子空间。如果 $\dim U < \infty$，而 $e_1, \cdots, e_n$ 是 U 中由 $\ker F$ 的一组基 $e_1, \cdots, e_p$ 扩充而得到的基，则 $F(x_1e_1 + \cdots + x_ne_n) = x_{p+1}F(e_{p+1}) + \cdots + x_nF(e_n)$，即 $\mathrm{Im}F$ 由向量 $F(e_{p+1})$，$\cdots, F(e_n)$ 生成。这些向量也是线性无关的，因为 $x_1e_1 + \cdots + x_ne_n$ 属于 $\ker F$ 当且仅当 $x_{p+1} = 0, \cdots, x_n = 0$。于是我们就证明了

像与核定理   如果 U 和 V 都是线性空间，F 是由 U 到 V 的线性函数，而且 $\dim U < \infty$，那么

$$\dim\ker F + \dim\mathrm{Im}F = \dim U.$$

这个极为简明的结果，几乎包括了我们所知道的关于线性方程组的所有知识。事实上，假如 $A = (a_{kl})$ 是如上定义的矩阵，则方程 $F(x_1e_1 + \cdots + x_ne_n) = y_1f_1 + \cdots + y_pf_p$ 等价于矩阵方程 $AX = Y$，其中 $X = (x_1, \cdots, x_n)^t$ 而 $Y = (y_1, \cdots, y_p)^t$。在 $Y = 0$（$p < n$）的情形下，就得出欠定方程组的定理。事实上，此时 $\dim \ker F \geqslant n - p$ 是正数。当 $p = n$ 时，这个定理表明 $\dim\ker F = 0 \Longleftrightarrow \dim\mathrm{Im}F = \dim V$，而后面这个等式意味着 $\mathrm{Im}F = V$。因此，映射 $X \to AX$ 便同时是单射和满射。这就是正方方程组定理。我们还可以看出，A 的秩等于 $\dim\mathrm{Im}F$，以后我们把 $\dim\mathrm{Im}F$ 也称做 F 的秩。

不变子空间，特征向量，特征值，谱

设 U 为线性空间，F 为由 U 到 U 的线性映射，并且为了简单起见，把 $F(u)$ 写成 Fu。U 的子空间 V 称为不变子空间，如果 $FV \subset V$。倘若 V 的维数等于 1 而 v 是 V 的一个基，那么这就意味着 $Fv = \lambda v$，其中 λ 是一个数。这也表述为 v 是 F 的特征向量，

λ 是相应的特征值。方程 $Fu=\lambda u$ 的所有解 u 构成一个线性空间，它称为 λ 的特征空间，其维数称为 λ 的重数。换句话说，λ 是 F 的特征值恰恰意味着 $\ker(F-\lambda I)\neq 0$，其中 I：$u\to u$ 是由 U 到 U 的恒等映射。如果 U 具有一个有限 基 $e_1,\cdots,e_n$ 而且 $Fe_j=\Sigma a_{jk}e_k$，那么显然 λ 是 F 的特征值，当且仅当 $\det(A-\lambda E)=0$，其中 $A=(a_{jk})$ 而 E 是 n 阶单位矩阵。因此，由代数学基 本 定理即知，如果 U 是有限维复空间，那么 F 至少有一个特征值。

如果 U 的维数是有限的，那么 F 的特征值所成的集合称为 F 的谱。根据像与核的定理，谱由所有使得 $F-\lambda I$ 不是双射的数 λ 组成。假如 U 的维数是无穷大，这个性质就可以用来作为谱的定义。现在我们举一个例子。设 U 为单个实变量 t 的一切实多项式 $u(t)$ 所成的实线性空间，并设 F 为乘以 t 的乘法运算，即 $(Fu)(t)=tu(t)$。如果 $(F-\lambda I)u=0$，则对 于 一切 t 恒 有 $(t-\lambda)u(t)=0$，因而 $u(t)=0$ 对于所有的 t 都成立。于是对于一切 λ，有 $\ker(F-\lambda I)=0$。另一方面，方程 $(F-\lambda I)u=v$（也 就 是 对 于 所 有 的 t，$(t-\lambda)u(t)=v(t)$）有一个解 u，而只有当 $v(\lambda)=0$ 时，这个解才是多项式，因此对于所有的 λ，都有 $\mathrm{Im}(F-\lambda I)\neq U$。所以 $F-\lambda I$ 永远不会是双射，从而 F 的谱便是整个实轴，但 F 没有特征值。（由连续 函数 的 性质（见第五章）可知，如果 U 是实轴的某个区间 J 上的实值连续函数所构成的空间，那么上面定义的 F 具有谱 J，但没有特征值。）

补空间，余维，射影

线性空间 U 称为它的两个子空间 V 与 W 的和，如果 $U=V+W$；此式的意义是：U 中每个元素 u 至少可以用一种方式表示为 $v+w$，其中 $v\in V$，$w\in W$。如果这种表示方式是唯一的，即 $u=0\Longrightarrow v=0$ 而且 $w=0$，这个和就称为直和，并记作 $U=V\dot{+}W$，此时加号上面有一个点。一个与此等价的条件是：$U=V+W$ 而且 $V\cap W=0$。在这种情况下，我们也称 V 和 W 为 U 中 的 互补子空间，其中每一个都称为另一个的补空间。假设 W 和 W' 是 V 在

U 中的两个补空间，我们就可以把 W 中的每个元素 w 写做 $v+w'$，其中 $v\in V$ 和 $w'\in W'$ 都由 w 唯一决定。因此，由于 W 和 W' 的对称性，$F(w)=w'$ 便定义了两个补空间 W 和 W' 之间的一个双射 F。这个双射是线性的，事实上，如果 $w_1=v_1+w_1'$，$w_2=v_2+w_2'$，则对于所有数 a，b，有 $aw_1+bw_2=av_1+bv_2+aw_1'+bw_2'$，即 $F(aw_1+bw_2)=aF(w_1)+bF(w_2)$。所以 F 把线性无关的向量映射成线性无关的向量，并且由此可以推知，一个已知线性子空间 V 的所有补空间都具有相同的维数。这个维数也称为 V 的余维，并用 $\mathrm{codim}V$ 来表示。假如 $\dim U$ 是有限的，我们便可以把 V 的一组基扩充为 U 的一组基，而由此即可推知，$\dim V+\mathrm{codim}V=\dim U$。但是，也可能出现 $\dim U=\infty$，$\dim V=\infty$ 而 $\mathrm{codim}V<\infty$ 的情形。例：U 由所有多项式 $u(x)=a_0+a_1x+\cdots$ 构成，V 由所有满足 $a_0=0$，$\cdots$，$a_p=0$ 的多项式构成。此时 V 的余维为 $p+1$，而 V 的一个补空间（比如说）由多项式 1，x，$\cdots$，x^p 生成。

假如 $U=V+W$ 是 V 和 W 的直和，而 $u=v+w$ 是 U 中的元素 u 的相应分解式，那么公式 $F(u)=v$ 便定义了一个由 U 到 V 的线性映射 F，使得 $\ker F=W$，$\mathrm{Im}F=V$。它称为 U 沿着 W 到 V 上的射影，如图4.15所示，其中 $\dim U=2$。

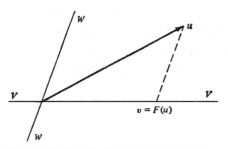

图4.15 沿着补空间到一个子空间上的射影

线性函数的运算

我们可以从两个线性函数出发而造出另外一些线性函数。这显然可以由下面的定理看出来。这个定理还表明，为什么我们把线性代数称为线性空间以及它们之间的线性映射的理论。

定理 线性函数的线性组合、复合函数以及反函数都是线性函数。

证明都是一些直接的验证。假如 F 和 G 都是由 U 到 V 的线性函数，则线性组合 $H=cF+dG$ 也是线性函数；这是因为，

$$H(au+bv)=cF(au+bv)+dG(au+bv)$$
$$=acF(u)+bcF(v)+adG(u)+bdG(v)$$
$$=aH(u)+bH(v)。$$

假如 F 是由 U 到 V 的线性函数，而 G 是由 V 到 W 的线性函数，并设 $H=G\circ F$，则

$$H(au+bv)=G(F(au+bv))=G(aF(u)+bF(v))$$
$$=aG(F(u))+bG(F(v))$$
$$=aH(u)+bH(v)。$$

假如 F 是由 U 到 V 的线性函数，其反函数为 G，那么 $G(aF(u)+bF(v))=au+bv=aG(F(u))+bG(F(v))$，其中 $F(u)$ 与 $F(v)$ 是 V 中的任意元素。

一切由 U 到 V 的线性函数 F 所构成的线性空间用 $L(U,V)$ 表示。如果 $e_1,\cdots,e_n$ 是 U 的一组基，而 $f_1,\cdots,f_p$ 是 V 的一组基，则公式 $F(e_j)=\sum a_{kj}f_k$ 给出一个由 $L(U,V)$ 到所有 $p\times n$ 型矩阵所构成的线性空间的线性双射 $F\to A=(a_{kj})$。因为后一线性空间的维数是 pn，我们就得到 $\dim L(U,V)=\dim U\cdot\dim V$，如果右边两个维数都是有限的。（倘若令 $0\cdot\infty=0$，那么这个公式在一般情形也成立。）

基的病态

用超限数学归纳法可以证明，每个线性空间都具有一组基。把 R 看成有理数 Q 上的线性空间时，它的基由实数 e_α 的一个不可数集合构成，使得每个实数 x 都可以唯一表示为有限和 $\sum x_\alpha e_\alpha$，其中各个系数 x_α 都是有理数。此时函数 $x\to x_\alpha$ 在 Q 上是线性函

数，但具有某些病态性质。例如，它们在任何区间上都不是有界的。它们这种坏的性质是在线性代数中引进大小这个概念的许多理由之一。这一点我们留到下节去讲。

4.5 赋范线性空间

距离和巴拿赫空间

假设 U 是有限维实或复线性空间。我们怎样量度一个向量 u 的长度 $|u|$ 和两个向量 u 和 v 之间的距离 $|u-v|$ 呢？一个办法是在 U 中引进一组基 e_1，…，e_n，并且令（比如说）

$$|u|=(|x_1|^2+\cdots+|x_n|^2)^{1/2},$$

其中 x_1，…，x_n 是 $u=x_1e_1+\cdots+x_ne_n$ 的坐标。但是这种长度以及其他利用坐标来定义的长度，例如 $|u|=|x_1|+\cdots+|x_n|$，都与基的选法有关。为大家所承认的一种解决办法，就是简单地假定在 U 中存在长度的度量，说得更确切一些，就是存在由 U 到非负实数集的函数 $u \rightarrow |u|$，使得对于 U 中任何向量 u，v 与所有数 a，都有

$$|u|=0 \Longrightarrow u=0,$$

$$|au|=|a||u|,$$

$$|u+v| \leqslant |u|+|v| \quad (\text{三角形不等式}).$$

这样一个函数也称为范数。前面提出的两个函数 $|u|$ 都具有这些性质，从而确实都是范数。当 U 是由某个集合 I 上的有界纯量函数 $t \rightarrow u(t)$ 所构成时，我们令

$$|u|=\sup|u(t)|，\quad \text{其中 } t \text{ 属于 } I, \tag{17}$$

就得到一个自然的范数。（见第五章，极限、连续性和拓扑。以后所讲的大都需要用到那一章的知识。）倘若每个函数 $t \rightarrow |u(t)|$ 都有最大值，我们就可以把（17）中的 sup 换成 max。例如当 I 是有限集合或者 I 是有界闭区间并且所有的 u 都是连续函数时，就是这种情形。

正如欧几里得几何的情形一样，不等式 $|u-u_0|<r$ 代表一个

中心为u_0半径为r的球，其中u_0和r都是固定的。根据三角不等式，这个球是一个凸集。这里是它的图形.

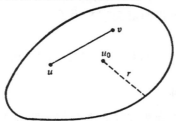

图4.16　赋范线性空间中以u_0为中心r为半径的球

现在让我们考虑U中具有极限v的无穷点列u_1，u_2，…（现在把U的元素——向量——都当做点来看待）。这意味着当$k \rightarrow \infty$时，距离$|u_k - v|$趋近于零。如果U由集合I上的具有范数(17)的函数构成，这意味着函数u_k一致趋于v。在一般情形下，距离$|u_k - u_j| \leqslant |u_k - v| + |u_j - v|$（应用三角不等式）趋于零，当$j$和$k$当中比较小的数趋于$\infty$时。具有这个性质的序列，称为柯西序列。倘若$U$是有限维空间，那么每个柯西序列都有唯一的极限。这是实数或者复数的相应性质的一个简单推论。但如果$\dim U = \infty$，情况就不同了。例：根据魏尔斯特拉斯逼近定理（见第九章），有界闭区间上的任何连续函数都能用多项式一致地逼近。但是并非所有这样的函数都是多项式。为了避免这种复杂性，通常假定U中任意一个柯西序列都具有极限点（它必然是唯一的）。从20世纪20年代以来，具有这个性质的线性空间一直被称为完备赋范空间或者巴拿赫空间，这是为了纪念著名的波兰数学家巴拿赫。最常提到的例子或许是有界闭区间上的所有连续（实或复）函数构成的空间。

事实证明，范数是一个强有力的工具，我们可以利用它干一大堆事情。现在我们来陈述并且证明一个定理，它在数学分析中具有重要的应用（在第七章中有它的两个应用）。这个定理考虑的是压缩映射，也就是由一个空间到它自身的一个函数，它不会使距离增大。这意味着，如果$T(u)$及$T(v)$都有定义，则

$$|T(u)-T(v)|\leqslant|u-v|.$$

注意T不一定是线性映射，也不一定处处都有定义。我们要求读者利用一些图形来解释上面的不等式，说明定理本身及其证明。在看到它的应用之前，这个定理不一定能留下深刻的印象。

压缩映射定理

定理（压缩映射定理） 设U为巴拿赫空间，$u\rightarrow T(u)$为一个压缩映射，它满足条件

$$|u-u_0|\leqslant r,\ |v-v_0|\leqslant r$$
$$\Longrightarrow|T(u)-T(v)|\leqslant c|u-v|,$$

其中$c<1$及$r>0$都是给定的数，u_0是U中给定的点。那么当v如此接近于u_0，使得

$$|v-u_0|\leqslant(1-c)r-|T(u_0)-u_0| \tag{18}$$

时，方程

$$u-T(u)=v-u_0 \tag{19}$$

便有唯一的满足条件$|u-u_0|\leqslant r$的解。

注意，假如（18）式的右边是负的，那么定理就什么也没说；但是，如果$|T(u_0)-u_0|$足够小，就存在满足（18）的向量。这个定理可以两种方式来应用。首先，假如我们令$v=u_0$，并设$T(u_0)$与u_0足够接近，使得$|T(u_0)-u_0|\leqslant(1-c)r$，那么这个定理就断言，有一个$u$存在，使得$T(u)=u$，换言之，$u$是$T$之下的不动点。其次，假设$u_0$是一个不动点，那么定理就断言，如果$v$充分接近于$u_0$，则方程$T(u)=v$在$u_0$附近有唯一解$u$。最后，如果$T$是线性的，并且对于任意的$u$及某个$c<1$，$|T(u)|\leqslant c|u|$成立，那么这个定理就可以大大简化。取$u_0=0$，$r$任意，定理就断言$u\rightarrow u-T(u)$是$U$的一个双射。

作了这些说明之后，我们现在来证明这个定理。假定存在两个解u'及u''，我们就得到$u'-u''=T(u')-T(u'')$；于是$|u'-u''|\leqslant c|u'-u''|$，从而$u'=u''$，因为$c<1$。为了构造出（19）的解，我们按照下列程式应用逐次逼近法：

$$u_1 - T(u_0) = v - u_0,$$
$$u_2 - T(u_1) = v - u_0,$$
$$u_3 - T(u_2) = v - u_0,$$
$$\cdots\cdots$$

于是（19）的首次近似是 $u = u_0$，二次近似是如上定义的 u_1，如此等等。逼近能够取得成功有赖于这样一个事实：如果在 u 上面加上一个小向量，那么 $T(u)$ 的变化比 u 本身的变化小。假若（比如说）对于任意的 u 有 $T(u) = u_0$，那么我们的程式早在头一步就给出了解 $u = v$。从上面第一个方程和三角形不等式就得到

$$|u_1 - u_0| \leqslant |v - u_0| + |T(u_0) - u_0|,$$

因而由（18）即得

$$|u_1 - u_0| \leqslant (1 - c) r。$$

于是由 u_1 到 u_0 之间的距离小于 r，所以 $T(u_1)$ 有定义，从而 u_2 也有定义。从第二个方程中减去第一个方程，即得

$$|u_2 - u_1| = |T(u_1) - T(u_0)| \leqslant c|u_1 - u_0| \leqslant c(1 - c) r,$$

所以

$$|u_2 - u_0| \leqslant |u_2 - u_1| + |u_1 - u_0| \leqslant (1 + c)(1 - c) r。$$

此时右边又小于 r，所以 $T(u_2)$ 有定义，从而 u_3 也有定义。这样经过 k 步之后，我们就得到 $|u_{k+1} - u_k| \leqslant c^k(1 - c) r$，并且

$$|u_{k+1} - u_0| \leqslant (1 + c + c^2 + \cdots + c^k)(1 - c) r < r,$$

因而我们的步骤便可以无限制地继续下去。我们还得到

$$k \geqslant j \Longrightarrow |u_{k+1} - u_j| \leqslant |u_{k+1} - u_k| + \cdots + |u_{j+1} - u_j|$$
$$\leqslant (c^k + \cdots + c^j)(1 - c) r,$$

其中右边不超过 $c^j r$，因此当 j 趋于无穷时，右边就趋近于零。而空间 U 是完备的，所以序列 $u_0, u_1, \cdots$ 具有极限 u，它满足 $|u - u_0| \leqslant r$。因为对于所有的 k 有 $u_{k+1} - T(u_k) = v - u_0$，故由压缩映射性质即可推知，当 u_k 趋近于 u 时，$T(u_k)$ 便趋近于 $T(u)$，所以元素 u 就是（19）的解。

逼近程式是数学中的重要组成部分。希腊人用它来逼近面

积，牛顿用它来求实函数的零点， 19 世纪的柯西和毕卡用它来构造微分方程的解，而在计算数学中天天都在应用它们。压缩映射定理正是把这些比较古老的结果改编到巴拿赫空间中。这个定理还有一个同伴，它在数学分析中也有重要的应用，那就是斯豪德尔不动点定理（1930）。这个定理断言，由巴拿赫空间中的紧凸集变到它本身的连续映射，至少有一个不动点（紧这个词将在以后解释）。这两个定理都是无穷维空间的分析的例子。无穷维空间的分析是数学的一个分支，它通常称为泛函分析。泛函这个词原来是指无穷维空间上的函数，而这无穷维空间本身是由区间上的纯量函数构成的。

4.6 有界性，连续性，紧性

有界线性函数

假设 U，V 都是巴拿赫空间，而 F 是由 U 到 V 的线性函数。倘若 $\dim U$ 有限，而 e_1，$\cdots$，e_n 是 U 的一组基，则 $F(x_1e_1+\cdots+x_ne_n)=x_1F(e_1)+\cdots+x_nF(e_n)$。因此，两边取范数即得

$$|F(x_1e_1+\cdots+x_ne_n)|\leqslant c_0(|x_1|+\cdots+|x_n|),$$

其中 c_0 是 $|F(e_1)|$，$\cdots$，$|F(e_n)|$ 当中的最大数。另一方面，对于某一个数 c_1，我们有 $|x_1|+\cdots+|x_n|\leqslant c_1|x_1e_1+\cdots+x_ne_n|$，其中不等式右边的竖线表示 U 中的范数。事实上，$|x_1|+\cdots+|x_n|=1$ 定义了 $\mathbf{R}^n$（或者 $\mathbf{C}^n$）的一个紧子集，而且由范数的性质可以证明，$h(x)=|x_1e_1+\cdots+x_ne_n|$ 是 K 上的正值连续函数，因此它在 K 上就有一个正的最小值 m。如果 $|x|=|x_1|+\cdots+|x_n|$，那么对于所有的 $x\neq0$，有 $h(x/|x|)=h(x)/|x|\geqslant m$，从而对于所有的 x 都有 $h(x)\geqslant m|x|$。于是只要取 $c_1=1/m$ 我们的断言就成立。最后，令 $c=c_0c_1$，我们得到，对于 U 中所有的 u，有

$$|F(u)|\leqslant c|u|。 \tag{20}$$

一个线性函数 F 称为有界的，如果这个不等式成立，其中 $c<\infty$ 依赖于 F 但不依赖于 u。我们刚才已经证明，如果 U 是有限维空

间，那么由U到V的任何线性函数都是有界的。把这个定理应用到这种情形：U，V是两个所含元素相同但是范数$|u|_1$，$|u|_2$不同的有限维线性空间，并且对于所有的u有$F(u)=u$，那么我们就可以看出，这两个范数在如下的意义下是等价的：存在两个正数c_1和c_2，使得对于所有的元素u，都有

$$c_1|u|_1 \leqslant |u|_2 \leqslant c_2|u|_1.$$

当 $\dim U = \infty$ 时，由U到V的线性函数就不再自动是有界的，因此我们把（20）当作有界的条件，并设$L(U,V)$是一切由U到V的线性有界函数所成的集合。如果F是这样的函数，那么$|F(u)-F(v)|=|F(u-v)| \leqslant c|u-v|$。因此，假若$u_1$，$u_2$，…是$U$中收敛于$u$的序列，那么$F(u_k)$在$V$中便收敛于$F(u)$。换句话说，函数$F$是连续的。特别，如果所有$F(u_k)$都等于零，则$F(u)$也等于零。因此，$F$的核便是一个闭线性空间，也就是说，它包含它的极限点。让我们再提一下，对于线性函数，有界性和连续性是同时成立的。事实上，我们已经知道有界$\Longrightarrow$连续。假如F无界，那么便存在一个由向量$u_k \neq 0$所构成的序列，使得当$k \to \infty$时，$|F(u_k)|/|u_k| \to \infty$，这时$v_k = u_k/|F(u_k)| \to 0$ 而 $|F(v_k)|=1$，这就与连续性相矛盾。因此，连续$\Longrightarrow$有界。

假设$|F|$是（20）中的最佳常数，也就是一切能使（20）成立的常数c的最大下界。此时立刻可以看出，映射$F \to |F|$是线性空间$L=L(U,V)$上的一个范数。这个空间也是完备的。事实上，如果当 $\min(k,j) \to \infty$ 时，$|F_k-F_j| \to 0$，那么对于U中每个u，$F(u)=\lim F_k(u)$ 存在，这个F显然是线性的而且是有界的，并有$|F|=\lim|F_k|$。因此，空间L实际上是一个巴拿赫空间。此外，范数$|F|$在复合之下表现出很好的性质。由于算式$|(F \circ G)(u)|=|F(G(u))| \leqslant |F||G(u)| \leqslant |F||G||u|$对于所有的$u$都成立，所以这就证明了$|(F \circ G)| \leqslant |F||G|$。由此即可推知，例如，$L(U,U)$是一个赋范环。因为它也是一个巴拿赫空间，所以它就叫做巴拿赫代数。其元素通常称为有界线性算子。

现在让我们只考虑一个有界线性算子 $F: U \to U$。倘若 $|F| < 1$，则由压缩映射定理可知，$I - F$ 是双射。因此，如果 a 是一个数而且 $|a| > |F|$，即 $|F/a| < 1$，那么 $F - aI = -a(I - F/a)$ 便是一个双射。由此即可推知，F 的谱包含在区间 $|a| \leqslant |F|$ 中（倘若 U 是复线性空间，那么这就是一个圆）。"F 的谱总不是空集"这个重要的事实，是 1938 年由马祖尔宣布并在 1941 年由盖尔芳特证明的。前面我们已经看到，这并不意味着 F 具有特征空间。实际上，F 甚至于也不一定具有不等于 0 和 U 的闭不变子空间。这一点已经由 P. 恩福洛在 1976 年加以证明。这里我们似乎应该提一下，性质比较好的算子，例如本章最后一节要讨论的自伴算子，一般具有大量的闭不变子空间。

对偶空间和线性泛函

假设 U 是一个巴拿赫空间。空间 $L(U, K)$（其中 $K = \mathbf{R}$ 或 $\mathbf{C}$ 是 U 的纯量的空间）称为 U 的对偶空间，通常用 U' 来表示。它的元素是由 U 到 K 的有界线性函数，传统上称为线性泛函。如果 U 是有限维空间，那么线性型和线性泛函就是一回事，而且我们有 $\dim U' = \dim U$。如果 $U = C(I)$ 是紧区间 I 上的一切连续纯量函数所成的巴拿赫空间，其中范数为 $|u| = \max|u(t)|$，那么每个函数

$$f(u) = c_1 u(t_1) + c_2 u(t_2) + \cdots + c_n u(t_n)$$

都是 U 上的线性泛函，其中 $c_1, \cdots, c_n$ 是固定的数，$t_1, \cdots, t_n$ 是 I 中固定的点，而 n 是任意数。事实上，f 是线性的，而且 $|f(u)| \leqslant c(|c_1| + \cdots + |c_n|)|u|$。积分论中的一个重要结果是：$C(I)$ 上的每个线性函数都可以写成黎曼-斯蒂尔吉斯积分 $\int_I u(t) dg(t)$，其中 g 是两个递增有界函数之差。（在复数的情形下，$\mathrm{Re}\, g$ 和 $\mathrm{Im}\, g$ 都有此种性质，参看第八章关于积分的讨论。）这个命题表明，我们现在陷入了困境。如果 U 是无穷维的，那么甚至于证明线性泛函的存在性也是一个问题。它在 20 世纪

20年代为哈恩和巴拿赫所解决。他们证明了，如果 V 是巴拿赫空间 U 的一个闭线性子空间，而 u_0 是 U 中落在 V 外面的一点，那么 U' 中便有这样的线性泛函 f 存在，使得在 V 上 $f=0$，但 $f(u_0)\neq 0$。这个结果仍然是线性泛函分析的旗手，它在分析中有着许许多多重要的应用。证法的要点如下。假设 W 是实线性空间 U 的一个线性子空间，v 在 W 之外，而 f 是 W 上的一个线性纯量函数，那么不论取什么样的 $f(v)$ 时，$f(w+av)=f(w)+af(v)$ 总是 $W+\mathbf{R}v$ 上的线性函数。如果 U 具有范数，而且在 W 上 $|f(w)|\leqslant|w|$，那么就可能选取这样的 $f(v)$，使得同样的不等式在 $W+\mathbf{R}v$ 上也成立。事实上，利用齐次性可知，这就等于说，不等式 $|f(w+v)|\leqslant|w+v|$ 对于 W 中所有的 w 都成立。而这个不等式可以由下面两个不等式得出：对于 W 中所有的 w_1 和 w_2，恒有 $-|w_1+v|-f(w_1)\leqslant f(v)\leqslant|w_2+v|-f(w_2)$。而由三角形不等式立即可以推知，在此式两端之间有足够的间隔能够容纳一个 $f(v)$。因此，我们便有无穷多种可能性来扩张线性泛函，从而即可考虑具有固定值 c 的不等式 $|f(u)|\leqslant c|u|$。然后我们就可以通过归纳法来进行证明。

由哈恩-巴拿赫定理可以推知，$\dim U=\infty\Longrightarrow\dim U'=\infty$。同样不难得出，如果 V 是 U 中具有有限余维 p 的闭线性子空间，那么便有 p 个线性无关的线性泛函 $f_1,\cdots,f_p$ 存在，使得 V 由方程组 $f_1(u)=0,\cdots,f_p(u)=0$ 来定义。反之，如果 $f_1,\cdots,f_p$ 是线性无关的线性泛函，那么同样的方程组就定义了具有余维 p 的闭线性子空间。巴拿赫的另外一个重要定理表明，巴拿赫空间之间的连续双射的逆映射也是连续的。这个重要的事实有一个推论：巴拿赫空间的任意两个范数都等价。注意我们在有限维情形中所作的证明，对于无穷维的情形是毫无用处的。

紧性和紧算子

巴拿赫空间的子集称为有界的，如果在其上范数有界；它称为闭的，如果这个子集包含它的所有极限点。它称为前紧的，如

果这个子集中每个点列都有一个收敛子序列；它称为紧的，如果这个子集既是前紧的又是闭的。前紧集合必定是有界的。在 R^n 中，或者更一般地，在有限维巴拿赫空间中，有界集合都是前紧的。但是，倘若维数是无穷大，那么就不难造出一列无穷个单位向量 e_1, e_2, $\cdots$，使得当 $j \neq k$ 时 $|e_j - e_k| > 1 - \delta$，其中 δ 是事先给出的任何正数。由此即可推知，一个具有正半径的球，不管多么小，都不是前紧的。无穷维巴拿赫空间的这个基本性质有时可以这样表达：它们不是局部紧的。

根据定义，由巴拿赫空间 U 到巴拿赫空间 V 的有界函数，把有界集合映射为有界集合。如果 F 把有界集合映射为前紧集合（例如，当 F 的秩是有限数时），则 F 称为紧的或者称为紧算子。非常容易验证，一切紧算子构成 $L(U, V)$ 中的一个闭线性子集，而且当 F 或者 G 是紧算子时，乘积 $F \circ G$ 也是紧的。紧算子的一个有趣的性质是：像与核定理成立，它可以表述为：对于 $L(U, U)$ 中所有的 $A = E + F$（其中 F 是紧的，E 是 U 到 U 的恒等映射），有 $\dim \ker A = \operatorname{codim} \operatorname{Im} A$。下面的定理是 F. 黎斯在 1918 年证明的，虽然他是用不同的语言来陈述的。

紧算子定理 倘若 U 是巴拿赫空间，而 $F \in L(U, U)$ 是紧的，那么 $\ker (E + F)$ 和 $\operatorname{Im} (E + F)$ 都是闭的，而且
$$\dim \ker (E + F) = \operatorname{codim} \operatorname{Im} (E + F) \tag{21}$$
是有限数。此外，如果等式有一边是零，那么 $E + F$ 便是连续双射，它具有连续的逆映射，这个逆映射可以写成 $E + G$ 的形式其中 G 是紧的。

我们已经知道，$\ker (E + F)$ 是闭的。定理的其余部分要更困难一些，我们不能进行证明。这个定理断言，比如说，U 中存在着 $p = \dim \ker (E + F)$ 个线性无关的向量 u_1, $\cdots$, u_p，而且在 U 上存在着 p 个线性泛函 f_1, $\cdots$, f_p，使得方程 $u + F(u) = v$ 有解的必要与充分条件为 $f_1(v) = 0$, $\cdots$, $f_p(v) = 0$，而且两个解之差总是 u_1, $\cdots$, u_p 的线性组合。这个定理也给出关于 F 的特征向量和特征值的信息；例如，每个特征值 $z \neq 0$ 都具有有

限的重数。事实上，因为 $F-zE=-z(E-z^{-1}F)$，而且 $z^{-1}F$ 是紧的，所以 $\ker(F-zE)$ 具有有限的维数。黎斯还证明了，0 是收敛特征值序列的唯一可能的极限。因此 F 的谱最多包含可数多个特征值，它们全都具有有限的重数，它们只以原点为其聚点，原点不一定是特征值，但它属于谱。

刚才陈述并且加以说明的定理有一个具体的形式，它在1900年为 I. 弗雷德霍姆所证明。他考虑了 $U=C(I)$ 的情形，其中 I 是紧区间，而 F 由

$$Fu(s)=\int_I K(s,t)u(t)dt$$

给出（我们记 $F(u)=Fu$），其中 K 是一个连续函数。这样的 F 是紧的，于是弗雷德霍姆所考虑的线性方程 $u+Fu=v$ 就成为

$$u(s)+\int_I K(s,t)u(t)dt=v(s).$$

这称为第二类积分方程。因为许多重要的物理问题——例如狄利克雷问题（它在以后将得到讨论）——都可以陈述为这类积分方程，所以弗雷德霍姆的工作引起了轰动。

现在我们回到抽象理论，有一个长时期以来没有解决的问题：是否每个紧算子都是由有限秩的紧算子构成的一个序列的一致极限？事实上许多紧算子是这样的。1972 年，P. 恩福洛给出了解答，答案是否定的。

4.7 希尔伯特空间

内积，欧几里得空间，希尔伯特空间

实线性空间 U 与其自身的乘积 $U\times U$ 上的实函数 u，$v\to(u,v)$ 称为内积，假如它具有 4.2 节的性质 B1~B4。对于所有的 t，s，

$$(tu+sv,\ tu+sv)=t^2(u,u)+2st(u,v)$$
$$+s^2(v,v)\geqslant 0,$$

由这个事实可以推出不等式 $(u,v)^2\leqslant(u,u)(v,v)$，它称

为施瓦兹不等式，通常写成 $|(u,v)|\leqslant|u\|v|$，其中 $|u|=(u,u)^{1/2}$。在上述等式中令 $s=0$，我们得到 $|tu|=|t\|u|$，令 $s=t=1$，我们就得到 $|u+v|^2\leqslant|u|^2+2|u\|v|+|v|^2=(|u|+|v|)^2$，即三角形不等式 $|u+v|\leqslant|u|+|v|$。此外，由 B 2 可以推出 $|u|=0\Longrightarrow u=0$，所以 $|u|$ 是范数。具有内积的完备线性空间称为希尔伯特空间，这是为了纪念著名的德国数学家希尔伯特而命名的。希尔伯特在 1905 年左右所研究的空间的元素，是实数的无穷序列 $u=(x_1,x_2,\cdots)$，它们满足 $|u|^2=x_1^2+x_2^2+\cdots<\infty$，而且具有内积 $(u,v)=x_1y_1+x_2y_2+\cdots$，其中 $v=(y_1,y_2,\cdots)$。欧几里得线性空间就是有限维希尔伯特空间。

复线性空间也能够赋予内积，方法大致与实线性空间相同。此时我们容许内积取得复数值，而 B 1～B 4 修正如下：对于所有的向量 u,v,w 和复数 a,b，恒有

$$(u,u)\geqslant0,\ (u,v)=\overline{(v,u)},$$
$$(u,u)=0\Longrightarrow u=0,$$
$$(au+bv,w)=a(u,w)+b(v,w),$$
$$(u,av+bw)=\bar{a}(u,v)+\bar{b}(u,w)。$$

于是我们有施瓦兹不等式 $|(u,v)|\leqslant|u\|v|$，而且 $u\rightarrow|u|$ 仍旧是范数。具有内积的完备的复线性空间也称为希尔伯特空间。在上面的例子中，如果容许 $x_1,x_2,\cdots$ 是复数，并要求 $|u|^2=|x_1|^2+|x_2|^2+\cdots<\infty$，那么令 $(u,v)=x_1\bar{y}_1+x_2\bar{y}_2+\cdots$ 时，我们就得到这样一个希尔伯特空间。

在数学中用到的大多数希尔伯特空间，是函数空间，其中内积用和或积分表示。比如说，假设 M 是一个集合，U 是 M 上的实或复函数 $t\rightarrow u(t)$ 的集合。如果 M 是有限集合，并且对于所有的 t，有 $r(t)>0$，那么

$$(u,v)=\sum u(t)\overline{v(t)}r(t)$$

就是 M 上的一个内积。假如 M 是可数集合，只要把 U 限制为满足条件 $\sum|u(t)|^2r(t)<\infty$ 的函数 u 所成的集，那么我们也可以采用同样的公式。当 M 是区间 I 时，只要我们限于考虑满足条件

$\int|u(t)|^2r(t)dt<\infty$ 的函数，就可以把和式变成积分

$$(u,v)=\int u(t)v(t)r(t)dt,$$

其中 r 到处都是正的。可能完备性还有点问题，但是只要采用适当定义的积分（勒贝格积分），就可以保证完备性。内积还可以涉及导数和重积分，但是它们的细节对我们来说太复杂了，我们还是退回来讨论抽象的情形。

考虑单位向量 e_1，e_2，…所成的有限集合或无穷集合；如果它们两两正交，即 $(e_j,e_k)=\delta_{jk}$（$\delta_{jk}=1$，如果 $j=k$，$\delta_{jk}=0$ 如果 $j\neq k$），则称它为标准正交系。它无论在概念上还是在应用上都是很重要的。此时线性组合

$$u=x_1e_1+\cdots+x_pe_p$$

的系数是内积 $x_1=(u,e_1)$，…，$x_p=(u,e_p)$，而且 $|u|^2=|x_1|^2+\cdots+|x_p|^2$。特别，标准正交系中的向量是线性无关的。因此，假如 $\dim U=p$，那么向量 e_1，…，e_p 便构成 U 的基，此时我们就说，这个标准正交系是完备的。假如标准正交系 e_1，e_2，… 具有无穷多元素，而且 $|x_1|^2+|x_2|^2+\cdots<\infty$，那么向量 $u_p=x_1e_1+\cdots+x_pe_p$ 就构成一个柯西序列，因为

$$q>p\Longrightarrow|u_q-u_p|^2=|x_{p+1}|^2+\cdots+|x_q|^2。$$

我们把极限元素 u 写成无穷多项的线性组合

$$u=x_1e_1+x_2e_2+x_3e_3+\cdots=\sum_1^\infty x_ke_k。$$

通过取极限，我们仍然得出 $x_k=(u,e_k)$。假如 U 中的任何 u 都可以这样得到，我们就说这个标准正交系是完备的，并且构成 U 的一组基。这种基总是存在的，它可能超过可数多个元素，但是深入研究这些又会使我们离题太远。于是我们转而讨论一点希尔伯特空间中的几何学，此时我们不必考虑维数的大小。

正交补空间和正交射影

U 的线性子空间 V 的正交补空间 $V^\perp$，由 U 中所有满足（w，

$V)=0$ 的 w 组成，即 w 与 V 中的任何 v 都正交。$V^{\perp}$ 显然是线性子空间，且是闭的。事实上，由施瓦兹不等式可知，$|(w_k,\ v)-(w,\ v)|=|(w_k-w,\ v)|\leqslant \|w_k-w\|\|v\|$，所以当 $w_k\to v$ 时，$(w_k,\ v)\to(w,\ v)$。现在我们来证明一个定理，它相当于毕达哥拉斯定理的最一般的推广。

射影定理. 设 U 为希尔伯特空间，V 为闭线性子空间，则 U 中任何 u 都可以表示为唯一的和 $v+w$，其中 v 属于 V，w 属于 $V^{\perp}$，而且 $|u|^2=|v|^2+|w|^2$。

因为 $(v,w)=0$，所以就得出最后的命题。我们把 v 称为 u 到 V 上的正交射影。本定理如图 4.17 所示。其证明依赖于所谓平行四边形恒等式 $|u-v|^2+|u+v|^2=2|u|^2+2|v|^2$。我们可以把它写成

$$|v_p-v_q|^2=2|u-v_p|^2+2|u-v_q|^2-4|u-(v_p+v_q)/2|^2,$$

其中 u 是固定的，而 v_1, v_2, … 是 V 中的序列。右边不大于 $2|u-v_p|^2+2|u-v_q|^2-4d^2$，其中 $d=\inf|u-v|$ 是 u 到 V 的距离，这里 inf 是对 V 中所有的 v 取的。如果我们选取序列 v_1, v_2, …，使得当 p 趋于无穷时，$|u-v_p|^2$ 趋近于 d^2；那么由此即可推知，当 p 和 q 趋于无穷时，$|v_p-v_q|$ 趋

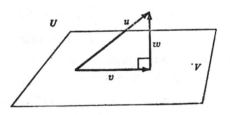

图 4.17 到子空间上的正交射影

近于零。所以这个序列便是柯西序列，而且如果 v 是它的极限元素，则有 $|u-v|=d$。因此，对于 V 中所有的 v' 及数 t，恒有 $|u-v|\leqslant|u-v-tv'|^2$。当 U 是实空间时，由此可以推知，对于所有的 t，都有 $0\leqslant 2t(u-v,v')+t^2(v',v')$，而这只有当 $(u-v,v')=0$ 时才有可能。所以 $u-v$ 与 V 正交，而 $u=v+(u-v)$ 是 $v\in V$ 与 $u-v\in V^{\perp}$ 的和。因为 $V\cap V^{\perp}=0$，所以这个和是唯一的。我们让读者去证明复空间情形下的这个定理。射影定理有下面一个重要的推论。

定理 希尔伯特空间上的任何线性泛函都是一个内积。

换言之，如果 $u \rightarrow f(u)$ 是取纯量值的线性函数，并且对于某个数 c 及所有的 u，都有 $|f(u)| \leqslant c|u|$，则在 U 中必存在一个 v，使得 $f(u) = (u, v)$ 对于一切 u 都成立。为了证明这个定理，注意除了在 $f = 0$ 这种平凡的情形之外，$\ker f$ 总是 U 中的闭线性子空间 V，而且 V 不等于 U。另外，f 在 $V^{\perp}$ 上不能等于零。所以 $V^{\perp}$ 中必定包含一个 w，使得 $f(w) = 1$。因为 $u = u - f(u)w + f(u)w$，而且 $f(u - f(u)w) = f(u) - f(u) = 0$，所以由此即可推出 $(u, w) = f(u)(w, w)$。令 $v = w/(w, w)$，就得到所要的结果。

狄利克雷问题

现在我们应用上面的定理来解决数学物理问题。首先，假设 u 和 v 都是 $\mathbf{R}^n$ 中的一个有界开子集 I 上的光滑实函数，并考虑积分

$$D(u, v) = \int_I (\partial_1 u(x)\partial_1 v(x) + \cdots + \partial_n u(x)\partial_n v(x))dx_1 \cdots dx_n,$$

其中 $\partial_k = \partial/\partial x_k$。如果 $u = v$，它就称为 u 的狄利克雷积分，用 $D[u]$ 来表示。因为 $D(u, v) = D(v, u)$ 是 u 和 v 的线性函数，所以我们有 $D[u + v] = D(u + v, u + v) = D(u, u) + 2D(u, v) + D(v, v)$。如果 u 和 w 都是光滑函数，而且 w 在 I 的边界 J 上等于零，则由分部积分法即得

$$D(u, w) = -\int_I w(x)\Delta u(x)dx_1 \cdots dx_n,$$

其中 $\Delta = \partial_1^2 + \cdots + \partial_n^2$ 是拉普拉斯算子。倘若 u 在 I 内是调和函数，也就是 Δu 在 I 内等于零，那么这个积分就等于零，从而即有

$$D[u + w] = D[u] + D[w].$$

这个公式称为狄利克雷原理。它可以粗略地表述如下：令 $v =$

$u+w$，在所有在 I 的边界上等于已知函数 f 的函数 v 当中，调和函数具有最小的狄利克雷积分。到此，我们就被引导到狄利克雷问题的存在性和唯一性的问题。狄利克雷问题是在1840年左右提出的，问题是求一个在 I 中调和的函数 u，使得它在边界上取得给定的值。对于 $n>1$，这个问题很不简单，但 对 于 $n=1$，调和函数是次数最高为1的多项式 $u(x)=cx+d$，因此这时问题是初等的。

对于 $n=2$，3，狄利克雷问题出现在弹性理论、电学理论以及流体力学中。我们只举一个例子。如果 $n=2$，我们可以把图像 $y=v(x)$ 看成表示在平面区域 I 上一块弹性薄膜的位置。根据基本的、在某种程度上是理想化的物理学，在这个位置的势能具有 $aD[v]+b$ 的形式，其中 $a>0$。这个膜在边 界 J 上 处于 $y=f(x)$ 的位置，它所处的平衡位置 $y=u(x)$ 使能量达到极小值，从而对应于狄利克雷问题的解，如图4.18所示。

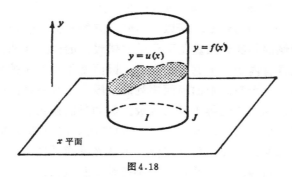

图 4.18

我们的解释给出了狄利克雷问题的一个物理上的 存 在 性 证明，但是我们还需要数学上的存在性证明。现在至少有五个这样的证明，它们在数学分析中都很重要。黎曼在他的1851年的博士论文中讨论了这个问题，他假定存在唯一的函数，使得狄利克雷积分达到极小值，但他没有加以讨论。后来大家认识到这个假定必须加以证明，这个证明是希尔伯特在1901年给出的。我们要给出一个用现代语言陈述的证明。

设 K 为 $\mathbf{R}^n$ 中限制于 I 上的所有二次连续可微实函数所 成 的空间，H 为其线性子空间，它的元素在 I 的边界上等于零。那么，积分 $(v, w) = D(v, w)$ 大体上是 H 上的一个内积，唯一的缺陷是 $(v, v) = 0$ 意味着 v 是常数而不是 v 等于零。但是 如果我们把 (v, w) 限制到 H 上，它就成为一个内积。我们进一步假定，f 可以由 J 扩张为属于 K 的函数，这个函数仍然用 f 来表示。于是 $w \rightarrow (f, w)$ 即为 H 上的线性泛函，从而由上面 最后一个定理可知，它必定是一个内积。换句话说，H 中有一个 g 存在，使得对于 H 中所有 的 w，恒 有 $(f, w) = (g, w)$。于是函数 $u = f - g$ 在 J 上等于 f，因为 w 在 J 上等于零。又因对于 H 中所有的 w 都有 $(u, w) = D(u, w) = 0$，故由分部积分（见上文）可以证明，u 在 H 中是调和 的，即 $\Delta u = 0$。还可以推出，对于 H 中所有的 w，u 都满足狄利克雷原理 $D[u + w] = D[u] + D[w]$。如果 u 和 u' 是狄利克雷问题的两个 解，则 $u - u'$ 属于 H，从 而 $(u, u - u') = 0$，$(u', u - u') = 0$，因此 $(u - u', u - u') = 0$，所以 $u = u'$。好像我们已经把问题解决了，但遗憾的是我们又重犯了黎曼的错误。的确，空间 H 是线性空间并且具有内积，但它并不完备，因而就不是希尔伯特空间。另一方面，这个空间中的柯西序列的极限，至少在推广的意义之下可以表示为在 J 上等于零的函数。假如我们使用勒贝格 积分，并且证明：倘若 $(u, u) = 0$ 对于 H 中所有的 w 都成立，那么便可以推知 u 是调和函数（即使 u 不是光滑函数也行），我们 的证明就能行得通，但是我们不得不把细节跳过去。

4.8　伴随算子和谱定理

伴随算子

　　如果 U 是希尔伯特空间，$F \in L(U, U)$ 是有界线性算 子，v 是 U 中一个元素，那么函数 $u \rightarrow (Fu, v)$ 便是一个线性泛 函，因为 $|(Fu, v)| \leqslant |F| \|u\| \|v\|$。因此，对于 U 中每 一 个 v，都 存

在 U 中的一个 F^*v, 使得 $(Fu, v)=(u, F^*v)$ 对于所有的 u 都成立。由内积的计算规则可以证明 $v \to F^*v$ 是线性函数, 而且因为当 $|u|=1$ 时,

$$|F^*v|=\sup|(u, F^*v)|=\sup|(Fu, v)| \leqslant |F||v|,$$

所以 F^* 是有界的。算子 F^* 称为 F 的伴随算子。我们有 $F^{**}=F$, 由此连同上面的不等式, 可以推出 $|F^*|=|F|$。如果 e_1, e_2, …是 U 的标准正交基, 并设 $Fe_j=\sum_k a_{jk}e_k$, $F^*e_j=\sum_k a_{jk}^*e_k$, 我们就得到, $a_{jk}^*=(F^*e_j, e_k)=(e_j, Fe_k)=\overline{(Fe_j, e_k)}=\bar{a}_{kj}$。因此, 当 $\dim U<\infty$ 时, 矩阵 (a_{jk}) 和 (a_{jk}^*) 就彼此相伴。如果 $F^*=F$, 也就是说, 如果对于一切 u, v 都有 $(Fu, v)=(u, Fv)$, 则称 F 为自伴的。一个等价的性质是: 对于所有的 u, (Fu, u) 都是实数。如果 F 是自伴的, 则 $FV \subset V \Rightarrow FV^\perp \subset V^\perp$, 即如果 F 把一个线性子空间映到它自身中, 则 F 把其正交补空间也映到它自身中。验证是显然的。这个性质可以用来证明一个归功于希尔伯特的谱定理, 他在1909年给出了证明。

谱定理

定理 (谱定理) 希尔伯特空间 ($\neq 0$) 上的紧自伴线性算子具有由特征向量构成的完备标准正交系。相应的特征值全是实数, 并以原点为其唯一极限点。

在 U 是有限维复空间时, 这个定理十分容易证明。事实上, 设 F 为紧自伴线性算子。由以前的结果可知, 它具有一个特征向量 $u \neq 0$。因此, 令 $V=\mathbf{C}u$ 时, 我们便有 $FV \subset V$, 从而 $FV^\perp \subset V^\perp$。假如 $\dim V^\perp > 0$, 那么我们便可以在 $V^\perp$ 中求出一个特征向量等等。最后, 我们得到 $n=\dim U$ 个两两正交的特征向量, 而且可以把这组特征向量加以正规化, 使得它们成为单位向量 e_1, …, e_n, 而且构成一组标准正交基。因为由 $Fu=zu$ 可以推出 $(Fu, u)=z(u, u)$, 其中 z 是复数, 所以所有特征值都是实数。实空间的情形可以通过选取标准正交基然后过渡到矩阵而归结成复空间的情形。在一般无穷维的情形下, 证明也并不

困难。

对于有界和自伴的非紧算子，甚至于对于无界算子，也有和谱定理相当的定理。它最一般的形式是冯·诺伊曼在 1928 年证明的。

我们现在将谱定理应用到二次型和振动系统上面。

谱定理和二次型

n 个变量的实二次型是一个函数

$$f(x) = \sum_{j,\,k=1}^{n} a_{jk} x_j x_k,$$

其中和式是乘积 $x_1 x_1, \cdots x_j x_k, \cdots$ 的实系数线性组合。因为 $x_j x_k = x_k x_j$，所以我们可以假定对于所有的 j 及 k 都有 $a_{jk} = a_{kj}$ 而不失一般性。此时相伴的双线性型

$$f(x,\,y) = \sum_{j,\,k=1}^{n} a_{jk} x_j y_k$$

便是对称的，也就是说对于所有的 x 和 y，恒有 $f(x,\,y) = f(y,\,x)$。其次，设

$$g(x) = \sum_{j,\,k=1}^{n} b_{jk} x_j x_k$$

为另一个二次型，而且它是正定的，亦即当 $x \neq 0$ 时，恒有 $g(x) > 0$。此时相伴的双线性型 $(x,\,y) = g(x,\,y)$ 显然是 R^n 上的一个内积。此外方程

$$f(x,\,y) = (Ax,\,y)$$

定义了一个自伴线性映射 $A: R^n \rightarrow R^n$。事实上，函数 $y \rightarrow f(x,\,y)$ 是线性的，因而等于内积 $(u,\,y)$，其中 $u \in R^n$ 依赖于 x。函数 $x \rightarrow u$ 是线性的：这是因为，如果 $f(z,\,y) = (v,\,y)$，则对于所有的 y 及所有的数 a，b，都有 $f(ax+bz,\,y) = af(x,\,y) + bf(z,\,y) = a(u,\,y) + b(v,\,y) = (au+bv,\,y)$。最后，令 $u = Ax$，则对于所有的 x 和 y，都有 $(Ax,\,y) =$

$f(x, y) = f(y, x) = (Ay, x) = (x, Ay)$。因此，由谱定理即知，$\mathbf{R}^n$ 具有一组标准正交基 $e_1, \cdots, e_n$，它们是 A 的特征向量，$Ae_j = \lambda_j e_j$，其中特征值 $\lambda_1, \cdots, \lambda_n$ 都是实数。引入线性型 $u_k = (x, e_k)$ 及 $v_k = (y, e_k)$，我们得出 $x = u_1 e_1 + \cdots + u_n e_n$，$y = v_1 e_1 + \cdots v_n e_n$，所以

$$f(x, y) = (Ax, y) = \sum u_j v_k (Ae_j, e_k)$$
$$= \sum u_j v_k \lambda_j (e_j, e_k),$$

从而

$$f(x, y) = \lambda_1 u_1 v_1 + \cdots + \lambda_n u_n v_n, \tag{22}$$

再以恒等映射代替 A，即得

$$g(x, y) = u_1 v_1 + \cdots + u_n v_n。 \tag{23}$$

特别，我们可以把 $g(x)$ 写成线性型的平方和，把 $f(x)$ 也写成相同的线性型平方的线性组合。于是 A 的特征值 $\lambda_1, \cdots, \lambda_n$ 也称为 f 关于 g 的特征值。

取 $g(x) = x_1^2 + \cdots + x_n^2$，并将 $x_1, \cdots, x_n$ 解释为由轴向量 $(1, 0, \cdots, 0)$ 等等构成的标准正交系之下的坐标，而 $u_1, \cdots, u_n$ 为由轴向量 $e_1, \cdots, e_n$ 构成的标准正交系之下的坐标。藉助于这种解释，我们可以找出（比如说）$n = 2$ 时方程 $f(x) = 1$ 的几何意义。它是 $\mathbf{R}^2$ 中的曲线，其方程为 $\lambda_1 u_1^2 + \lambda_2 u_2^2 = 1$。如果 $\lambda_1 > 0$，$\lambda_2 > 0$，它便是椭圆，其半轴为 $1/\lambda_1^{1/2}$ 及 $1/\lambda_2^{1/2}$；如果 $\lambda_1 \lambda_2 < 0$，它就是双曲线；如果 $\lambda_1 = 0, \lambda_2 > 0$ 或 $\lambda_1 > 0, \lambda_2 = 0$，它就代表两条平行线。如果 λ_1, λ_2 都 $\leqslant 0$，方程 $f(x) = 1$ 没有解。稍加计算就可以证明，倘若 f_2 是实二次型，f_1 是线性型，而 f_0 是数，则任何方程 $f_2(x) + f_1(x) + f_0 = 0$ 只要有解就代表圆锥曲线，它可能是退化的。当 $n = 3$ 时，我们得到所谓二次曲面，而当 $n > 3$ 时得到二次超曲面。在所有这些情况下，公式（22）都是基本工具。圆锥曲线、二次曲面、二次型和自伴算子具有共同的实质数学的核心，并构成了越来越有一般性的一串概念，它们的发展已经经历了二千年之久。

谱定理和振动系统

　　谱定理的最重要的应用是在经典力学和量子力学中。假设 S 是由许多刚体构成的力学系统，这些刚体可能处于不同的构形或者位置。我们假定在这些位置和 $\mathbf{R}^n$ 中的某个开集之间存在一个双射，我们将把这个集合中的点称为系统的位置。当这个力学系统随着时间而变动时，其位置就在 $\mathbf{R}^n$ 中沿着一条曲线 $t \to x(t)$ 移动，而在 $x(t)$ 处的速度是 $x'(t)=dx(t)/dt$。位置 x 与在该位置的任意速度 $\dot{x}$ 所成的对 x, $\dot{x}$ 称为系统的状态。S 的力学由两个状态函数给出：势能 $V(x)$ 及动能 $T(x, \dot{x})$；这两个函数都假定是光滑实函数。令 $V_i=\partial V/\partial x_j$, $T_i=\partial T/\partial \dot{x}_i$，系统的运动由拉格朗日方程

$$\frac{d}{dt}T_j(x, x')+V_j(x)=0$$

所规定，其中 $j=1$, $\cdots$, n, 而 $x=x(t)$。我们考虑靠近平衡位置（取为 $x=0$）的微小运动。我们还假定，当 x 很小时，

$$V(x)=2^{-1}\sum_{j, k=1}^{n}a_{jk}x_jx_k$$

与

$$T(x, \dot{x})=T(\dot{x})=2^{-1}\sum_{j, k=1}^{n}b_{jk}\dot{x}_j\dot{x}_k$$

分别是 x 与 $\dot{x}$ 的正定二次型。这些假设都是非常一般的。事实上，在稳定平衡点处，势能具有一个极小值，从而可以用一个正定二次型来逼近。倘若速度等于零，动能当然具有最小值。在这些假定之下，我们可以把拉格朗日方程改写为

$$\sum_{k}b_{jk}x''(t)+\sum_{k}a_{jk}x_k(t)=0,$$

$$j=1, \cdots, n;$$

或者，乘以 $\mathbf{R}^n$ 中任何一个 y 的分量，然后求和，则得

$$g(x''(t), y)+f(x, y)=0, \tag{24}$$

其中 f 和 g 分别是与 $V(x)$ 和 $T(\dot{x})$ 相伴的双线性型。其次，应用谱定理，按照 (22) 及 (23) 而将 (24) 改写，也就是采用 $\mathbf{R}^n$ 中一组基 e_1, …, e_n，它们关于内积 $(x, y) = g(x, y)$ 是标准正交基。令 $x(t) = u_1(t)e_1 + \cdots + u_n(t)e_n$, $y = v_1e_1 + \cdots + v_ne_n$，我们就得到

$$\sum(u_j''(t)v_j + \omega_k^2 u_j(t)v_j) = 0,$$

其中 ω_1^2, …, ω_n^2 是 f 关于 g 的特征值；因为 f 是正定的，所以 ω_1^2, …, ω_n^2 必定是正数。此处 v_1, …, v_n 是任意的，因而 (24) 便分解为 n 个数量方程：

$$u_1''(t) + \omega_1^2 u_1(t) = 0, \cdots,$$
$$u_n''(t) + \omega_n^2 u_n(t) = 0. \tag{25}$$

因为方程 $w''(t) + \omega^2 w(t) = 0$ 的每个解都具有 $a\cos(\omega t + \alpha)$ 的形式，所以我们可以把 (25) 写成

$$x(t) = a_1\cos(\omega_1 t + \alpha_1)e_1 + \cdots + a_n\cos(\omega_n t + \alpha_n)e_n.$$

换言之，运动是简单或者调和振动 $t \to a_k\cos(\omega_k t + \alpha_k)e_k$（频率为 $\omega_k/2\pi$，振幅为 a_k）的线性组合。它们称为系统的本征振动或者固有振动模式。倘若振幅都很小，那么对于一切 t，函数 $x(t)$ 都很小，这也就是事后证明我们对势能和动能的逼近法的合理性。

因为我们的力学系统具有相当的普遍性，所以调和振动在自然界中显然十分重要。作为经典力学和谱定理的结论，我们可以颇有信心地说，任何振动都是调和振动的线性组合。这个原理是物理学中分析声和光的基础。在量子力学中，谱定理具有更加重要的位置。在量子力学理论中，可观测量对应于无穷维复希尔伯特空间上的自伴算子。

4.9 几段原文

欧几里得论平行线

这里是欧几里得关于平行线的第五公设的逐字的翻译。它和 4.1 节中给出的较为简单的陈述是等价的。

"倘若一条直线与两条直线相交，使得在同侧所成的内角之和
　小于两直角，那么这两条直线如果无限制地延长下去，就在内角
　之和小于两直角的一侧相交。"
希斯的《原本》译本中记载了从托勒密（大约公元 150 年）到勒
让德（大约1780年）企图由欧几里得的其余公设来证明这个公设
的七次著名的尝试。

F. 克莱因论几何学

　　下面是克莱因的爱尔兰根纲领（1872)中不太专门的一段话：

　　　"存在〔通常空间的〕这样的变换，使得空间图形的几何性质保
　持不变。事实上，几何性质本身不依赖于所考虑的对象的位置、绝
　对大小及定向。空间图形的性质在空间中的运动、相似变换，反
　射以及它们所生成的一切变换之下都保持不变。所有这些变换的
　总体，称为空间变换的主群；几何性质在主群中的变换之下保持
　不变。这也可以改写为：几何性质由在主群中的变换之下保持不
　变的事实来刻画…。

　　　"现在让我们把我们的空间直觉看成和数学并不相干，让我们
　把空间看成若干维的流形，其元素是点。类似于空间变换，我们
　考虑我们的流形的变换。它们仍然构成群，但是我们不再局限于
　特殊的群了。所有的群都要根据它们本身的特点加以考虑。于是
　下面的一般问题表示几何学的一种推广，

　　　"假设存在一个流形以及由它到其自身之中的变换群。我们所
　要研究的是在这个群的变换之下不变的那些几何图形。"

　　在这篇论文的专门部分，克莱因从这个观点评述了当时的几
何学。

希尔伯特论泛函分析和谱定理

　　泛函分析的起点是无穷多个未知量的无穷线性方程组理论。
这里是希尔伯特在1909年的综述论文（全集 第 3 卷 第 6 篇），表
明他如何看待当时的形势。在原文中插进的一些方括号中的段落
是用来解释希尔伯特的术语的。

"〔在文章的开始他提到函数可用无穷数列 x_1, x_2, …来定义，相例如，傅里叶系数（见第九章），而函数之间的关系就相当于对应序列之间的关系。〕由于它的一般性质，由无穷多个方程来确定无穷多个未知量的问题初看起来似乎不可能；存在着模糊和困难的思辨中迷失方向而不能得出对问题有更深入见解的危险。但是如果我们不被这种考虑引入歧途的话，我们就会如同齐格弗里德〔华格纳歌剧中的英雄〕一样发现喷火的咒诅者在退却，并且一大笔奖赏在召唤：代数和分析在方法上的统一。

F．克莱因　（1849～1925）　　　　D．希尔伯特　（1862～1943）

"… 让我们考虑对于有限个变量〔解方程的〕步骤。方程的左边是一些变量的函数，得到解的困难与这些函数的性质有关…〔线性的、二次的、连续的、可微的〕。

"无穷多个变量的分析的首要任务，必须是用适当的方法把这些概念转变到无穷多个变量上来。首先我们应当注意到，为使无穷多个变量的线性表达式

$$a_1 x_1 + a_2 x_2 + \cdots$$

是无穷个变量的函数，必须级数收敛，而这只有当我们用不等式对它们加以限制时才行。这些限制不等式可以用多种方式来选定，但是…〔要作出一种选择〕。对于无穷多个变量 x_1，x_2，…的限制条件，就是它们的平方之和是有限的…。特别可以证明，我们的线性表达式 $a_1x_1+a_2x_2+\cdots$ 是无穷多个变量 x_1，x_2，…的函数，当且仅当系数 a_1,a_2，…的平方和是有限的。〔这里考虑的是由序列 $x=(x_1$，x_2，$\cdots)$ 构成的希尔伯特空间，它具有内积 $(a$，$x)=a_1x_1+a_2x_2+\cdots$ 和范数 $\|x\|=(x$，$x)^{1/2}$。〕

现在我们转而讨论连续性概念。〔接着希尔伯特说明 $x=(x_1$，$x_2,\cdots)$ 的一个函数 $F(x)$ 称为连续的，如果当 $n\to\infty$ 且 $x^{(n)}=(x_1^{(n)}$，$x_2^{(n)}$，$\cdots)$ 趋近于 x（也就是对于每个 k 都有 $x_k^{(n)}\to x_k$）时，即有 $F(x^{(n)})\to F(x)$。在这种收敛性——现在称为弱收敛——之下的连续性，是一种相当强的要求。〕

利用我们的定义不难看出，正如有限个变量的情形一样，连续函数的连续函数也是连续函数。但是最重要的是，我们有这样的事实，无穷多个变量的连续函数必定有一个极小值，这个命题由于其普遍性及精确性可以代替狄利克雷原理。〔希尔伯特的意思是，假如 F 是连续的，那么它在 H 中的任何有界闭集上都能达到其下界。这一点可以由空间中元素的有界序列包含一个（弱）收敛的子序列这个事实立刻推出。希尔伯特指出了线性函数在他的意义下是连续的以后，他就过渡到二次函数

$$Q(x)=\sum a_{pq}x_px_q,\quad a_{qp}=a_{pq},$$

其中假设右边收敛。他注意到，由 Q 在原点（0，0，…）的连续性可以推出它到处连续，但是这种连续性是一种额外的要求。〕

刚才定义的线性函数和二次函数是无穷多个变数 x_1，x_2，…的齐次函数，因此称为形式或者型…。双线性型、线性变换、正交变换以及不变量等等概念都能够推广，并且给出一种无穷多个变量的形式的理论——这是代数和分析之间的一个新的科学分支。它的方法是代数的，但是结果属于分析。

最重要的定理是关于双线性型和二次型的。最重要的结果如下：一个连续二次型在适当的正交变换之下可以变成新变量 x_1'，x_2'，…的平方和，即

$$Q(x)=k_1x_1'^2+k_2x_2'^2+\cdots,$$

其中 k_1, k_2, …是某些趋近于零的常数。（这就是紧自伴算子的谱定理。事实上，令 $Q(x, y) = \Sigma a_{pq} x_p y_q$，则由 $Q(x, y) = (Ax, y)$ 便定义了由 H 到 H 的一个自伴紧算子 A。如果 e_1, e_2, …是 A 的特征向量的完备的标准正交系，k_1, k_2, …是相应的特征值，x'_1, x'_2, …是 x 关于 e_1, e_2, …的坐标，我们就得出上面的公式。）

文献

线性代数在许许多多教科书中都被讲到，其中大多数都很不错。公认的名著是 Paul Halmos 所著的 Finite-Dimensional Vector Spaces（先是 van Nostrand，现在是 Springer-Verlag）。 30 年代以来，泛函分析领域一直处在稳定增长的状况之下，现在这方面的文献确实极多。这个领域的经典著作是 S. Banach 于 1932 年出的书 Théorie des opérations linéaires(Math. Monographs, Warsaw)。这本书现在仍然保持着它的生动的独创性，但内容已经过时。建议读者先读一本简单的教科书，例如 Maddox 的 Elements of Functional Analysis(Cambridge University Press)，然后再读一本全面介绍这个领域的书籍，例如 Reed 和 Simon 的 Functional Analysis (Methods of Mathematical Physics, vol. 1, Academic Press(1972))。

第五章　极限,连续性和拓扑学

5.1　无理数,　戴德金截割,康托尔的基本序列.截割.序列的极限.子序列及上极限和下极限.柯西序列.康托尔的基本序列.实数的认识论和连续统假设.　5.2　函数的极限,连续性,开集和闭集.极限.函数序列的收敛和一致收敛.多变量情形.R^p中的开集和闭集.一致收敛性和紧集上的连续函数.回到一个变量.5.3　拓扑学.拓扑空间.邻域,连续性和同胚.拓扑学和直观.代数学基本定理.代数曲线.　5.4　几段原文.戴德金论戴德金截割.庞加莱论拓扑学.

　　早在二千多年以前,希腊人就发现有理数不足以测量几何学中的所有长度,例如边长等于 1 的正方形的对角线就不能用有理数来测量.如果我们接受几何学中的长度概念,那么我们就也得承认,在有理数之外还有更多的实数.这个事实就是关于连续统之谜的一大堆哲理上的探究的开端.其中最简单的解决办法,就是把实数看作无尽十进小数,但此时就存在着把算术规则推广到实数上的困难.从技术上来讲,戴德金截割和康托尔的基本序列是比较好的解决办法,它们反映了两个互相等价的基本事实:最小上界原理和柯西的收敛性原理.作为数学分析的基础的极限和连续性理论,就是奠基于这些原理以及长度和距离等几何观念之上的.再进一步,我们还可以用邻域的概念代替长度和距离的概念.这样我们就不必再被实数或者 n 维空间的子集所束缚,可以把它们丢掉而只考虑一般的集合.这种情况在普通拓扑学中出现,我们在本章最后一部分将要讲到它.其中我们用拓扑学和直观这一节作为结尾,在这一节里,一般的构造让位于两个具体的结果.整个这章要求读者对于数学有某种成熟的修养,并对于抽象思维有着敏捷的接受能力.

5.1 无理数, 戴德金截割, 康托尔的基本序列

截割

在《原本》中证明了, 正方形的对角线和它的边长之比不是有理数. 用近代语言来讲, 这就是说, $\sqrt{2}$ 不是有理数. 这个巧妙的证明是这样的: 假设 $\sqrt{2}$ 是一个有理数 p/q, 其中 p, q 都是整数. 取平方后, 我们就得到 $2q^2=p^2$, 因此, p 必定是偶数, 即 $p=2r$, 其中 r 是另一个整数. 于是 $2q^2=4r^2$, 因此 $q^2=2r^2$, 所以 q 也必定是偶数. 但是, 用 2 的某次幂去除 p 和 q 时, 我们总可以从一开始就假定 p 或 q 是奇数, 这样就得出我们所要的矛盾. 如果我们同希腊人一样假定每一个区间都具有一个长度, 那么这种情况是有趣的但是并不引起麻烦: 存在不可通约的长度, 也无非就是这样. 但是在数的模型中, 情况则完全不同. 比如说, 假设我们掌握有理数并知道怎样计算它们, 那么, 像 $\sqrt{2}$ 这种数是什么呢? 而 $1+\sqrt{2}$ 又有什么意义呢? 当无理数包括在内时, 我们是否也能够定义和与积呢? 算术规则对于它们是否仍旧成立呢? 长期以来, 这些问题被更具体的问题所遮掩, 一直到大约一世纪之前, 它们才为戴德金和康托尔所解答.

戴德金在开始给大学一年级学生讲数学课时, 他发现如果从某种简单的假定出发, 就可以使得分析在逻辑上前后一致. 他所选取的假定是

$$\text{任何单调有界的实数序列都有极限存在.} \qquad (1)$$

如果要求他做的话, 戴德金也能够用他的实数定义来证明这个原理. 他的想法是通过考虑所有 $<\xi$ 的有理数类 S 来描述一个无理数 ξ 相对于有理数集 **Q** 中的位置. 不论 ξ 是什么数, 我们都能断言 S 关于有理数集 **Q** 具有下面的所谓截割性质:

$$S\neq\varnothing, \quad S\neq\mathbf{Q}, \quad \text{而且} \ a\in S, \ b\in\mathbf{Q}, \ b<a\Rightarrow b\in S.$$

Q 中的任何子集 S 如果具有这种性质, 就称为有理数中的一个戴德金截割. 假如 S 中存在一个最大的数 ξ, 它必定是有理数, 那

么 S 包含所有 $\leqslant\xi$ 的有理数；如果 S 的补集 $\mathbf{Q}\backslash S$ 具有最小的元素 ξ，它也必定是有理数，那么 S 就包含所有 $<\xi$ 的有理数。假如上面两种情形都不成立，我们就说 S 代表一个无理数 ξ。在任何情形下，我们都把 S 写成 (ξ)。假如我们把 ξ 看成无穷直线上的一个点，那么 (ξ) 就是位于 ξ 这点左方的有理点的集合，它可能包含也可能不包含 ξ 这个点。

现在我们可以开始对于由戴德金截割所定义的数来进行计算。例如，和 $\xi+\eta$ 可以这样定义：它所对应的截割 $(\xi+\eta)$ 由所有的和 $a+b$ 组成，其中 $a\in(\xi)$，$b\in(\eta)$。同样也可以求出一个截割 $(\xi\eta)$ 来定义乘积 $\xi\eta$，虽然技术上要更加复杂一些。通过直接的计算就能够验证，有理数的计算规则全都可以推广到我们这种新的数上。假如我们令 $\xi>0$ 表示 (ξ) 包含一些正的有理数，$\xi<\eta$ 表示 $\eta=\xi+\zeta$，其中 $\zeta>0$，我们就会发现只有三种可能性：$\xi<\eta$，$\eta<\xi$，$\xi=\eta$，它们是互相排斥的，并且 $\xi<\eta$，$\eta<\zeta\Rightarrow\xi<\zeta$。换句话说，有理数的顺序性质也能推广到由戴德金截割所定义的数上。特别是，这些数 ξ，η，…的集合 D 具有有理数的所有那些使得戴德金截割得以在 $\mathbf{Q}$ 中进行的性质，因此我们也能够在 D 中开始进行戴德金截割。但是这样做并不能得到任何新的数，这是因为，事实证明：D 中的每个截割 T 或者在 D 中有一个最大的元素 ξ，从而 T 便由所有的 $\eta\leqslant\xi$ 构成，或者 $D\backslash T$ 在 D 中有一个最小的元素 ξ，从而 T 便由所有的 $\eta<\xi$ 构成。证明近乎显然：如果 D 中的一个子集 T 关于 D 具有截割性质，S 是属于某个 (η) 的有理数 a 的集合，其中 η 属于 T，那么 S 关于有理数具有截割性质，从而在 D 中定义一个 ξ。如果这个 ξ 属于集合 T，它必然是 T 的最大的元素，如果它不属于 T，它必然是补集 $D\backslash T$ 的最小的元素。

现在让我们把实数定义为有理数的戴德金截割。此时对于实数集 $\mathbf{R}$ 就有与有理数相同的算术规则及顺序规则，但我们还得到了一个新的性质，即

$\mathbf{R}$ 中的每一截割或者包含一个最大的数或者它的补集包含一

个最小的数。   （2）

由此可以得出，比如说，

R 中每个上方有界的子集都有一个最小上界。　　（3）

所谓一个集合 M 上方有界，就是说它有一个上界，也就是有一个
数 η，它 $\geqslant M$ 中每一个数。为了证明（2）$\Rightarrow$（3），只要注意由下
面的性质：

$\eta \in S \Longleftrightarrow M$ 中存在一个 ζ，使得 $\eta \leqslant \zeta$，可以在实数中定
义一个截割 $S = (\xi)$，并且

ξ 是 M 的最小上界。   （4）

事实上，ξ 是一个上界并且 $\leqslant$ 所有其他的上界。最小上界可以属
于 M，也可以不属于 M。它的另一个名称是 M 的上确界，我们把
它记作 $\xi = \sup M$，或者 $\xi = \sup \eta$，当 $\eta \in M$。仿此可以定义
M 的最大下界。它也称为 M 的下确界，并记作 $\inf M$。与命题
（3）相对照的命题是：R 中每个下方有界的子集都有一个最大下
界。有时我们把性质（3）称为最小上界公理，它在许多教科书
中是数学分析的出发点。

序列的极限

到现在为止，我们还没有得出数学分析中的戴德金基本原理
（1）。为此，我们必须知道一个无穷数列 a_1，a_2，…的极限是什
么意思。我们说这样的序列具有极限 a，如果当 n 足够大时，差
值 $a_n - a$ 可以任意的小。用记号表示就是，

$$\lim_{n \to \infty} a_n = a，\text{或者} \lim a_n = a，\text{或者} n \to \infty \Rightarrow a_n \to a；$$

用文字来表示就是说，当 n 趋于无穷时，a_n 趋近于 a。正式证明
序列有或者没有极限时，要用到众所周知的 ε，ω 准则：$\lim a_n =$
a 的必要与充分条件是，对于每个 $\varepsilon > 0$，都存在一个数 ω，使得

$$n > \omega \Rightarrow |a_n - a| < \varepsilon。 \qquad (5)$$

我们假定读者对于这个准则的应用已经有了相当的实践经验。这
个准则为下列命题提供了清楚的令人信服的证明：存在没有极限

的序列，例如 1，－1，1，－1，…；一个序列最多只能有一个极限；如果 $\lim a_n$ 和 $\lim b_n$ 都存在，那么
$$\lim(a_n \pm b_n) = \lim a_n \pm \lim b_n,$$
$$\lim a_n b_n = \lim a_n \lim b_n,$$
$$\lim 1/a_n = 1/\lim a_n,$$
在最后一个公式中，要假定 $\lim a_n \neq 0$。具有极限的序列称为**收敛序列**。利用（5）可以证明，收敛序列都是上方有界的，也都是下方有界的。

最后，我们应用（3）与（5）来证明（1）。一个序列 a_1，a_2，… 称为**递增序列**，如果 $a_1 \leqslant a_2 \leqslant \cdots$；它称为**递减序列**，如果 $a_1 \geqslant a_2 \geqslant \cdots$；它称为**单调序列**，如果它或者是递增序列或者是递减序列。让我们首先考虑递增序列。所谓它是有界的，就是指存在一个数 c，使得对于所有的 n，都有 $a_n \leqslant c$。此时由（3）可知，元素为 a_1，a_2，… 的集合具有最小上界 a。我们将会看到，$\lim a_n = a$。事实上，因为 a 是最小上界，所以对于每个 $\varepsilon > 0$，在所给序列中都存在着大于 $a - \varepsilon$ 的数。假设其中一个数是 a_ω，那么
$$n > \omega \Longrightarrow |a_n - a| = a - a_n \leqslant a - a_\omega < \varepsilon,$$
从而对于递增序列就证明了（1）。对于递减序列，利用最大下界可以作出同样的证明。

子序列及上极限和下极限

从序列 a_1，a_2，… 中去掉一些元素时，就得到子序列，例如 a_1，a_3，a_5，… 或者 a_2，a_4，a_6，…。子序列的一般形式是 a_{n_1}，a_{n_2}，… 其中 $n_1 < n_2 < \cdots$ 是严格递增的整数序列。为了简化记号，我们把序列写成 (a_n)，而把子序列写成 (a_{n_k})。我们来证明

每个有界序列都有一个收敛的子序列。　　　　　　　　（6）

为此，令 $b_n = \sup(a_n, a_{n+1}, \cdots)$，$c_n = \inf(a_n, a_{n+1}, \cdots)$。假如序列 (a_n) 有界，则序列 (b_n) 和 (c_n) 都存在，并且也是有界的。此时显然 (b_n) 是递减序列而 (c_n) 是递增序列。因此由（1）即

知，它们分别具有极限 b 与 c。我们顺便指出，这两个极限称为 (a_n) 的上极限与下极限，并分别记作 $\lim \sup a_n$ 与 $\lim \inf a_n$。现在对于每个 n 都选取一个整数 k_n，使得 $a_{k_n} \geqslant b_n - 2^{-n}$。此时因为 $a_{k_n} \leqslant b_n$，所以这样就得到一个收敛子序列 (a_{k_n})，使它具有极限 b。同样也可以选取 k_n，使得 $a_{k_n} \leqslant c_n + 2^{-n}$，从而得到一个子序列，使它具有极限 c。

柯西序列

假如序列 (a_n) 具有极限 a，则当 n 和 m 充分大时，$|a_n - a_m| \leqslant |a_n - a| + |a_m - a|$ 可以任意小。我们也可以把这个命题写成

$$n, \quad m \longrightarrow \infty \Longrightarrow |a_n - a_m| \longrightarrow 0.$$

具有这种性质的序列称为柯西序列。下面这个并不平凡的事实

$$\text{每个柯西序列都是收敛的} \tag{7}$$

称为柯西收敛性原理。当我们希望证明一个序列收敛而不知道它的极限时，就要用到这个原理。为了证明（7），令 (a_n) 为一个柯西序列。此时我们知道，对于每个 $\varepsilon > 0$，都存在一个 ω，使得

$$n \text{ 及 } m > \omega \Longrightarrow |a_n - a_m| < \varepsilon.$$

比如说令 $\varepsilon = 1$，我们就可以看出，这个序列是有界的。因此，存在一个收敛子序列 (a_{m_k})，它具有极限 a。令 n 固定而取 $m = m_k$，再令 k 趋于无穷，就可以推知：当 $n > \omega$ 时，$|a_n - a| \leqslant \varepsilon$，也就是 (a_n) 收敛于极限 a。

康托尔的基本序列

康托尔对于实数的构造法与戴德金不同之处，在于它没有用到有理数是有序的这个事实。他的出发点是：有理数的柯西序列（现在称为基本序列）的集合 F 以及 F 中所有趋近于零的序列所成的子集 N。N 中的序列称为零序列。如果把两个序列 (a_n) 与 (b_n) 的和及乘积分别定义为 $(a_n + b_n)$ 及 $(a_n b_n)$，那么就不难证明 F 是一个交换环，而 N 是 F 中的双侧理想。于是，康托尔对实

数集所下的定义简单地就是

$$\mathbf{R} = F/N \, .$$

换句话说，实数 ξ 是一个基本序列的等价类 $(a_n)+N$，其中的序列彼此只差一个零序列。正如戴德金的定义一样，也可以推出 R 的算术规则及顺序规则，但此时对于顺序需要下一个更为专门的定义。我们把序列 (a_n) 和序列 (b_n) 所代表的两个实数之间的距离 $|\xi - \eta|$ 定义为含有柯西序列 $(|a_n - b_n|)$ 的类。所谓实数序列 ξ_1, ξ_2, …是一个基本序列，就是说当 n 和 m 都趋于无穷时，$|\xi_n - \xi_m|$ 趋近于零。康托尔的构造法的要点在于：每个基本序列都收敛。这是因为，假如用序列 (a_{1n})，(a_{2n})，…来表示它的元素，那么只要稍加考虑即可证明，存在一个有理数 a_p，使得当 n 首先趋于无穷，接着 p 趋于无穷时，$a_{pn} - a_p \longrightarrow 0$。因此 $\xi = (a_p)$ 便是一个基本序列，从而当 n 首先趋于无穷，接着 p 趋于无穷时，$|a_{pn} - a_n| < |a_{pn} - a_p| + |a_p - a_n| \longrightarrow 0$。所以当 p 趋于无穷时，ξ_p 趋于 ξ。从而对于康托尔的实数构造方法来说，柯西收敛性原理也成立。

实数的认识论和连续统假设

到现在为止，我们在讨论数列时就好像我们已经知道了数列的每种细节一样。例如，我们认为一个序列不是有极限就是没有极限。但是，更正确地讲，我们可以说这还依赖于我们对于序列了解到什么程度。首先，序列有无穷多个元素，它不能编排成表，也不能构造出来，除非我们知道某种确定的规则，使得能把它的元素写下来。这类怀疑促使了直觉主义的产生。这是一种数学思想的学派，它主张三值逻辑，它在古典的二值逻辑——非真即假的两大范畴中补进了第三类范畴——不可判定的范畴。这个学派的影响很有限。大多数数学家还是宁愿选择原来的古典逻辑的乐园。

康托尔在他集合论的工作中还引进了基数。它的定义很简单。所谓两个集合具有相同的基数或者势，就是指它们之间存在着一一对应；而和开首 n 个自然数的集合（1，2，…，n）成一一对应的集合，就称为具有基数 n。所以基数是"元素个数"这一概念的推广。假设 ω 是一切自然数所成的集合的基数。所谓一个集合的基数等于 ω，就是指它的元素可以去数，使得每一个自然数都能用到而且只用到一次。这种集合称为可数的。例如，偶数、奇数、有理数以及自然数的所有 n 元组的集合，都是可数集。但实数集是不可数的；不难证明它和自然数的所有无穷序列的集合具有相同的基数。把这个基数称为 ω^*。那么，$\omega^* > \omega$ 可以表达为：一个区间（或者用一个老名词——连续统）上的点比具有有理坐标的点多得多。康托尔的著名的连续统假设就是：没有严格介于 ω 与 ω^* 之间的基数存在。哥德尔在 1938 年的工作和 P. 柯亨在 1963 年的工作表明，连续统假设在数学中的位置就和平行公理在古典几何学中的位置相似。也就是说，把它作为公理而添加到集合论的公理中时，可以得到完全相容的数学。同样，把它的否定命题添加到这些公理中时，也一样可以得到完全相容的数学。

5.2 函数的极限，连续性，开集和闭集

极限

实数序列 a_1，a_2，…只不过是一个由自然数到实数的函数，因此，不难把极限的观念推广到由实数到实数的函数上。所谓

$$\lim_{x \to x_0} f(x) = a \text{ 或者 } x \longrightarrow x_0 \Longrightarrow f(x) \longrightarrow a,$$

或者用文字说就是，当 x 趋近于 x_0 时，f 具有极限 a 或者 f 趋近于 a，其意义为

当 x 充分接近于 x_0 时，$f(x)$ 任意接近于 a。　　　　（8）

正如序列的情形一样，这里也可以下一个更加严格而有用的定义：对于每个 $\varepsilon > 0$，都存在 $\delta > 0$，使得

$$x \neq x_0 \text{ 而且 } |x - x_0| < \delta \Longrightarrow |f(x) - a| < \varepsilon。　　　　（9）$$

当然（9）式只对那些使 $f(x)$ 有定义的 x 才用到。为了把序列的极限包括在内，我们还必须考虑 $x \longrightarrow \infty$ 的情形，在这种情形下，我们把（8）的前一部分解释为"当 x 是充分大的正数时，"而把（9）换成：

　　对于每个 $\varepsilon > 0$，都存在一个 ω，使得
$$x > \omega \Longrightarrow |f(x) - a| < \varepsilon.$$
同样可以讨论 $x \longrightarrow -\infty$ 的情形。在（9）中我们通过把 $x \neq x_0$ 分别换成 $x > x_0$ 和 $x < x_0$，也能区别右极限和左极限。图5.1的四个部分分别表示当 $x \longrightarrow x_0$ 时，f 具有右极限、左极限、两边分别具有不同的极限、以及两边都不存在极限这四种情况。

　　f 在 x_0 的值不出现于（8）及（9）中，它可以是任何数。函数 f 在 x_0 处甚至可以没有定义，但如果函数 f 在 x_0 处有定义，而且
$$当 x \longrightarrow x_0 时，\lim f(x) = f(x_0),$$
那么我们就说该函数在点 x_0 处连续。这种情形在图中四种情况下

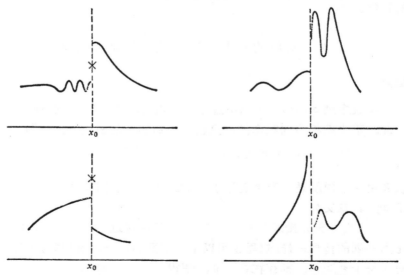

图5.1　函数 f 在 x_0 点附近的表现。十字叉表示 f 在 x_0 点的值 $f(x_0)$
——当假定这个值有定义时

都不出现，但是图中所画的函数在所有其他各点都可以看成是连续的。如果一个函数的不连续点太多了，那么它就很难形象化。如果我们承认函数的一般概念，我们也就必须承认有这样的函数 f 存在，使得当 x 不是有理数时，$f(x)=0$，而当 $x=p/q$ 并且 p，q 是互素的整数时，$f(x)=1/q$。当 x 是无理数时，这个函数在 x 连续，而当 x 是有理数时，它在 x 就不连续。我们描画不出图像来表示这种性质。

连续函数的计算法则与序列的极限的计算法则相同。如果 f 与 g 在 x_0 都连续，则 $f \pm g$，fg 和 $1/f$ 都在 x_0 连续，只是在最后一种情况下要设 $f(x_0) \neq 0$。如果 f 在 x_0 连续，g 在 $f(x)$ 连续，则复合函数 $g \circ f$ 在 x_0 连续。这些证明是利用（9）的简单练习。

函数序列的收敛和一致收敛

假设 f_1，f_2，…是一列无穷多个具有公共定义域的实函数。如果对于 D 中每一点 x，$\lim f_n(x)$ 都存在，那么我们就称该序列逐点收敛于极限函数 $f(x)=\lim f_n(x)$。这个表面看来十分简单的定义却反映出某些想不到的现象。例如，假定 D 是区间 $0 \leqslant x \leqslant 1$，并设当 $x=0$ 及 $n^{-1} \leqslant x \leqslant 1$ 时，$f_n(x)=0$，在其他点则任意，那么显然序列 f_1，f_2，…逐点收敛于极限函数 $f=0$。图5.2左方表示这种情形。

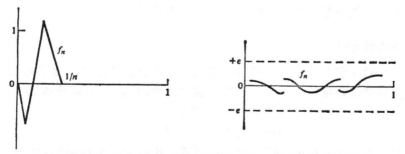

图5.2　在区间 $0 \leqslant x \leqslant 1$ 上，左图中序列 f_1，f_2，…逐点收敛于极限函数 $f=0$，右图中序列 f_1，f_2，…一致收敛于极限函数 $f=0$

如图所示，假若对于每个 n 及某些依赖于 n 的 x 而言，$f_n(x)$ ＞1，许多人就会不赞成说这序列趋于零。但是，对于函数序列有更自然的收敛性概念，即一致收敛性概念。所谓序列 f_1，f_2，…在实轴的一个子集 D 上一致收敛于函数 f，就是指对于每个 ε ＞0，都存在一个 ω，使得

$$n > \omega \Longrightarrow |f_n(x) - f(x)| < \varepsilon$$

对于 D 中所有的 x 都成立。 (10)

图 5.2 的右方表示这种情况。

一致收敛是很有用的，因为它保持连续性。我们有

定理 1 连续函数的一致极限是连续的，这就是说，f_1，f_2，…在 D 上连续，$f_n \longrightarrow f$ 在 D 中一致成立 $\Longrightarrow f$ 在 D 中连续。

我们来证明这个定理，这样也就同时表明了，准则（9）在复杂的情况下是怎样应用的。假设 x_0 属于 D。把 $f(x) - f(x_0)$ 加上 $f_n(x) - f_n(x_0)$ 再减去 $f_n(x) - f_n(x_0)$，再应用三角形不等式即得：

$$|f(x) - f(x_0)| \leqslant$$

$$|f(x) - f_n(x)| + |f_n(x_0) - f(x_0)| + |f_n(x) - f_n(x_0)|.$$

给定 $\varepsilon > 0$。由（10）可知，存在一个 ω，使得当 $n > \omega_1$ 时，对于 D 中所有的 x 而言，右端前面两项都 $< \varepsilon/3$。取定这样一个数 n。现在把（9）应用于函数 f_n 而令 $a = f_n(x_0)$，则存在一个 $\delta > 0$，使得当 $|x - x_0| < \delta$ 时第三项也 $< \varepsilon/3$。因此，（9）对于函数 f 成立，其中 $a = f(x_0)$。这就意味着 f 在 x_0 连续，而 x_0 是 D 中的任意一点，所以 f 在整个 D 上连续。

多变量情形

对于包含多个变量而且取值也有几个分量的函数，也能够定义极限及连续性。换言之，我们现在讨论的是 n 个实变量 $x = (x_1, \cdots, x_n)$ 的函数 $f(x)$，它具有 m 个分量

$$f(x) = (f_1(x), \cdots, f_m(x)).$$

简言之，f 是由 R^n 到 R^m 的函数。（8）中所采用的说法包含一个线索。假如我们知道，在 R^p（p 是任意的）中"接近"这个词是

什么意思，那么我们也就知道，对于我们的新函数而言，极限和连续是什么意思。在R^p中我们不加区别地使用极限和极限点这两个词。一个办法是在R^p中引进距离，它具有通常的一切性质，其中包括三角形不等式。例如，我们可以令

$$|y-z|=\max(|y_1-z_1|, \cdots, |y_p-z_p|) \tag{11}$$

为R^p中y与z之间的距离。此时前面所讲的关于极限与函数的连续性，包括定理1在内都有意义，并且全部成立。在$n=m=1$这个特殊情形下，我们就回到以前讲过的东西。

R^p中的开集和闭集

我们还可以采用（11）以外的其他距离而不改变极限和连续性的定义。准则（9）所要求的无非是：对于每个$\varepsilon>0$，都存在一个$\delta>0$，使得（9）成立，而对于δ如何依赖于ε则什么也没说。为了避免用到一种确定的距离，人们一直想方设法从极限和连续性的定义中把所有非本质的东西去掉。一个办法就是在R^p中引进开区间的概念。这样一个区间由$2p$个数$a_1<b_1$, $\cdots$, $a_p<b_p$定义，它由所有满足

$$a_1<y_1<b_1, \cdots, a_p<y_p<b_p$$

的$y=(y_1,\cdots,y_p)$构成。如果我们把$y_1,\cdots,y_p$解释为平行坐标，则当$p=1$时，我们就得到一个线段，当$p=2$时就得到一个平行四边形，而当$p=3$时就得到一个平行六面体。但是对于任意的p，我们都使用区间这个词。此时不难看出，（9）就等价于：

对于含有a的每个开区间I，都存在一个含有x_0的开区间J，使得$f(J)\subset I$。（9′）这里，$f(J)\subset R^m$自然是区间$J\subset R^n$在映射f之下的像。利用（9′），我们能够对连续性下另外一个定义，它的形式非常简单，但我们先要引进R^p中的开集的定义。R^p中的一个子集称为开集，如果当它每含有一个点时，它就也包含一个含有这个点的开区间；即

$$A\ni y \implies A\supset \text{含有}y\text{的一个开区间}。 \tag{12}$$

如果f是由整个R^n到R^m的连续函数，则由$f(x)\ne 0$所定义的集

合 A 便是开集。事实上，假如 $f(x_0) \neq 0$，那 么 在 $f(x_0)$ 周围便存在一个不包含原点的开区间，因此根据（9'）即知，$\mathbf{R}^n$ 中就存在一个含有 x_0 的开区间 J，使得在 J 上 f 不等于零。于是由 $\mathbf{R}^n$ 的开子集到 $\mathbf{R}^m$ 中的函数 f 的连续性，也就可以表述为

$$A \text{ 是开集} \Longrightarrow f^{-1}(A) \text{ 是开集,} \qquad (13)$$

其中 $f^{-1}(A)$ 是 $\mathbf{R}^n$ 中所有使得 $f(x)$ 属于 A 的那些 x 所成的集合。证明留给读者作为一个逻辑练习。

开集 A 的补集 $F = \mathbf{R}^p \setminus A$ 称为闭集。特别，当 f 是由 $\mathbf{R}^n$ 到 $\mathbf{R}^m$ 的连续函数时，方程 $f(x) = 0$ 在 $\mathbf{R}^n$ 中定义一个闭集。$\mathbf{R}^p$ 中的一个子集 F 是闭集，当且仅当它含有 F 的极限点，即 F 中的收敛序列的极限。事实上，如果 F 是闭集，那么对于 F 的补集的每一点，这个补集都包含一个含有该点的开区间，因而不能包含 F 的任何极限点。反之，如果 F 包含它的极限点，并且包含一点 y 的每个开区间都包含 F 中的点，那么把这些区间越取越小，我们就能够在 F 中造出一个点列趋近于 y，从而 y 必定属于 F。这就是说，F 的补集必定是开集，从而 F 是闭集。

$\mathbf{R}^p$ 中的子集 B 称为有界的，如果当 y 属于 B 时，$y = (y_1, \cdots, y_p)$ 的所有分量都是有界的。对于（6）我们有下面的简单推广，称为布尔查诺-魏尔斯特拉斯原理，它是在1870年左右发表的：

$\mathbf{R}^p$ 中的任何有界序列都包含一个收敛子序列。

证明的步骤如下：首先从已给序列中选出一个子序列，使其第一个分量构成一个收敛序列，然后在这个子序列中再选出一个子序列，使其第二个分量构成一个收敛序列，依次类推。

一致收敛性和紧集上的连续函数

假设 f 是由 $\mathbf{R}^n$ 的子集 D 到 $\mathbf{R}^m$ 的函数，并设 f 在 D 的每一点都连续，则由（9）可知，这就意味着，对于 D 中每个 y 及每个数 $\varepsilon > 0$，都存在一个 $\delta > 0$，使得当 x 属于 D 而 $|x - y| < \delta$ 时，即有 $|f(x) - f(y)| < \varepsilon$。但这并不是说，所有的问题都不存在了。这时函数在 D 中仍然可能是无界的，例如 $\mathbf{R}$ 中的函数

$f(x)=x$ 或者区间 $0<x\leqslant1$ 上的函数 $f(x)=x^{-1}$ 都是如此；它也可能不满足下面的意义之下的一致连续性，即可以使得数 δ 只依赖于 ε 而不依赖于 y。例如，假定 $f(x)=x^2$，$D=\mathbf{R}$ 而 y 非常大，此时如果只选 $x-y$ 很小而不管 y，就不能使 $f(x)-f(y)=(x+y)(x-y)$ 变得很小。倘若我们假定 D 是紧的，也就是有界而且闭的，那么就可以避免这些麻烦。在此种情况下，f 就有许多良好的性质，如下面的定理所述。

定理 2　假设 f 是由 $\mathbf{R}^n$ 中的紧子集 K 到 $\mathbf{R}^m$ 的连续函数，则 $f(K)$ 也是紧集而且 f 是一致连续的。此外，如果 f 还是双射，则由 $f(K)$ 到 K 的 f 的反函数 f^{-1} 也是连续的。

证　如果 y 是 $f(K)$ 的一个极限点，那么 K 中便存在一个序列 $(x^{(i)})$，使得当 $i\longrightarrow\infty$ 时，$f(x^{(i)})\longrightarrow y$。由 $(6')$ 可知，这个序列有一个收敛的子序列，而 K 是闭集，所以这个子序列的极限点必定属于 K。但 f 是连续的，所以 $f(x)=y$。这就意味着 $f(K)$ 是闭集。如果 $f(K)$ 不是有界的，那么在 K 中即可选出一个序列 $(x^{(i)})$，使得 $(|f(x^{(i)})|)$ 趋于无穷大，而这就与 f 的连续性以及 $(x^{(i)})$ 具有一个收敛子序列的事实相矛盾。因此，$f(K)$ 是紧的。假如 f 不一致连续，就会存在一个数 $\delta>0$ 以及 K 中两个序列 $(x^{(i)})$ 及 $(y^{(i)})$，使得当 $i\longrightarrow\infty$ 时，$|x^{(i)}-y^{(i)}|\longrightarrow0$ 而 $|f(x^{(k)})-f(y^{(k)})|\geqslant\delta$。再过渡到收敛子序列时，就和前面一样得到矛盾。如果 $(x^{(i)})$ 是 K 中的一个序列，它有两个收敛子序列，其极限为 x' 及 x''，而且 $f(x^{(i)})$ 在 $f(K)$ 中收敛于 y，我们就得到 $f(x')=f(x'')$。倘若 f 是一个双射，这就意味着 $x'=x''$，换言之，$(x^{(i)})$ 的所有收敛子序列都具有相同的极限。于是不难看出，序列 $(x^{(i)})$ 本身必定也收敛。因此，如果 f 是双射，那么 f^{-1} 是连续的。

回到一个变量

当 $n=m=1$ 时，前面定理可以表达得更加确切。这依赖于下面的

引理 假设 $f(x)$ 是定义在 $a \leqslant x \leqslant b$ 上的连续实函数. 如果 c 落在 $f(a)$ 与 $f(b)$ 之间, 那么在 a 与 b 之间必定有一个 ξ, 使得 $f(\xi) = c$.

证 我们可以假定 $f(a) < c < f(b)$. 设 ξ 为一切满足 $\eta < b$ 而且使得 $a < x \leqslant \eta \Longrightarrow f(x) < c$ 的数 η 所成的集合的最小上界. 因为当 x 接近于 a 时, $f(x)$ 接近于 $f(a)$, 所以这个集合是非空的, 从而 ξ 存在. 在这个集合中选取一个趋近于 ξ 的序列, 则利用 f 的连续性可以推出 $f(\xi) \leqslant c$. 而由 ξ 的定义可知, $f(\xi) < c$ 是不能成立的, 从而 $f(\xi) = c$. 另一方面, $a < \xi < b$ 是显然的.

一个实函数 f 称为 (严格) 单调的, 如果当 $b > a$ 时, $f(b) - f(a)$ 总保持同号 (正号和负号). 实轴上的区间称为开区间、半开区间或者闭区间, 如果它不包含端点、包含一个端点或者包含两个端点. 由上述引理再稍加考虑即可得出:

定理 3 假设 f 是定义在区间 I 上的实函数, 则 $f(I)$ 也是一个区间. 并且, f 是由 I 到 $f(I)$ 的双射, 当且仅当 f 是单调的. 最后, 如果 f 是单调的, 则它具有一个连续反函数 $f^{-1}: f(I) \longrightarrow I$, 而且 I 和 $f(I)$ 同时是开区间或者半开区间或者闭区间.

5.3 拓 扑 学

拓扑空间

我们正在使用的一些术语, 如开、闭、紧等, 与戴德金、康托尔以及他们的同时代数学家的用法并不一样. 这些术语来自普通拓扑学这一数学分支, 这一分支是建立在极限和连续性概念的公理化上面的. 普通拓扑学的最初形式, 是在豪斯多夫1914年出版的《集合论》(Set Theory) 中形成的. 后来它就成为深入研究的对象, 它的术语也经历了多次的改变. 近代的普通拓扑学, 是从拓扑空间的定义出发的. 拓扑空间定义为一个集合, 其中赋

予一类称作开集的子集。对于这类开集的最低要求是:

（i）开集的任何并集也是开集,

（ii）有限多个开集的交集是开集。

此外，集合E本身以及空集ϕ也是开集。通常还要求

（iii）包含一点的所有开集的交集是这点本身。

这里所说的"点"和E中的元素是一回事。集合E上的一个拓扑由一类开集所定义，其中包括E及ϕ在内，并且满足（i）与（ii）两条性质。如果（iii）也成立,我们就说这个拓扑分离点。闭集自然就定义为开集的补集。紧性的概念要复杂一些。拓扑空间称为紧的，如果每个开覆盖都包含一个有限覆盖。这里所谓E的覆盖，就是指这样一个开集族，使得E中的每一点都至少属于其中一个开集；所谓一个覆盖包含另一个覆盖，就是指它的开集族包含另一个覆盖的开集族；一个覆盖是有限的，如果它的开集族中只有有限个开集。

令E为某个$\mathbf{R}^n$中的子集而取E与$\mathbf{R}^n$中的开集A的交集$E\cap A$作为E中的开集时，就可以得出许多性质极为不同的拓扑空间。这样的E在上述一般意义之下是紧的正好意味着，E是$\mathbf{R}^n$中的有界闭集。这个不简单的事实，是1900年左右波莱尔和勒贝格所观察到的，当时他们对于用开区间来覆盖复杂的集合发生了兴趣。

邻域，连续性和同胚

假设x是拓扑空间E的一点。E中每个子集，如果它包含一个含有x的开集，就称为x的一个邻域。由拓扑空间E到另一个拓扑空间F的函数f称为在E中一点x处连续，如果对于$f(x)$在F中的每一邻域W，都存在x在E中的邻域V，使得$f(V)\subset W$。于是由E到F的函数f处处连续,当且仅当它具有性质(13)。

为了真正理解这个命题及其前面的定义，自然必须举一些例子来说明。这里所讲的正是连续函数概念的激动人心的推广。利用我们的定义，还能够说明什么是拓扑学:拓扑学就是研究拓扑空间以及拓扑空间之间的连续映射的理论。在拓扑学中与同构概

念相当的概念是同胚，它就是拓扑空间的双射，这个双射在正反两个方向上都是连续的。由上面的定理 3 可知，实轴上两个区间同胚的必要与充分条件是，它们包含同样多的端点：两个、一个或者一个也没有。

拓扑学和直观

　　普通拓扑学给我们提供的，除了其他方面以外，就是日常生活中的道路和连通性的观念的数学模型。在拓扑空间 E 中，所谓由一点 P 到一点 Q 的道路或者连续曲线，定义为由区间 $0 \leqslant x \leqslant 1$ 到 E 的一个连续像 f，它满足 $f(0)=P$ 而 $f(1)=Q$。如果 f 是单射，道路就是简单的，这就是说，它与自身不相交。如果 $P=Q$，而当 $0 < x < 1$ 时 f 是单射，我们就说该道路是简单闭曲线或者若尔当曲线，这是为了纪念法国数学家若尔当而命名的。拓扑空间称为（按弧）连通的，如果此拓扑空间中任何两点之间都至少存在一条道路。

图5.3 由 P 到 Q 的道路，以及平面中的一条若尔当曲线

　　对于我们来说，这些定义非常直观但也过于精确。有些拓扑学的结果根本没有直观性。1890 年，皮亚诺构造了从一个开区间到一个开正方形的双射，它在所给区间上是连续的。 20 年之后，布劳尔证明了，一个区间和一个正方形并不同胚，从而就恢复了大家对于维数概念的信心。另一方面，某些结果从直观上看是很明显的。大约在 1890 年，若尔当证明平面上的若尔当曲线把平

面分成两块连通区域，内部区域和外部区域。对这个结果表示困惑的任何人，都能找到好同伴。若尔当的同时代人，数学家施瓦兹，曾在数学方面做出一些极好的工作，但他就是不要听关于若尔当曲线的事。若尔当定理还有在高维情形中的推广。例如，球面 S：$x^2+y^2+z^2=1$ 在 $E=\mathbf{R}^3$ 中的同胚像把 E 分成两块连通子集。但是，大多数拓扑学的定理既不是完全不直观的，也不是直观上看来非常明显的。例如有这么一个布劳尔不动点定理。它说由 $\mathbf{R}^n$ 中的球 $x_1^2+\cdots+x_n^2\leqslant1$ 到它本身的任何连续映射 f，都至少有一个不动点，也就是说，存在这样一点 P，使得 $f(P)=P$。在 $n=1$ 的情形下，"球"就是区间 $-1\leqslant x\leqslant1$，此时这个定理可以由这种事实推出：当 $x=-1$ 时，连续函数 $x\longrightarrow f(x)-x\geqslant0$，当 $x=1$ 时，它 $\leqslant0$，因此它一定在这个区间内的某些点处等于零。对于一般情形，甚至于当 $n=2$，球是一个圆盘时，证明也要求一些深刻的思考。

1900 年以来，**拓扑学家已经发展出一套代数方法**，即所谓代数拓扑学，它是证明拓扑学的结果的一个强有力的工具。一旦这套方法产生之后，我们上面所简单介绍的结果都变得极为容易。利用它我们还得出了高维中的许多结果，在这种情形下，我们不能靠眼睛看而只能靠推理。有些结果在拓扑学奠定了稳固的基础之前，实际上早就已经得到了。在结束本章以前，我们再举两个例子。这两个例子所考虑的都是一个或者两个复变数的多项式。首先，我们断言：复数平面 $\mathbf{C}$ 同胚于一个去点球面，这就是去掉了某一点的球面。为了看清楚这一点，我们按照图 5.4 把 $\mathbf{C}$ 投影到球面上。该图的说明中，解释了 $\hat{\mathbf{C}}$ 的意义：$\hat{\mathbf{C}}$ 表示平面 $\mathbf{C}$ 加上一个无穷远点的完备化。让我们也提一下，得到空间中一个集合的同胚像的直观方法，就是把它想像为由一块橡皮做成的，我们可以移动它，压挤它但不能把它扯破。为了得出相应的同胚，只要把原来集合上的质点映射到经过变形以后的集合的相应质点上就行了。正如在去点球面的情形，这些规则容许缺少的那一点可以用一个洞来代替。从这样的方式来看，去掉两点的球面同胚于一个去掉两个闭圆帽的球面，从而同胚于一个圆柱面（图5.5）。

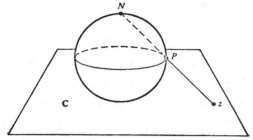

图5.4 球极投影 $z \to P$。当 z 越走越远时，P 就越靠近北极 N。完备平面 $\widehat{C}$ 就是把对应于 N 的点 $z = \infty$ 加进来，从而 $\widehat{C}$ 同胚于球面

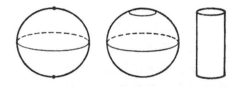

图5.5 去掉两点的球面同胚于去掉两个闭圆帽的球面，从而同胚于圆柱面。这三个集合都假定不包含其边界。图上赤道表示，所画的图形代表球面

代数学基本定理

黎曼在他1851年的博士论文中提到，他把单个复变数 z 的多项式 $P(z)$ 看成由复 z 平面到复 w 平面的一个映射 $z \longrightarrow w = P(z)$。当 z 在头一个平面上移动时，$P(z)$ 就在第二个平面上移动。假如黎曼要想证明代数学基本定理，他就可以按照下面的方法去做。倘若 $P(z) = z^n + a_{n-1}z^{n-1} + \cdots + a_0$，则 $P(z) = z^n(1 + h(z))$，其中 $h(z) = a_{n-1}z^{-1} + \cdots + a_0 z^{-n}$，当 $|z|$ 很大时，$|h(z)|$ 就非常小。如果 z 在 z 平面上沿着圆周 $c_R : |z| = R$ 旋转一圈，则 $w = P(z)$ 在 w 平面上沿着一条曲线 γ_R 旋转 n 圈，这里 γ_R 非常接近于周圆 $|w| = R^n$。当我们把 c_R 收缩到原点时，曲线 γ_R 就收缩到一点 $w = a_0$。因此，圆盘 $|z| < R$ 的像几乎盖住圆盘

$|w| < R^n$，而且当 R 足够大时，肯定要盖住圆盘 $|w| < R^n / 2$。这样一来，映射 $z \longrightarrow P(z)$ 就是由 z 平面到 w 平面的满射，而这就是代数学基本定理的一种表现方式。$n = 2$ 时，证明可以用图5.6来表示。

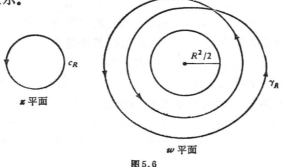

图5.6

代数曲线

假设 $P(z, w) = \Sigma a_{jk} z^j w^k$ 是两个变数 z 和 w 的多项式，而且它不恒等于零。当系数与 z，w 都是实数时，方程 $P(z, w) = 0$ 在 R^2 中定义一条曲线，这就是代数曲线。如果也容许 z，w 及系数是复数时，同一方程定义 C^2 的一个子集 Γ，按照传统的说法，Γ 也称为代数曲线，虽然它实际上是 C^2 中的某个二维点集，而 C^2 的维数为 4，与 R^4 的维数相等。虽然我们不能看到四维的情形，但我们还是想知道 Γ 看起来像什么样子。

让我们首先注意，C^2 中由点 $(z, f(z))$ 或 $(g(w), w)$ 构成的子集——其中 f 和 g 都是连续的，而 z，w 属于 C 中的开圆盘——与这些开圆盘是同胚的。事实上，相应的双射 $(z, f(z)) \longrightarrow z$ 与 $(g(w), w) \longrightarrow w$ 在两个方向上都是连续的。为了简单起见，我们也把 C^2 中的这种子集叫做圆盘。回到代数曲线 Γ，我们说 Γ 的一点是正则点，是指它在 Γ 中具有一个是圆盘的邻域。我们要求读者承认，倘若在一点处偏导数 $\partial P / \partial z$ 与 $\partial P / \partial w$ 当中至少有一个不等于零，那么这个点就是正则点。事实上，比如说在一点附近，$\partial P / \partial w$ 不等于零，那么便可以证明，方程

$P(z,w)=0$ 等价于方程 $w=f(z)$，其中 f 是连续函数。只有正则点的代数曲线称为正则代数曲线。现在我们知道，这种曲线局部看起来就像一个圆盘。为了看出其整体形状是什么样子，我们要应用黎曼所发展的一种方法。他的想法是藉助于从 Γ 到 C 的射影 $(z,w)\longrightarrow z$ 来分析 Γ。我们称 Γ 的点 (z,w) 落在 z 上面。并且想像它处于 z 平面之上的某个地方。

作为头一个例子，让我们选取 $P(z,w)=w-Q(z)$，其中 Q 是任意的多项式。此时射影 $(z,Q(z))\longrightarrow z$ 便是由 Γ 到 C 的一个双射，而且它也是同胚映射。因此，曲线 Γ 就同胚于一个去点球面。其次，设 $P(z,w)=z^2+w^2-1$，于是在 z 平面中不包含 $z=\pm1$ 这两点的圆盘之上，有 Γ 的两个不相交的圆盘，它们的点满足 $w=\pm(1-z^2)^{1/2}$。因此，如果 γ 是 Γ 上的这样的道路，它在 C 上的射影是区间 I：$-1\leqslant x\leqslant1$，那么 γ 便是简单闭曲线，它把 Γ 分成两个互不相交的子集。这两个子集都同胚于沿着 I 切开的平面 C，从而同胚于一个去点的半球。因此，Γ 就同胚于一个去掉两点的球面（见图 5.7）。最后，考虑 $P=z^4-w^2-1$ 的情形。此时在 z 平面中的不包含 $1,-1,i,-i$ 这四点（它们都满足 $z^4=1$）的任何圆盘之上，都有 Γ 的两个不相交的圆盘，它们由点 $w=\pm(1-z^4)^{1/2}$ 组成。假设 γ_1 与 γ_2 是 Γ 的这样的道路，它们的射影比如说是由 -1 到 i 的直线 I_1 和由 $-i$ 到 1 的直线 I_2。Γ 去掉这两条道路以后，就由两个不相交的子集组成，其中每个子集都同胚于沿着 I_1 和 I_2 切开的 C，从而同胚于去掉一点的圆柱面。把这两个圆柱面粘在一起，我们就看出 Γ 同胚于去掉两个点的环面（见图 5.7）。

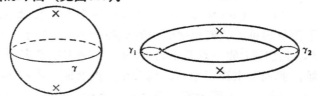

图5.7　去掉两点的球面被一条简单闭曲线 γ 分开，去掉两点的环面被两条简单闭曲线 γ_1 和 γ_2 分开

照上面的做法推演下去，我们就能够证明，每条去掉奇点的代数曲线，都同胚于球面再附上一些环柄——它们也去掉了有限个点。注意，具有一个环柄的球面就同胚于环面。环柄的个数称为曲线的方格. 这个结果对于代数曲线理论起了基本的作用，它实质上是黎曼在其学位论文中得到的. 它也是数学直观的一个奇迹。

5.4 几 段 原 文

戴德金论戴德金截割

这一段选自《连 续 性 及 无 理 数 》（Continuity and Irrational Numbers, 1872）。"连续的"这个词，在这里用来表示没有间断、没有间隙的意思。

"…上面把有理数比做直线，结果使直线上充满了间隙，它是不完备的、不连续的，而我们则把直线看成是没有间隙的、完备的和连续的。直线的连续性是什么意思？这个问题的答案必须包

R．戴德金（1831～1916）

含研究所有连续区域时所根据的科学基础。只是泛泛而谈其最小子集的不间断的连接性，不会产生什么结果。我们必须要有连续性的一个精确定义，使它可以成为逻辑推理的基础。长时期以来，我对这些事情进行了深入思考，但始终没有取得成果，一直到最近我才发现我所要寻求的答案。不同的人对于我的发现将会有不同的判断，但我相信大多数人都会觉得它平凡无奇。在上一段中我曾经指出，直线上每一点 p 都将直线分成两部分，使得其中一部分的点都在另一部分的点的左方。我确信，连续性的实质就在于它的反面，也就是下面的原理：如果直线上所有的点都属于两类，使得第一类中每一点都在另一类中每一点的左方，那么就存在唯一的一个点，它产生了把直线分成两部分的分划。"

庞加莱论拓扑学

庞加莱的论文《位置分析》(Analysis Situs)(由1895年开始）奠定了代数拓扑学的基础。他在该文的序言中写道：

H．庞加莱

(1854～1912)

"…以前人们曾经多次提到，几何学是利用不正确的 图 形 来进行正确思维的艺术；但是为了不会引入歧途，这些图形必须 满足某些条件。图形的大小比例可以变化，但它们各部分的相对 位置一定要保持不变。利用图形主要是为了阐明我们所研究的对 象之间的关系，而这些关系就属于几何学的一 个 分 支——位 置 分析，它研究线与面的相对位置而不管它们的大小。在超空间中 也有同样类型的关系；正如黎曼和贝蒂所指出的，在高于三维的 空间中也有位置分析这门学科。通过这个科学分支，我们知道这 些关系，虽然这种知识不可能是直观的，因为我们的感 官 感 觉 不到。在某些情形下它还是能为我们提供我们要求于几何图形的 知识。…"

文献

Chinn 和 Steenrod 所著的 First Concepts of Topology (Random House, 1966) 是与本章水平相同的初等教本。如 果没有例如 Lefschetz 的 Introduction to Topology (Princeton, 1949) 或者 Massey 的 Algebraic Topology, An Introduction (Harbrace College Mathematics Series, 1967) 或者 Gramain 的 Topologie des surfaces (Presses Univ. de France, 1971) 等书中的内容做基础，那就根本不能看懂诸如 Dold 所 著 的 Lectures on Algebraic Topology (Springer-Verlag, 1972) 等现代标准著作。

第六章 英雄世纪

微分和积分的理论被称为无穷小演算，它的意思就是对于无穷小量进行计算。它由 17 世纪开始发展，近代数学就是在那时诞生的。在一段时期里，希腊人的严格证明已被舍弃，这促进了直观推断的思想方式。数学家大胆地开辟新的道路，大大超过了前人做过的所有工作。在 17 世纪有着长期的宗教战争，严重的谷物歉收，以及几次瘟疫大流行，但是就科学和数学而言，17 世纪却是史无前例的富于发现的时代。科学的发展十分迅速。伽利略关于加速运动的研究（由 1604 年起），比起莱布尼茨和伯努利兄弟在 17 世纪末所得到的成果来简直太幼稚了，莱布尼茨和伯努利兄弟已经用近代方法和记号解决了微积分和变分法中各式各样的问题。

微积分的诞生，来源于试图去计算曲线所包围的平面图形的面积以及曲面所包围的立体的体积。其中某些计算，现在看来只是微积分的简单练习，而过去曾经使希腊人大为头痛。事实上，阿基米德所写的著作几乎都是讨论这类问题，而他的结果就标志着希腊数学的高潮。在他之前，克尼多斯的欧多克斯曾经计算过圆锥和棱锥的体积，但是阿基米德计算了球的体积和面积，抛物线段所包围的面积，三角形的重心，以及一种现在称为阿基米德螺线的曲线所包围的面积。这些计算当中，圆锥和棱锥的体积、抛物线段所包围的面积、三角形的重心以及一段螺线所包围的面积，都依赖于同一个积分，即 $\int x^2 dx$；但没有迹象表明，阿基米德看到了这些问题之间的联系。他解决每个问题都用了不同的方法，这些方法往往十分巧妙。而且在他关于螺线的著作中，他甚至还说过这里所讨论的问题和某些其他问题没有关系。例如，他在讨论螺线之前刚刚提到的一块抛物面所包围的体积，而这个体积导致了积分 $\int x dx$。阿基米德的证明十分严格。他应用了欧多克斯的"穷竭法"，这就是用具有已知面积的图形去外切或者内接我们要计算其面积的图形。对于弧长也有一种类似的方法，阿基米德利用这个方法证明了，π 的值介于 $3\frac{1}{7}$ 和 $3\frac{10}{71}$ 之间。他的证明是完全严格的，当 17 世纪的数学家们要想给出绝对令人信服的证明时，常常以阿基米德为榜样。可是这种严格也使得证明麻烦而难懂。可能在大多数情形下，阿基米德总是先知道问题的答案，然后再去完成证明；这种推想是合理的。在 1906年发现一封阿基米德给亚力山大里亚的埃拉托色尼的信，通过这封信，我们甚至于知道他这样做的方法。他把它称为力学方法。这个方法的要点就在于，譬如说，把一个平面图形看成是由直线组成的有重量的某种东西，每条直线的重量都和它的长度成正比。于是实际要做的工作就是使各种几何图形互相平衡以及求出重心。对此，阿基米德写道：

> "我认为，这个步骤甚至对于证明定理本身也同样有用。因为由力学方法，某些东西我已经清楚了，虽然以后还要用几何来证明，因为用力学方法对它们的研究并没有提供一个真正的证法…，我认为有必要阐述这个方法，部分是因为我已经谈到过它，而且我也不想被人认为是说空话，但是同样也因为我相信这个方法会对数学起不小的作用；并且还由于我懂得，一旦这个方法确立之后，有些人，或者是我的同时代人或者是我的后继者，就会利用这个方法又发现另外一些定理，而这些定理是我所没有想到的。"

但是，这些预言的实现经历了很长的时期。有许多理由说明，为什么阿基米德的工作没有被后人所继续，比如说由于阿基米德具有卓越的才能，以及由于罗马的征服给希腊科学普遍带来的停滞不前的后果。但是，主要原因可能是希腊的几何方法本身。这种方法虽然无懈可击，但它不能揭示真正的联系，从而使获得新发现遇到困难。因此，阿基米德所预言的进步，一直到 17 世纪才出现。

在 1520 年之前，希腊的主要的文学和哲学著作已经在意大利出版，而阿基米得著作的第一版是 1544 年在巴塞尔印行的。以卡尔达诺为代表的当时的数学是相当代数化的，阿基米德的影响只有在以后通过伽利略和开普勒才显示出来，而这两位作为天文学家和物理学家比作为数学家更为著称。但是从他们的时代—— 17 世纪初期——起一直到大约 1670 年，数学家经常引用阿基米德的话。他的著作被翻译和评注，人人都说他是位典范人物并且是灵感的源泉。

17 世纪初，科学家必须在非常简陋的条件下工作，后来随着大学的巩固，科学组织的建立和科学期刊的出版，这些条件得到了巨大的改善。在 1665 年以前，数学家没有期刊，到 1665 年新建立的皇家学会才开始出版《哲学会刊》（Philosophical Transactions）。在此之前，他们不得不靠彼此通信或印书，并且常常因为没有科学保护人而自己掏腰包付印刷费用。能够干这行的出版家及印刷所也非常少，有时也并不诚实。书印好之后又有新的考验等待着作者。由于微积分的基础一般说来不太可靠，就使得他们的论敌很容易找到他们的弱点而加以批判。这类尖锐的论战很多，论战双方也都不怀好意。因此许多人宁愿在平静的环境下工作，只满足于把新的结果告诉好朋友，这就不足为奇了。一些数学爱好者，像巴黎的梅森和伦敦的科林斯，他们进行大量的通信，通过信件摘抄为大家提供数学消息。学者们也做了许多旅行，这样就使新思想获得有效的传播，但是可能还不是以一种非常有条理的方式传播。数学家偶尔的接触以及所有数学家同时研究基本上相同的问题，就使得优先权的竞争十分普遍。在当时，牛顿和莱布尼茨关于谁发明了微积分的争吵是众所周知的，甚至连数学家以外的人也都知道。

大致说来，17 世纪可以划分为两个主要时期：1670年之前和1670 来之后。前一时期最著名的人物有意大利人伽利略

（1564～1642）和卡瓦列利（1598～1647），德国的天文学家开普勒（1571～1630）， 法国人费马（1601～1665），笛卡儿（1596—1650），B. 巴斯噶（1623～1662），荷兰人惠更斯（1629～1695），英国人沃利斯（1616～1703）和巴罗（1630～1677）。所有这些人都对微积分的发展做了准备工作，而 1670 年之后 不久，牛顿（1642～1727），德国人莱布尼茨（1646～1716），苏格兰人 J. 格雷哥里（1638～1675）创建了微积分。在详细讲述这段历史之前，我还是先简单地把这出剧的演员介绍一下。伽利略在比萨和帕都亚当教授，他和亚里士多德的物理学彻底决裂，并发现了自由落体定律。他制造了望远镜并有一些重要的天文发现。他相信哥白尼关于地球和行星围绕太阳运动的理论，但是教廷强迫他在1633年否认这种异端邪说。卡瓦列利是伽利略的朋友，在波隆那任数学教授。开普勒继丹麦天文学家 T. 布拉赫在布拉格 任皇家数学家；他从布拉赫的观测数据中推出了行星围绕太阳在椭圆轨道上运转。 费马是土鲁斯的律师，他研究数论和分析并与巴斯噶和笛卡儿通信。笛卡儿是一个贵族，他又是军人和哲学家，还是王室教师。他在斯德哥尔摩的克里斯蒂娜女王的宫庭中去世。笛卡儿的伟大的数学发现是解析几何。巴斯噶在 16 岁时就发现了圆锥曲线的一个基本定理。后来他还论述过概率论，对于面积和重心进行过计算。他经历过几次宗教上的危机，他的同时代的人更多地知道他是哲学家和宗教著作的作家而很少知道 他 是 数学家。惠更斯学的是法律，他想成为外交家，但不久就以科学家而知名。他对于行波和光的折射的分析甚至到今天还是正确的。惠更斯在 1666 年被选为法国科学院院士，长期定居于巴黎。他在巴黎碰到了莱布尼茨，并促使莱布尼茨对于新数学发生兴趣。沃利斯最初是一位神学家，1649年成为牛津大学数学教授。巴罗是牛顿的老师，他是剑桥大学数学教授，后来隐退成为教区牧师。他把教授席位让给牛顿，并且牛顿对于巴罗的著作似乎还有一定的影响。格雷哥里是苏格兰的圣安德鲁斯学院的数学教授。在这样的背景之下，我们现在就可以叙述两个主要角色——牛顿和莱布尼茨了。

1660年，17岁的牛顿进入剑桥大学。九年之后他继承了巴罗的职位，同时计划出版一本关于导数和级数的论著，其中包括微积分的基本定理。但是这份手稿一直没有发表，到他去世之后才付印，后来以流数理论著称。牛顿把导数考虑为一种速度，他称之为流数。在他的1687年出版的主要著作《自然哲学的数学原理》(Philosophie Naturalis Principia Mathematica)（后来称为《原理》）一书中，牛顿证明了，天体的运动可以由运动定律（力等于动量对时间的导数）和引力定律推导出来。《原理》在物理和数学的结合方面取得了首次巨大的成功，其后它被许多人所继承，几乎有三百年之久。由牛顿著作所开创的这种物理和数学的结合，现在还享有不可动摇的威望。它最初取得的无可比拟的成功，有时使人产生一种奢望，认为数学和（譬如说）生物学或经济学相结合时，也会产生同样光辉灿烂的结果。

在牛顿的同时代人当中，许多人认为彗星是上帝或魔鬼的产物，它是预示将要发生不祥事件的信号。《原理》出版之后，受过教育的人再也不相信这种鬼话了。但是哲学和宗教很快就适应于这种事实，即天体的运动就像时钟的摆轮的运动那样是可以预言的。随着新行星的发现，人们就很难坚信上帝的意图是有五个行星，为的是加上太阳和月亮构成神圣之数七，但是，《原理》一书并没有动摇上帝作为造物主的地位。与此相反，上帝的创世显得是比以前所说的更加伟大的奇迹。牛顿在政治上和宗教事务上是保守的，他坚信上帝。在他的未发表的手稿中，有着关于宗教编年史和地狱地志学的长期的研究。当时的时代精神是，这些研究都和《原理》符合一致。1690年之后，牛顿曾担任一段时期的王家造币厂厂长和剑桥大学的下院议员。

莱布尼茨作为一个早熟的学生在莱比锡开始他的生涯，1676年之后，他靠供职于汉诺威王室当外交家、编修家史、任图书馆馆长来谋生。汉诺威家族成员之一在1714年成为英王，即乔治一世。他是受民权党所拥戴的。因为牛顿是一个狂热的保守党人，所以他和莱布尼茨在政治上互相对立，人们设想这可以解释他们之间何以会有某种敌意。1673年莱布尼茨在巴黎和惠更斯接触，这是他作为数学家生涯的起点。他多次访问伦敦，并和牛顿、科林斯、惠更斯以及其他许多人通信。莱布尼茨建立莱比锡和柏林的科学院，并且在莱比锡科学院的杂志——《博学者学报》(Acta Eruditorum) 上发表他的大部分数学文章。他是符号逻辑的先行者，并且是古典传统的哲学家，从事于解释宇宙和证明上帝的存在。他的最重要的哲学著作仅以手稿形式保留下来，生前并未发表。他所发表的著作多多少少迎合王室的口味。无论如何，这些亲王贵族对于承认他的著名格言——我们生活的世界是最好的——是没有异议的。

现在我们不再讲述个人情况而回到数学上来。我们通过三个主题的分析来叙述发展的情况：数学的严格性与直观推断方式的对立，问题之间的联系，几何与代数的平衡。

在希腊人那里，哲学和逻辑方面以及数学的严格性占统治地位，几乎没有为直观推断论证留下余地。在原始思想和精雕细刻的加工润色的证明之间，存在着很大的距离，这对于富有独创性的数学家必定起着妨碍他们发展的作用。17世纪的进步，在很大程度上是由于对数学的严格性的忽略而有利于直观推断思想的发展。阿基米德的力学方法不为人所知，但是数学家已经开始像他一样进行论证。他们讨论"无穷小量"和"无穷小量的和"。例如，一个平面图形被认为是由平行的线段组成的，并且这时出现了无意义的但是有用的观点，即平面图形的面积被看作是相应的无穷窄的长方形面积之和。借助于这种论证不难使人相信，假如令图形在每一方向上都增加一倍的话，其面积就成为原来的四倍。同样，假如一个物体在每一方向上都增加一倍，其体积就要乘以八。这个一般形式的观察来自卡瓦列利，称为卡瓦列利原理。他在确信它成立之前，对于阿基米得计算过的所有面积和体积都进行了验算。

类似的论证被用来讨论微积分的第二个主要问题：决定切线

和计算弧长。先假定切线存在，曲线本身被看成由无穷小的线段所组成，这些线段有时被认为是切线的一部分，有时被认为是弦。于是弧长就被推想为这些无穷小线段的长度之和。

并非所有的人都对这种论证很满意，例如费马总是对每一种特殊情形很细心地加以严格证明。其他人并不这样干，但是所有人都觉得他们的基础还是安全可靠的。费马在某处写道："按照阿基米德的方式给出证明并不困难，但是把证明说一次我就满意了，这样可以避免无休止的重复。"巴斯噶使他的读者确信，阿基米德的方法和无穷小原理这两种方法的差别，仅仅是在叙述方式上不同而已；巴罗无动于衷地表示，"按照阿基米德的方式加上一个长证明并不困难，可是为什么要这么干呢？"随着时间的过去，对阿基米德的援引趋向于形式化，它常常用来制造出对于方法尊重的气氛，而这些方法阿基米德本人肯定是不会赞成的。

大约一百年以后，所有这些想法都在极限的概念下得到了满意的处理。例如，我们也不难从巴斯噶和牛顿的著作中找到一些引文，其中极限概念已经多多少少明显出现过，但是，我们只要进一步读一下上下文，就会了解当时条件还不够成熟，不能建立一套系统的理论。可是，牛顿和莱布尼茨不理过去那一套，他们论证微积分的合理性不是根据严格的证明，而是根据它内容完整前后一致并且有多方面的应用，这样他们就向前迈出了真正有意义的一步。

至此我们可以讲第二个主题：问题之间的联系。现在，我们计算体积、面积和弧长都用的是单一的运算——积分；我们处理关于切线、极大和极小用的是另一种运算——微分。另一方面，这两个运算通过积分基本定理相互联系起来。希腊人对于所有这些几何问题都用不同的方法去处理，甚至阿基米德从更高更抽象的观点来看，也没有看到它们之间的联系。但是，在17世纪中，阿基米德所遗留下来的工作得到继续发展。在50年的一段时期之内，卡瓦列利、费马、惠更斯、巴罗、沃里斯逐步把许多体积、面积和长度的计算归结为某些简单函数的积分（或者用他们自己的话说，求积），这些函数有 x 的整数幂或者甚至于分数幂。这些求积问题中，有些已经解决，另一些也被猜到。他们也曾用特殊的方法求出某些曲线的切线。其后，牛顿和莱布尼茨迈出了决定性的一步，他们都引进了函数的导数的特殊记号，莱布尼茨还通过引进积分记号并得出关于这些记号的运算规律的代数公式又迈出重要的一步。这就使得已往的所有工作都过时了。新的微积分具有只用两种基本运算——积分和微分——来计算体积、面积、弧长和切线的简单步骤及清楚的公式。莱布尼茨的记号也逐渐被普遍采用。第一本微积分教科书在 1700 年前不久由洛比达侯爵出版，他实际上是照莱布尼茨的学生 J.伯努利的手稿编写的。一项新工具——幂级数——也伴随微积分而被发明出来。1668年默卡托尔做出了巨大的发现，他发现对数能够展开为幂级数，于是牛顿、格雷哥里、莱布尼茨竞相求出基本函数的幂级数。

我们的第三个主题是几何和代数的平衡。希腊人的数学是几何的。在阿基米德的著作中连一个公式也没有；什么都用文字和图形表述。在 17 世纪，人们觉得这种几何方法简直是紧身衣，最后终于把它摆脱掉。开始的几步早就已经迈出。以十进位制为基础的阿拉伯数字，在实用上显示出比罗马数字优越得多。利用字母来进行的计算也被逐步接受下来，我们现在所熟知的代数和方程论也已经在 16 世纪的意大利得到深入的研究。代数的用处逐渐明显。例如，用简单的中学代数去证明阿基米德关于螺线的论著中的基本引理，就像小孩做游戏一样，如果不用代数，那就是一般人难以做到的绝技。伽利略抱住几何不放，但是费马就已经相当自由地运用代数，从而分析中几何的形式越来越少，一直到莱布尼茨创造出新的微积分，使得分析具有代数的形式。但是，几何的传统进行了顽强的抵抗。其中最突出的例子就是《原理》，书中的术语和证明都是几何的；尽管牛顿本人是用微积分得到这些结果的，但以后他又用几何的形式来表述它们。

在 1700 年左右取得突破之后，微积分得到巩固和成长，并获得了一大堆新的应用。但是，有着迅速的发展、伟大的发现以及艰苦的战斗的英雄时代，已经一去不复返了。

几 段 原 文

伽利略论匀加速运动

下面这段摘自《两种新科学》(Two New Sciences, 1638)，其中伽利略运用欧几里得几何学通过画图来表示匀速运动和匀加速运动。

伽利略　（1564～1642）

定理1，命题1。匀加速运动的物体移动一段距离所需的时间，等于同样的物体以匀加速运动的最小速度与最大速度之和的一半的速度移动同样的距离所需的时间。事实上，令 *AB* 表示物体由 *C* 到 *D* 作匀加速运动所需的时间。在 *AB* 上我们画出增加的速度，最后的速度用直线 *EB* 表示。我们画出 *AE* 以及一些平行于 *EB* 的线来表示增加的速度。我们把 *EB* 分成一半，分点为 *F*

并画直线 FG 平行于 BA，GA 平行于 FB。平行四边形 $AGFB$ 等于三角形 AEB。事实上，…。

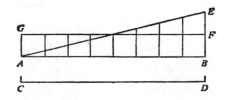

图6.1　匀速运动和匀加速运动（根据伽利略）

牛顿论流数

下面一段引自《曲线求积论》（Treatise on the Quadrature of Curves, 1704），其中牛顿摆脱了莱布尼茨的无穷小量，并宣称他自己的发明优先权。他的流数就是导数，他的流量就是原函数。在我们所引的著作的末尾，他讨论积分法的主要定理，用现代语言来说，就是函数 $x \rightarrow \int_a^x f(t)dt$ 的导数等于 $f(x)$，如果 f 是连续函数的话。

"1．我认为数学量是由连续运动给出的，而不是由非常小的部分构成的。线不是把最小最小的部分放在一起而成，而是由运动的点生成的，面是由运动的线生成的，体是由运动的面生成的，角度是由半射线的转动生成的，时间是由均匀流动生成的，其他情形也是一样。这些事物在自然界中出现，当我们观察运动着的物体时，我们每天都能看到它们。

"2．由于我认为在同样的时间间隔中，变化率大的量要比变化率小的量变得更大，所以我要试图由变化率确定一个运动的量。这些变化率我已经称为流数，而由它们生成的量称为流量。在 1665 年和 1666 年，我发现并完成了流数法，这里我也用它来进行曲线的求积。

"3．流数的表现很像在极为微小的时间间隔中流量的增量。更确切地说，两者成比例。

"4．假设面积 ABC 和 $ABDG$ 是由纵坐标 BC 和 BD 在基线 AB

上以相同的匀速运动所生成的，则这些面积的**流数**之比与纵坐标 *BC* 和 *BD* 之比相同，而我们可以把它们看成由这些纵坐标表示，因为这些纵坐标之比正好等于面积的初始增量之比…。"

牛顿 （1643～1727）

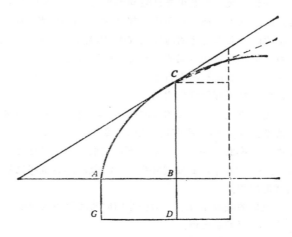

图6.2 积分法的基本定理（根据牛顿）

莱布尼茨论微分

在 1672 年到 1677 年间，莱布尼茨创立无穷小演算的基本法则。从一开始，他就试图把他的前辈的复杂几何图形转化成代数公式。他最早的结果之一是公式

$$\text{omn.} \; xl = x \, \text{omn.} \; l - \text{omn.} \, \text{omn.} \; l, \qquad (*)$$

其中考虑的是面积，omn. 意即"…的和"。后来他用积分号 $\int$ 代替字母 omn.。他还试图用大致上具有"差"的意义的符号 d 来求积分的逆。在开始用这个符号进行代数实验时，他也出了不少错，像 $d\,(u/v) = du/dv$ 之类，但在 1677 年他得出了正确的公式。利用这些符号，上面这个神秘的表达式（＊）就具有我们熟知的形式 $\int x \, dy = xy - \int y \, dx$，即分部积分公式。下面的引文表明，莱布尼茨本人如何写微分法的一些规则（手稿，1677年7月，英译文取自 J. M. 柴尔德《莱布尼茨的早期数学手稿》(The Early Mathematical Manuscripts of Leibniz, 1920)）。注意这里 a 表示常数，横线表示括号。

"加法和减法。设 $y = v \pm w \pm a$，则 $\overline{dy}$ 就等于 $\overline{dv} \pm \overline{dw} \pm 0$。乘法。设 y 等于 avw，则 $\overline{dy}$ 或 $\overline{davw}$ 或 $\overline{advw}$ 就等于 $av\,\overline{dw} + awdv$。"

为了回答牛顿的追随者的攻击，莱布尼茨在 1714 年左右写了一本书《微分法的历史和起源》(History and Origin of Differential Calculus)，其中他用第三者的身份谈到他自己，他写道（除了其他事项以外）：

"在莱布尼茨建立这种新运算的专用观念之前，它肯定并没有进入任何其他人的心灵；通过他的运算法则，就可以把想像力从不断地参照图形中解放出来…。可是现在由于莱布尼茨的运算，整个的几何学都为解析的计算所囊括，笛卡儿称为力学的那些超越曲线〔不属于欧几里得几何学所能作出的曲线〕也可以通过考虑差分 dx 而归结成适当选取的适用于它们的方程…。"

莱布尼茨(1646～1716)

文献

本章关于 17 世纪的综述，是依照 N. Bourbaki 所著 Eléments d'histoire des mathématiques (Hermann, 1969)一书中题为"无穷小演算"的一节写成的。这份资料还有一个参考文献表。Bertrand Russell 著的 A History of Western Philosophy (Simon and Schuster, 1945) 一书中，有论述莱布尼茨的一节。James Newman 所编的 The World of Mathematics (Simon and Schuster, 1956)，这部文集中收有 C. Andrade 写的牛顿的传记。

第七章 微　　分

本章开头先简单讲述什么是导数和微分法则．然后通过牛顿由物理假设推导出行星运动的近代表述方法来阐明微分法．原则上，高中数学已是可以讲授这些材料的，但是要想完全理解所述数学模型中出现的事物，就需要中值定理和反函数的可微性定理．我们给出了一些简单但也是完备的证明，这时我们所讲的内容要求读者具有大学数学的一些基础知识．下面一节是常微分方程组．这节举例不多，可是也并不困难，对于想理解数学并应用数学的任何人而言，这节的材料都是非常重要的．读过第四章巴拿赫空间的压缩映射定理的读者，可以得出存在性和唯一性的证明，不论是谁头一次看到这种证明时，一定都留下深刻的印象．其后，我们转而讨论多变量的微分学．在导引式的一节中，讲到了偏导数的最简单的性质，泰勒公式，光滑双射（这里再一次用到压缩映射定理），以及隐函数．然后顺便讨论了偏微分方程．最后，有一节讲到微分形式，跟着一节讲流形上的微分法．这里由曲线、曲面、超曲面的切线（切面）和法线的最简单事实讲起，最后简单介绍一下流形和德·拉姆复形，这是为了引起读者对于微分拓扑学的兴趣.

7.1 导数和行星运动

导数和微分法则

让我们考虑坐标系中一条曲线 $y = f(x)$, 并描画这条曲线在一点 $x = a$ 的切线 (图7.1). 这里的切线是指它原来在几何上的意义. 一个函数的导数, 就是在分析意义下的切线概念. 把切线方程写成 $y = f(a) + (x-a)c$ 时, 我们就可以把几何直观转变成下面的公式:

$$x \text{ 接近 } a \Longrightarrow f(x) = f(a) + (x-a)c + \text{小量}, \quad (1)$$

这里"小量"一词是指某一个同 $x - a$ 比较起来很小的量. 通常为了方便起见, 可以把它写成 $(x-a)o(1)$, 其中记号"$o(1)$"读作"小 o 1", 它表示这样一个量, 当 x 趋近于 a 时, 这个量就趋近于零. 于是我们可以把 (1) 写成

$$x \longrightarrow a \Longrightarrow f(x) = f(a) + (x-a)c$$
$$+ (x-a)o(1), \quad (2)$$

或者写成
$$c = \frac{f(x) - f(a)}{x - a} + o(1).$$

这就等于说,
$$c = \lim_{x \to a} \frac{f(x) - f(a)}{x - a}. \quad (3)$$

如果曲线具有一条在解析意义 (2) 之下的切线, 则 (3) 式右边的极限存在, 反过来也是对的. 一般来说, 这个极限不一定存在; 假如它存在的话, 就称函数 f 在点 a 处是可微的, 并且具有导数 $c = f'(a)$. 与此相应, 如果下式中的极限存在的话, f 在点 x 处的导数就是

$$f'(x) = \lim_{h \to 0} \frac{f(x+h) - f(x)}{h}. \quad (4)$$

在这种情形下, 函数 f 在点 x 处当然是连续的. 可是, 不难造出一个函数, 使它在某些特定的点处不可微; 例如, 因为函数在那里有一个折角 (比如像 $|x|$ 在 $x = 0$ 处那样), 或因为当 $h \longrightarrow 0$

时，（4）式右边的商在两个固定值之间振动（比如像 $f(x)=x\sin x^{-1}$ 在 $x=0$ 处那样）。1872年魏尔斯特拉斯造出了一个连续函数，它在任何一点都不可微。这样就激起了一场大惊小怪的喧闹，但是现在这场骚动早已平息，而我们会觉得，有的函数可微，有的函数不可微，这是一件非常自然的事。

如果对于 a 附近的所有的 x，都有 $f(x)\geqslant f(a)$（$f(x)\leqslant f(a)$），就称 f 在 a 处具有一个局部极小（极大）值。由（3）可以推知，如果 f 在包含 a 的一个区间上有定义，而且导数 $f'(a)$ 存在，那么 $f'(a)$ 等于零。事实上，此时 $f'(a)$ 同时是 $\geqslant 0$ 的数和 $\leqslant 0$ 的数的极限。

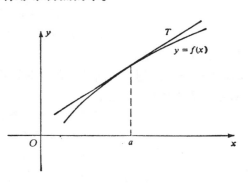

图7.1　曲线及其切线

牛顿所用的另外一种考察导数的方式，是把它解释为速度。此时我们改变我们的记号，使得 t 代表时间，而 x 代表沿着一条直线 L 上运动的点 P 的坐标。假如 P 在时刻 t 的坐标是 $x(t)$，那么函数 $t \longrightarrow x(t)$ 就描述了 P 的运动。于是，$x'(t)$（或者用牛顿的记号 $\dot{x}(t)$）就是它在时刻 t 的速度。加速度的定义就是 $\dot{x}(t)$ 的导数，用 $x''(t)$ 或者 $\ddot{x}(t)$ 代表。假如运动是匀速的，则 $x(t)=x_0+vt$，其中 x_0 和 v 都是常数。因此，对于所有的 t，有 $\dot{x}(t)=v$，$\ddot{x}(t)=0$。

计算函数的和、积、商以及复合函数的导数的经典规则，都是（4）的简易推论，其内容如下：

$$H=f+g \Longrightarrow H'(x)=f'(x)+g'(x),$$
$$H=fg \Longrightarrow H'(x)=f(x)g'(x)+f'(x)g(x),$$
$$H=f/g \text{ 而且 } g(x)\neq 0 \Longrightarrow H'(x)=(g(x)f'(x)$$
$$-g'(x)f(x))/g(x)^2,$$

$$H = f \circ g \Longrightarrow H'(x) = f'(g(x))g'(x)$$
$$\text{（链式规则）}. \tag{5}$$

这里假定 f 和 g 在 x 处都是可微的,结论中的等式表示 $H'(x)$ 存在,而且具有公式中的值。最后一个规则是由下列计算来证明的:

$$\begin{aligned} f(g(x+h)) &= f(g(x)) + f'(g(x))(g(x+h) \\ &\quad - g(x)) + (g(x+h) - g(x))\varepsilon_1 \\ &= f(g(x)) + f'(g(x))g'(x)h + h\varepsilon_2, \end{aligned}$$

其中当 $g(x+h) - g(x) \longrightarrow 0$ 时, $\varepsilon_1 \longrightarrow 0$, 而当 $h \longrightarrow 0$ 时, $\varepsilon_2 \longrightarrow 0$ 。通过各种简单的论证,我们还可以计算出传统的初等函数的导数,例如:

$$f(x) = x^a, \text{ 其中 } x > 0 \Longrightarrow f'(x) = ax^{a-1},$$
$$f(x) = e^x \Longrightarrow f'(x) = e^x,$$
$$f(x) = \log|x|, \text{ 其中 } x \neq 0 \Longrightarrow f'(x) = 1/x,$$
$$f(x) = \cos x \Longrightarrow f'(x) = -\sin x,$$
$$f(x) = \sin x \Longrightarrow f'(x) = \cos x.$$

把这些公式和一般规则（5）结合在一起,我们就能够明显地计算出一大类函数的导数。特别,对于多项式,我们有

$$\begin{aligned} H(x) &= a_0 + a_1 x + \cdots + a_n x^n \Longrightarrow H'(x) \\ &= a_1 + 2a_2 x + \cdots + na_n x^{n-1}. \end{aligned} \tag{6}$$

计算导数的方法称为微分法。在下面一节中,我们利用它证明牛顿的《原理》中的主要结果,来显示微分法的魔力。这个主要结果就是:行星和慧星围绕太阳旋转的轨道都是圆锥曲线。那时我们就会看到,由规则（5）所代表的微分法的代数方面是不够用的。我们还必须添加一些代表微分法的解析方面的定理,例如,只有常数的导数才处处等于零的这种事实。而且也不能认为所有函数都是可微的。我们所要讨论的函数 f,是在开区间上有定义,并设它的 k 次相继导数 $f^{(1)} = f', f^{(2)} = (f')' = f'', \cdots, f^{(k)} = (f^{(k-1)})'$ 存在而且连续。为了简单起见,我们把这种 f 称为 C^k 函数。我们要讨论的主要是 C^1 与 C^2 函数。重复运用规则（5）可以证明, C^k 函数的和、积、商（分母不等于零）,以及复合函数,也都是 C^k 函数。

弹道运动和行星运动

　　让我们先从伽利略在 17 世纪初所分析的简单弹道运动讲起。在他的数学模型中，有一个点状物体K在铅直平面内运动。这个平面上有一个直角坐标系 x，y，其中y轴是铅直的。如果我们用 $x = x(t)$，$y = y(t)$代表物体在时刻 t 的位置，那么它的运动就满足下列条件：

$$\ddot{x}(t) = 0, \quad \ddot{y}(t) = -g, \tag{7}$$

其中 g 是一个正数，它对所有的物体都是相等的。由牛顿运动定律：

$$\text{质量乘加速度} = \text{力},$$

和引力定律：地球以大小为 mg 的铅直方向的力吸引着它表面上的物体（其中 m 是物体的质量），也可以推出这组方程。由计算导数的规则可以证明，对于任何常数值 x_0，y_0，u，v，函数

$$x = x_0 + ut, \quad y = y_0 + vt - gt^2/2 \tag{8}$$

总是（7）的解。这里 (x_0, y_0) 是物体在 $t = 0$ 时的位置，(u, v) 是物体在 $t = 0$ 时的速度。稍加计算就可以推知，运动轨道是具有铅直轴的抛物线。由此即知，假如我们能够证明

　　在一个区间内 $\dot{w}(t) = 0 \Rightarrow$ 在同一区间

$$\text{内} w(t) \text{是一常数}, \tag{i}$$

那么（7）的所有解都具有（8）的形式。事实上，这时由（7）可以推出，比如说，$\dot{w}(t) = 0$，其中 $w(t) = \dot{y}(t) + g(t)$，因此 $\dot{y}(t) + g(t) = $ 常数 $= v$ 等等。

　　为了研究行星运动，我们构造一个被太阳所吸引的物体的数学模型。假定物体和太阳是分别具有质量 m 和 M 的质点，其中M比 m 大得多。根据万有引力定律，物体受到一个大小为 $amMr^{-2}$ 的力，它的方向朝着太阳。这里 a 是常数，r 是物体到太阳的距离。此时太阳也被物体以一个大小相等方向相反的力所吸引。但是太阳的质量非常大，而这个力对它影响太小了，所以我们决定把它略去不计。假如我们引进一个直角坐标系 x，y，z，使其

原点在太阳上，那么 $r=(x^2+y^2+z^2)^{1/2}$。如果将物体在时刻 t 的位置记作 $x=x(t)$，$y=y(t)$，$z=z(t)$，则由运动定律即可得出

$$m\ddot{x}=-amM\,xr^{-3}, \quad m\ddot{y}=-amM\,yr^{-3},$$
$$\ddot{z}=-amM\,zr^{-3}.$$

公式左边是质量与加速度之积的三个分量，右边是大小为 $amMr^{-2}$ 的力的三个分量——这个力的方向朝着原点。两边用 m 除，并选取一个适当的时间标度，使得我们可以假定 $aM=1$，于是就得到三个方程：

$$\ddot{x}=-xr^{-3}, \quad \ddot{y}=-yr^{-3}, \quad \ddot{z}=-zr^{-3}, \tag{9}$$

其中 $r>0$，而 x，y，z 都是 t 的二次可微函数。因为此时右边是 t 的连续函数，所以 x，y，z 也是 C^2 函数。我们的数学方法还不够完善，以致不能对（9）进行完全的分析；在我们讲下去的过程中，要把遗漏的地方随时记下来，留在以后再去讨论。我们先从这样一个题目出发，即：如果 $w=ax+by+cz$ 是我们的函数 x，y，z 的常系数线性组合，则

对于某一 t，$w=\dot{w}=0\Rightarrow$ 对于所有的 t，都有 $w=0$。 (ii)

注意，给定 t_0 时，$w(t_0)=0$ 与 $\dot{w}(t_0)=0$ 正好是三个未知数 a，b，c 的一个方程组，它含有两个线性方程；因此，它就有一个解，而我们可以把这个解正规化，使得 $a^2+b^2+c^2=1$。选取 $ax+by+cz$ 为新的 z 坐标，则（ii）的意义简单说来就是：对于所有的 t，有 $z(t)=0$。因此，我们就可以不考虑（9）中的第三个方程，而假定运动是在 $z=0$ 这个平面内进行的。于是由前两个方程即可推出下面的方程

$$\dot{x}\ddot{x}+\dot{y}\ddot{y}=-(x\dot{x}+y\dot{y})r^{-3}, \quad x\ddot{y}-\ddot{x}y=0。 \tag{10}$$

我们还能得出

$$\dot{r}=0\Rightarrow\dot{x}^2+\dot{y}^2-r^{-1}=0。 \tag{10'}$$

事实上，由 $\dot{r}=0$ 可以推出 $x\dot{x}+y\dot{y}=r\dot{r}=0$；因此对时间求导数，即得 $\dot{x}^2+\dot{y}^2+x\ddot{x}+y\ddot{y}=0$。把（9）中的 $\ddot{x}$ 及 $\ddot{y}$ 代入，就得到所要的结果。现在（10）中所有的表达式都是导数，这是因为：

$$h = 2^{-1}(\dot{x}^2 + \dot{y}^2) \Rightarrow \dot{h} = \dot{x}\ddot{x} + \dot{y}\ddot{y},$$
$$h = x\dot{y} - \dot{x}y \Rightarrow \dot{h} = x\ddot{y} - \ddot{x}y,$$
$$h = r^{-1} = (x^2 + y^2)^{-1/2} \Rightarrow \dot{h} = -(x\dot{x} + y\dot{y})r^{-3}.$$

和以前一样，假设（i）成立。于是由（10）即可推知，存在常数 E 和 c，使得

$$2^{-1}(\dot{x}^2 + \dot{y}^2) - r^{-1} = E, \quad x\dot{y} - \dot{x}y = c. \tag{11}$$

这两个常数都有物理意义。乘积 mE 称为**物体的能量**。它是动能 $2^{-1}m(\dot{x}^2 + \dot{y}^2)$（其中最后一个因子代表速度的平方）与位能 $-mr^{-1}$ 之和。为了理解 c 的意义，我们引进极坐标 $x = r\cos\theta$，$y = r\sin\theta$。此时为了进一步推演下去，我们还必须假设

$$r \text{ 和 } \theta \text{ 都是 } t \text{ 的 } C^2 \text{ 函数}。 \tag{iii}$$

于是，由规则（5）即可证明：

$$\dot{x} = \dot{r}\cos\theta - \dot{\theta}r\sin\theta, \quad \dot{y} = \dot{r}\sin\theta + \dot{\theta}r\cos\theta.$$

而稍加计算就知道，（11）可以写成

$$2^{-1}(\dot{r}^2 + r^2\dot{\theta}^2) - r^{-1} = E, \quad r^2\dot{\theta} = c, \tag{12}$$

而（10′）可以写成

$$r \text{ 是常数} \Rightarrow r^2\dot{\theta}^2 - r^{-1} = 0. \tag{12'}$$

由（12）的第二个方程可知，$c/2$ 是扇形速度，也就是由原点到物体的直线段在单位时间内所扫过的面积。扇形速度等于常数就是开普勒由天文观测中推导出来的三条定律之一。开普勒三条定律的另外两条是：行星的轨道是圆锥曲线，以太阳为它的一个焦点；行星运动周期的平方与它们到太阳的平均距离的立方成正比。我们以后还会讨论这些定律，但是目前我们要回过来讨论（12）。

我们先假定 r 是常数，那么由（12）和（12′）就得到

$$r = c^2, \quad \dot{\theta} = c^{-3}, \quad E = -\frac{1}{2}c^2.$$

这就意味着，物体沿着半径为 c^2 的圆以角速度 c^{-3} 运动。这也是（9）的一组解。另一个特殊情形是 $c = 0$；由此可得 $\dot{\theta} = 0$，从而物体沿着通过太阳的直线运动。我们不考虑这两种特殊情形，

而在 r 不是常数并且 $c \neq 0$ 的一段时间间隔之内研究方程 (12)。

为了决定轨道，我们试图求出 r 随着 θ 变化的规律；这时我们需要知道，

$$\dot{\theta} \neq 0 \Rightarrow t \text{ 是 } \theta \text{ 的 } C^2 \text{ 函数}。 \qquad \text{(iv)}$$

令 $t = h(\theta)$，则由此即可推出 $r = r(h(\theta))$ 也是 θ 的 C^2 函数，而且得到 $r' = \dot{r}(t)h'(\theta) = \dot{r}/\dot{\theta}$。事实上，将 $t = h(\theta)$ 对 t 求导数，就得到 $1 = h'(\theta)\dot{\theta}$。由 $r^2\dot{\theta} = c$ 可得 $\dot{r} = cr'r^{-2}$ 及 $\dot{\theta} = cr^{-2}$，把它们代入 (12) 中的第一个方程，就得到

$$2^{-1}(r'^2 r^{-4} c^2 + r^{-2} c^2) - r^{-1} = E。$$

为了化简这个公式，我们把 r 代之以 函数 $u = r^{-1}$。它是 θ 的 C^2 函数，而且因为 $u' = -r'r^{-2}$，所以我们就得到

$$2^{-1} c^2 (u'^2 + u^2) - u = E。$$

令 $v = cu - c^{-1}$，$v' = cu'$，公式就更为简单，即

$$v'^2 + v^2 = 2E + c^{-2} > 0。 \qquad \text{(13)}$$

因为 v 不是常数，所以等式右边必定为正。现在假定 我们 知 道，如果 $w = w(\theta)$ 是不等于常数的 C^2 函数，那么

在一个区间内 $w'^2 + w^2 = 1 \Rightarrow$ 在同一区间内，

$$w = \cos(\theta + \theta_0)。 \qquad \text{(v)}$$

在这种情形下，只要我们适当选取 θ 的原点，则由 (13) 即可推出

$$v = (2E + c^{-2})^{1/2} \cos\theta。$$

计算一下 $r = r(\theta)$，就得到最后的结果

$$r = p(1 + e\cos\theta)^{-1}，\text{ 其中 } p = c^2，e = (2Ec^2 + 1)^{1/2}。$$

根据第四章最后一节可知，这是圆锥曲线的方程，它的一个焦点是原点，离心率为 e，参数为 p。当 $0 < e < 1$ 时,轨道是椭圆；当 $e = 1$ 时，轨道是抛物线，而当 $e > 1$ 时，轨道是双曲线的一支。如果 $e = 0$，那么我们又得到了圆形轨道。在任何情形下，都可以通过简单的计算由轨道得到 (9) 的解。

我们已经证实了开普勒的两条定律；现在再来证实第三条定律，从而结束这一节。因为扇形速度 $c/2 = r^2\dot{\theta}/2$ 是常数，所以椭

圆轨道的周期 T 就是 $2Y/c$，其中 Y 是椭圆的面积．这个面积等于 πab，其中 a 和 b 是椭圆的半轴．稍加计算即可证明 $a = p(1-e^2)^{-1}$， $b = p(1-e^2)^{-1/2}$，因此 $Y = \pi p^2(1-e^2)^{-3/2}$，从而

$$T = 2\pi p^{3/2}(1-e^2)^{-3/2}.$$

另一方面，到太阳的平均距离等于

$$m = 2^{-1}[p(1+e)^{-1} + p(1-e)^{-1}] = p(1-e^2)^{-1}.$$

因此 $T = 2\pi m^{3/2}$，这就证明了第三条定律．

7.2　严格的分析

微分法既是代数也是分析．我们现在要讲述一下它的分析方面，对于其中某些最重要的定理加以陈述及证明．借助于这些定理，我们就可以补足上一节的（i）到（v）．

中值定理和泰勒公式

命题（i）是微分法的中值定理的直接推论．中值定理可由公式

$$f(b) - f(a) = (b-a)f'(\xi)$$

表示．这里假定 f 在 $a \leqslant x \leqslant b$ 上连续，在 $a < x < b$ 内具有导

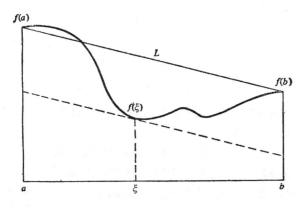

图7.2　中值定理．在 ξ 处的切线和直线 L 具有相同的倾斜度

数。这个公式表明，在 a，b 之间存在一个 ξ，使得等式成立。在 $f(a)=f(b)=0$ 这种特殊情形下，这个定理可由下面的事实推出：如果在 a，b 之间某处 $f \neq 0$，则在 a，b 之间存在一点 ξ，使得 $f(\xi)$ 为正而且 $f(\xi)$ 取得最大值，或者 $f(\xi)$ 为负而且 $f(\xi)$ 取得最小值。在这两种情形下，都有 $f'(\xi)=0$。在一般情形下，我们把这个结果应用于函数

$$h(x)=(b-a)f(x)-(x-a)f(b)-(b-x)f(a),$$

它满足 $h(a)=h(b)=0$。因此由 $h'(\xi)=0$ 即可得出所要的结果。中值定理的几何意义如图 7.2 及其说明所示。

中值定理有许多应用。比如说，我们能够证明，如果 f 在 a 点附近是可微的，并且 $f''(a)$ 存在，则当 $f''(a)>0(f''(a)<0)$ 而 $f'(a)=0$ 时，f 在 a 处有局部严格极小（极大）值。图 7.3 说明了这一点。事实上，$f'(\xi)=f'(\xi)-f'(a)=(\xi-a)f''(a)+(\xi-a)o(1)$，而当 $\xi-a\neq 0$ 很小时，$f'(\xi)$ 与右边第一项具有同样的符号。因此，如果 $x-a\neq 0$ 很小，而 ξ 在 x 与 a 之间，那么 $f(x)-f(a)=(x-a)f'(\xi)$ 便与 $f''(a)$ 具有同样的符号。

图7.3　二阶导数 f'' 与严格的极大和极小值

中值定理的另一个应用是下面的命题：倘若当 x 接近 a 时，存在一个数 c，使得

$$|f''(x)| \leqslant c|f(x)| + c|f'(x)|, \tag{14}$$

而且 $f(a)$ 和 $f'(a)$ 都等于零，则在 a 附近 $f=0$。这里自然必须假定，在 a 附近 f'' 存在；而这就意味着，f 和 f' 在 a 附近都连续。由（14）可知，当 $|x-a|\leqslant \delta$ 而 $\delta>0$ 很小时，$|f''(x)$

有一个有限的上界 $h(\delta)$。根据中值定理，$|f'(x)|=|f'(x)-f'(a)|=|(x-a)f''(\xi_1)|\leqslant\delta h(\delta)$，因此当 $|x-a|\leqslant\delta$ 时，还有 $|f(x)|=|f(x)-f(a)|=|(x-a)f'(\xi_2)|\leqslant\delta^2 h(\delta)$。把这个公式代入 (14) 就得出 $h(\delta)\leqslant c\delta(1+\delta)h(\delta)$，所以如果 $c\delta(1+\delta)<1$，则 $h(\delta)=0$。因此在 a 附近 $f''=0$。但是，这时在 a 附近 $f'=$ 常数 $=f'(a)=0$，从而在 a 附近 $f=$ 常数 $=f(a)=0$。

现在我们可以证明 (ii) 和 (v)。由 (9) 可知，函数 $w=ax+by+cz$ 满足方程 $\ddot{w}=Fw$，其中 $F(t)=-r^{-3}$ 是 t 的连续函数。因此，如果 t 落在一个区间中，而 c 是 $|F|$ 在这个区间上的最大值，则 $|\ddot{w}|\leqslant c|w|$。因此，由 (14) 即可得出 (ii)。对于 (v)，我们必须考虑 θ 的 C^2 函数 w，它满足 $w'^2+w^2=1$，而由微分可得 $w'(w''+w)=0$。因为 w 不是常数，所以在某处 $w'\neq0$，从而在某一区间内也不等于零。于是在这个区间内 $w''+w=0$，而根据假设 w 是 C^2 函数，所以在这个区间的端点同样也有 $w''+w=0$。假如在一个端点 $w'=0$，那么在这点必有 $w=\pm1$，从而 $w''=\pm1$。但此时在这点两边都有 $w'\neq0$。这就意味着在 w 有定义的整个区间上，$w''+w=0$。为了简单起见，假设这个区间包含 0，并求出一个 θ_0，使得 $w(0)=\cos\theta_0$ 而 $w'(0)=\sin\theta_0$。这是可能的，因为 $w'(0)^2+w(0)^2=1$。于是函数 $u(\theta)=w(\theta)-\cos(\theta+\theta_0)$ 便具有这种性质：在 w 有定义的地方处处有 $u''+u=0$，而且 $u(0)=u'(0)=0$。但此时由 (14) 可知，处处都有 $u=0$。这就证明了 (V)。这个证明并不太简单，但或许这也并不奇怪，因为 (V) 对于 C^1 函数凑巧是不成立的。例如，定义这样一个函数 $w(\theta)$，使当 $\theta\leqslant0$ 时，$w(\theta)=1$ 而 $w(\theta)=\cos\theta\geqslant0$，于是处处都有 $w'^2+w^2=1$。但 w 并不是 C^2 函数而只是 C^1 函数，因为它在原点没有二阶导数。

中值定理还可以用来证明具有余项的泰勒公式，说得更明确些，就是公式

$$f(x) = f(a) + (x-a)f'(a) + \cdots$$
$$+ \frac{(x-a)^{n-1}}{(n-1)!} f^{(n-1)}(a) + \frac{(x-a)^n}{n!} f^{(n)}(\xi).$$
(15)

这里假定 f 在围绕 a 的一个区间上是 n 次可微的，并且，正如中值定理的情形一样，这个公式也对于 a 与 x 之间适当选取的某一个 ξ 成立。公式右边最后一项称为拉格朗日余项。如果 f 是次数 $< n$ 的多项式，那么这个余项便等于零。泰勒公式主要就是说，当 $|x-a|$ 很小时，$f(x)$ 与多项式

$$F(x, a) = f(a) + (x-a)f'(a) + \cdots$$
$$+ \frac{(x-a)^{n-1}}{(n-1)!} f^{(n-1)}(a)$$

之差，要比该多项式最后一项中的方幂 $(x-a)^{n-1}$ 小得多。换句话说，在一点附近，高次可微函数的性质与其泰勒级数前面诸项构成的多项式非常相像。为了证明 (15)，我们考虑函数

$$t \to h(t) = f(x) - F(x, t) - \frac{(x-t)^n}{n!} K,$$

其中 t 在 x 与 a 之间变动，而 $K = K(x, a)$ 这样选取，使得 $h(a) = 0$。此时我们还有 $h(x) = 0$，并且经过一些计算可得

$$h'(t) = \frac{(x-t)^{n-1}}{(n-1)!} (K - f^{(n)}(t)).$$

因为由中值定理可知，对于 a 与 x 之间的某一点 ξ，我们有 $h'(\xi) = 0$，这样就证明了 (15)。

反函数的可微性

我们要证明一个关于反函数的定理。这个定理说，如果 f 是定义在开区间 I 上的实函数，而且处处有 $f' \neq 0$，那么 $f(I)$ 也是开区间，而且 f 是双射，它的反函数是可微的，而且与 f 的连续可微次数相同。为了证明它，我们注意到，由中值定理 $f(b) - f(a) = (b-a)f'(\xi)$ 以及 $f' \neq 0$ 的假设可以推出，当 $b \neq a$ 时 $f(b) \neq f(a)$，因此 f 是双射。设 $g : f(I) \to I$ 为

f 的反函数. 根据第五章定理 3, $f(I)$ 是开区间, g 是连续函数. 现在我们来证明 g 是可微的. 令 $y \in f(I)$, 并在 y 附近选 $\eta \in f(I)$. 设 $x = g(y)$ 及 $\xi = g(\eta)$ 为区间 I 中的对应点, 使得也有 $y = f(x)$, $\eta = f(\xi)$. 于是,

$$\frac{f(\xi) - f(x)}{\xi - x} = \frac{\eta - y}{g(\eta) - g(y)}.$$

因为 f 和 g 是连续的, 所以当 η 趋近于 y 时, ξ 便趋近于 x. 因此, 上式两边的公共极限是 $f'(x)$, 而这就意味着 g 是可微的, 其导数 $g'(y) = 1/f'(x) = 1/f'(g(y))$. 于是用取导数的规则就可证明, g 与 f 具有同样阶数的导数, 从而当 f 是 C^k 函数时, g 也是 C^k 函数.

现在我们就可以证明 (iii) 了. 事实上, 如果 x 和 y 都是 t 的 C^2 函数, 则 $r = (x^2 + y^2)^{1/2}$ 也是 C^2 函数, 而且 $r > 0$. 此时还有 $x/r = \cos \theta$ 及 $y/r = \sin \theta$. 因为这两个公式右边的导数 $-\sin \theta$ 与 $\cos \theta$ 不同时为零, 所以把 θ 看成在小区间上的函数时, 那么, 对于每个 k, θ 都是 x/r 或者 y/r 的 C^k 函数. 因此 θ 是 t 的 C^2 函数.

7.3 微 分 方 程

常微分方程组

通常把微分方程描述为函数及其各阶导数之间的关系. 如果函数只依赖于一个变量, 它就称为常微分方程. 我们将要考虑常微分方程组, 其中方程的个数和未知函数的个数相等. 通常把它们写成

$$u_1' = f_1(t, u_1, \cdots, u_n), \cdots, u_n' = f_n(t, u_1, \cdots, u_n). \tag{16}$$

这里 t 是一个实变量, $f_1(t, v), \cdots, f_n(t, v)$ 是 t 和 n 个实变量 $v = (v_1, \cdots, v_n)$ 的函数, 它们当 t 落在开区间 I 内而 v 落在 R^n 中的开集 V 内时有定义. 所谓方程组的解, 就是 n 个可微函数 $u = u(t) = (u_1 = u_1(t), \cdots, u_n = u_n(t))$, 使得当 t 属

于某个区间时，$u(t)$ 满足方程（16）。令 $u_1 = x$，$u_2 = y$，$u_3 = z$，$u_4 = \dot{x}$，$u_5 = \dot{y}$，$u_6 = \dot{z}$，则牛顿方程（9）可以写成

$$\dot{u}_1 = u_4, \quad \dot{u}_2 = u_5, \quad \tilde{u}_3 = u_6,$$

$$\dot{u}_4 = -u_1 r^{-3}, \quad \dot{u}_5 = -u_2 r^{-3}, \quad \dot{u}_6 = -u_3 r^{-3},$$

其中 $r = (u_1^2 + u_2^2 + \frac{2}{3})^{1/2}$。此时牛顿方程是（16）的特殊情形，其中 $V = \mathbf{R}^6$ 去掉满足 $v_1 = 0$，$v_2 = 0$，$v_3 = 0$ 的子集。

如果把向量 $u(t)$ 解释为一个系统在时刻 t 的状态，而其导数为状态的变化率，那么便可以用文字将（16）表示为

系统在给定时刻的变化率只依赖于

该时刻和该时刻的状态。 (17)

这自然是一个非常一般的情况，其数学陈述（16）适合于描述许多与时间有关的过程。行星运动就是一个例子。整个太阳系满足这样一个方程组，更一般地说，任何力学系统都适合这样一个方程组。空气流、水流、电流是另外的例子。许许多多物理的、化学的和经济的过程，都可以纳入由（16）所表达的格式中。在任何情形下，只要（16）的右边是已知的，通过数学分析就可以对这个过程给出原则上完整的知识。正如我们已经看到的，行星运动可以用简单的函数来表示，但这种有利的情况只是一个例外。在一般情形下，数学分析必须通过数值计算来贯彻。为了使所有这些都有意义，自然必须

由某一时刻的状态可以决定以后时刻的状态。 (17′)

对于数学模型（16）而言，相应的要求就是唯一性：如果两个解当 $t = t_0$ 时相等，那么它们在以后的时间间隔中也相等。在这个模型中，我们还必须证明解确实存在。我们把这两个要求表述为：

通过 $I \times V$ 中每一点，都有（16）的一个

唯一确定的解。 (18)

其次我们陈述关于（16）右端的假设，使得由它们可以推出（18）。比如说，仅仅假设它们连续是不够的。事实上，函数 $u = 1$ 和 $u = \cos t$ 当 $t = 0$ 时都等于 1，但是在 $0 \leqslant t \leqslant \pi$ 上，它们是微分方程 $u' = -(1 - u^2)^{1/2}$ 的不同的解。

存在性和唯一性

　　为了进一步讲下去，我们还需要用到一点积分理论，更明确地说是这样的事实：如果 $g(t)$ 是连续函数，那么它的积分

$$G(t)=\int_{t_0}^{t}g(s)ds$$

便是 C^1 函数，G 的导数是 g，而且 $G(t_0)=0$。特别，由中值定理可知，

$$|G(t)|\leqslant|t-t_0|\max|g(s)|,$$

式中对 t 与 t_0 之间的所有 s 取最大值。利用这个公式，我们可以把（16）及条件：函数 $t\rightarrow(t,u(t))$ 通过已知点 (t_0,u_0)（即 $u(t_0)=u_0$）改写为

$$u_k(t)=u_{0k}+\int_{t_0}^{t}f_k(s,u_1(s),\cdots,u_n(s))ds,$$
$$k=1,\cdots,n, \qquad\qquad (16^*)$$

但须假定 $f_1,\cdots,f_n$ 都是连续函数，我们以后就这样假定。下一步是应用巴拿赫空间的压缩映射定理，这个定理在第四章结尾已经证明。我们要用的巴拿赫空间 B_δ 由函数 $v(t)=(v_1(t),\cdots,v_n(t))$ 构成，其中每个分量都是在 $|t-t_0|\leqslant\delta$ 上定义的连续函数，又 B_δ 的范数为

$$|v|=\max|v_r(t)|其中|t-t_0|\leqslant\delta而1\leqslant k\leqslant n。$$

由第五章定理 1 可以推知这个空间是完备的。现在我们定义一个由 B_δ 到 B_δ 的函数 T，其中 $T(u)$ 的分量是 (16^*) 的右边。于是这个公式可以简写为 $u=T(u)$。通过选取适当的 δ，我们就能使 T 成为一个压缩映射，它满足压缩映射定理的要求。这就意味着 (16^*) 在 B_δ 中有唯一解，从而（18）成立。为使这个程序得到贯彻，需要下面的简单假设：

　　（A）函数 $f_1,\cdots,f_n$ 在 $I\times V$ 内连续，而且具有这种性质：当 (t,v) 和 (t,w) 都充分接近于 (t_0,v_0) 时，就存在一个数 a，使得

$$|f(t,v)-f(t,w)|\leqslant a|v-w|。 \qquad (19)$$

事实上，由这个假设和 T 的定义可以推知，当 $|u-u_0|$ 和 $|v-u_0|$ 都充分小时，即有

$$|T(u)-T(v)|\leqslant a\delta|u-v|.$$

因为当 δ 足够小时，$|u_0-T(u_0)|\leqslant$ 常数 δ，所以由此即知，存在正数 r，δ_0，c_0，使得当 $|u-u_0|=r$，$|v-u_0|\leqslant r$ 时，

$$\delta<\delta_0\Rightarrow|T(u)-u_0|\leqslant c_0\delta,|T(u)-T(v)|\leqslant c_0\delta|u-v|.$$

于是考虑到压缩映射定理的假设，就可以证明，当 δ 足够小时，我们得到所要的结果（A）$\Rightarrow$(18)。条件（19）称为利普希茨条件，这是为了纪念它的创始者利普希茨的，我们在下一节还要提到它。

7.4 多元函数的微分法

偏导数

倘若除了一个变量之外，其余所有变量都保持不变，那么由 n 个实变量 $x=(x_1, \cdots, x_n)$ 的函数 $f(x)$ 就得到 n 个单实变量的函数 $x_k \to f_k(x_k)=f(x)$。此时导数

$$\partial_k f(x)=\lim_{h\to 0}(f_k(x_k+h)-f_k(x_k))/h$$

就称为 f 的偏导数。它们可以由 f 在通过 x 而平行于坐标轴的 n 条直线上所取的值计算出来。由于这个原因，偏导数的存在告诉我们有关函数本身的性质是比较少的（当 $n>1$ 时），除非我们对于所考虑的函数类加以限制。一个简单办法是局限于考虑 C^1 函数，也就是定义于 R^n 中的开子集上而且具有连续偏导数的连续函数。这种函数在下面的意义之下是可微的：

$$f(x+h)-f(x)=\sum_1^n \partial_k f(x)h_k+o(1)|h|, \qquad (20)$$

其中 $|h|=\max(|h_1|, \cdots, |h_n|)$，而且当 $|h|\to 0$ 时 $o(1)\to 0$。这个断语可以由中值定理及少量计算加以证明。当 $n=2$ 时，证法如下：

$$f(x_1+h_1, \ x_2+h_2) - f(x_1, \ x_2)$$
$$= f(x_1+h_1, \ x_2+h_2) - f(x_1, x_2+h_2) +$$
$$f(x_1, x_2+h_2) - f(x_1, \ x_2)$$
$$= \partial_1 f(x_1+\theta_1 h_1, x_2+h_2)h_1 + \partial_2 f(x_1, x_2+\theta_2 h_2)h_2,$$

其中 θ_1 和 θ_2 都是介于 0 与 1 之间的数。一般情形的证明留给读者。

在 (20) 中用 $x+sy$ 和 ty 来代替 x 和 h，并令 t 趋于零即可证明，函数 $s \to f(x+sy)$ 具有导数 $\sum \partial_k f(x+sy)y_k$。特别，当 $f_1, \cdots, f_n$ 都是 C^1 函数时，利普希茨条件 (19) 成立；这是因为，将中值定理用于函数 $s \to f_j(t, \ sv+(1-s)w)$ 时，就得出

$$f_j(t, \ v) - f_j(t, \ w) = \sum \partial_k f_j(t, \theta v+(1-\theta)w)(v_k-w_k),$$

其中 θ 介于 0 与 1 之间。

如果 f 及其所有偏导数都是 C^1 函数，我们就称 f 为 C^2 函数。对于两个变量的 C^2 函数，由中值定理可以得出

$$f(x_1+h_1, x_2+h_2) - f(x_1+h_1, x_2) - f(x_1, x_2+h_2)$$
$$+ f(x_1, \ x_2)$$
$$= g(x_2+h_2) - g(x_2) = \partial_2 g(x_2+\theta_2 h_2)h_2$$
$$= (\partial_2 f(x_1+h_1, x_2+\theta_2 h_2) - \partial_2 f(x_1, x_2+\theta_2 h_2))h_2$$
$$= \partial_1 \partial_2 f(x_1+\theta_1 h_1, x_2+\theta_2 h_2)h_1 h_2 + o(1)h_1 h_2,$$

其中 $g(x_2) = f(x_1+h_1, \ x_2) - f(x_1, \ x_2)$，并且 当 h_1 和 $h_2 \to 0$ 时，$o(1) \to 0$。对于 $g(x_1) = f(x_1, \ x_2+h_2) - f(x_1, \ x_2)$ 进行同样的计算时，也可以得出同样的结果，只是最后的式子中的 $\partial_1 \partial_2 f$ 改为 $\partial_2 \partial_1 f$。因此，用 $h_1 h_2$ 来除并取极限，即可证明 $\partial_1 \partial_2 f = \partial_2 \partial_1 f$。由此，对于所有 j 和 k 及所有的 C^2 函数 f，都有 $\partial_j \partial_k f = \partial_k \partial_j f$。换句话说，二阶导数不依赖于两次微分的次序。

当 $k > 2$ 时，可以递归地定义 C^k 函数类。f 是 C^k 函数的确切意义就是：它的所有各个偏导数都是 C^{k-1} 函数。因此，C^k 函数可以微分 k 次。我们把它的累次偏导数记作

$$\partial^a f(x) = \partial_1^{a_1} \cdots \partial_n^{a_n} f(x), \tag{21}$$

其中 $\alpha=(\alpha_1,\,\cdots,\,\alpha_n)$ 的分量都是 $\geqslant 0$ 整数。数 $|\alpha|=\alpha_1+\cdots+\alpha_n$ 称为导数的阶。如果 $|\alpha|\leqslant k$，而 f 是 C^k 函数，那么（21）的右边存在，并且与偏导数的次序无关。倘若对于适当的 k，f 是 C^k 函数，我们就称 f 是光滑函数。这个名词当然有些含混，但是颇为方便。如果 f 对于所有 k 都是 C^k 函数，它就称为 C^∞ 函数。由 $\mathbf{R}^n$ 到 $\mathbf{R}^p$ 的函数称为 C^k 函数或者光滑函数，是指它的所有分量都具有相应的性质。

泰勒公式

由（20）可知，如果 f 是 C^1 函数，那么函数 $g(t)=f(a+t(x-a))$（其中 $a\in\mathbf{R}^n$）便是可微的，而且具有导数 $\sum\partial_k f(a+t(x-a))(x_k-a_k)$。反复应用这个公式以及 g 的泰勒公式并作一些思考，就得到 n 个变量 x 的光滑函数的泰勒公式，即

$$f\in C^{k+1}\Rightarrow f(x)=\sum_{|\alpha|\leqslant k}\partial^\alpha f(a)\frac{(x-a)^\alpha}{\alpha!}$$

$$+\sum_{|\alpha|=k+1}\partial^\alpha f(a+\theta(x-a))\frac{(x-a)^\alpha}{\alpha!}. \qquad (22)$$

左边表示 f 是 C^{k+1} 函数，右边的 θ 是在 0 与 1 之 间 适 当选取的数，而

$$(x-a)^\alpha=(x_1-a_1)^{\alpha_1}\cdots(x_n-a_n)^{\alpha_n},\quad \alpha!=\alpha_1!\cdots\alpha_n!.$$

当 x 接近于 a 时，（22）的最后一项最多是 $|x-a|^{k+1}$ 的 常数倍，因而比前面各项小得多（如果它们不等于零）。利用泰勒公式，我们可以看出光滑函数在给定的一点附近的性态。比如说，如果 f 是 C^2 函数，$\partial_1 f(a)=0$，$\cdots$，$\partial_n f(a)=0$，但二次型

$$Q(h)=\sum_{|\alpha|=2}\partial^\alpha f(x)h^\alpha/\alpha!=2^{-1}\sum_{j,k=1}^n\partial_j\partial_k f(a)h_jh_k$$

是正定的，也就是说，当 $h\neq 0$ 时 $Q(h)>0$，则 f 在点 a 处具有局部严格极小值。

链式规则和雅可比矩阵

由微分规则可以推知，C^k 函数的和、积以及具有非零分母的商也都是 C^k 函数。又两个 C^k 函数的复合也是 C^k 函数。此事可由链式规则得出；这个规则是：如果 $g_1, \cdots, g_n$ 在一点 $y \in \mathbf{R}^p$ 处是可微的，而 f 在 $x = g(y) = (g_1(y), \cdots, g_n(y))$ 这点是可微的，则 $H = f \circ g$ 在点 y 是可微的，而且

$$\partial_k H(y) = \sum_{k=1}^{n} \partial_j f(x) \partial_k g_j(y)。 \qquad (23)$$

证明可由下面的公式得出：

$$f(g(y+h))$$

$$= f(g(y)) + \sum_{j=1}^{n} \partial_j f(x)(g_j(y+h) - g_j(y))$$

$$+ \varepsilon_1 |g(y+h) - g(y)|$$

$$= f(g(y)) + \sum_{j=1}^{n} \sum_{k=1}^{p} \partial_j f(x) \partial_k g_j(y) h_k + \varepsilon_2 |h|,$$

其中当 $g(y+h) - g(y) \to 0$ 时 $\varepsilon_1 \to 0$，而当 $h \to 0$ 时 $\varepsilon_2 \to 0$。

在链式规则中，出现了 n 个函数关于 p 个变量 $y_1, \cdots, y_p$ 的雅可比矩阵

$$g'(y) = (\partial_k g_j(y))。$$

取 j 为列标号，而 k 为行标号时，它是 $n \times p$ 型的矩阵。如果 $f = (f_1, \cdots, f_q)$ 是 x 的 q 个函数，并对于 f 的每个分量应用链式规则 (23)，那么链式规则也可以写成矩阵形式

$$(f \circ g)'(y) = f'(g(y)) g'(y)。 \qquad (24)$$

当 $n = p = q = 1$ 时，这就是计算复合函数的导数的规则，因此我们对于导数和雅可比矩阵都可以自由运用相同的记号。

例　平面上的极坐标

$$x_1 = r \cos \theta，\quad x_2 = r \sin \theta \qquad (25)$$

的雅可比矩阵是

$$\begin{pmatrix} \partial_r x_1 & \partial_\theta x_1 \\ \partial_r x_2 & \partial_\theta x_2 \end{pmatrix} = \begin{pmatrix} \cos\theta & -r\sin\theta \\ \sin\theta & r\cos\theta \end{pmatrix}, \tag{26}$$

其中 ∂_r 和 ∂_θ 代表关于相应变量的偏导数。对于空间的球极坐标

$$x_1 = r\cos\theta\cos\varphi, \quad x_2 = r\cos\theta\sin\varphi, \quad x_3 = r\sin\theta, \tag{27}$$

雅可比矩阵就是

$$\begin{pmatrix} \partial_r x_1 & \partial_\theta x_1 & \partial_\varphi x_1 \\ \partial_r x_2 & \partial_\theta x_2 & \partial_\varphi x_2 \\ \partial_r x_3 & \partial_\theta x_3 & \partial_\varphi x_3 \end{pmatrix}$$

$$= \begin{pmatrix} \cos\theta\cos\varphi & -r\sin\theta\cos\varphi & -r\cos\theta\sin\varphi \\ \cos\theta\sin\varphi & r\sin\theta\sin\varphi & r\cos\theta\sin\varphi \\ \sin\theta & r\cos\theta & 0 \end{pmatrix}. \tag{28}$$

局部光滑双射

无论在概念上、理论上，还是在数值计算上和实际应用上，下面的问题都是十分重要的。假设 $h(y)$ 是由 R^n 中一个子集到另一个子集的函数。在什么情况下，我们能够计算出 y，使它至少在局部上是 $x = h(y)$ 的函数？当 $n = 1$ 时，我们知道一个答案：只须 h 是 C^1 函数，而且 $h' \neq 0$；在这种情形下，$y = h^{-1}(x)$ 是 C^1 函数。对于多变量的情形，答案是一样的，只要我们把 $h' \neq 0$ 解释为雅可比矩阵是可逆的即可。我们把这表述为一个定理。

光滑函数的双射定理 假设 h 是由 R^n 到 R^n 的定义在 y_0 附近的 C^k 函数，并设 $k > 0$，而且雅可比矩阵 $h'(y_0)$ 是可逆的，则存在 y_0 的开邻域 V 以及 $x_0 = h(y_0)$ 的开邻域 W，使得 h^{-1} 是由 W 到 V 的 C^k 函数。

例 雅可比矩阵（26）仅仅在 $r = 0$ 处才是退化的。当 $r > 0$ 时，我们可以得到 $r = (x_1^2 + x_2^2)^{1/2}$ 而 $\theta = \arctan x_2/x_1$ 或者 $\theta = \operatorname{arccot} x_1/x_2$（至少局部上是 x 的函数）。当 $r = 0$ 时，θ 不再是 x 的函数。我们可以看出，雅可比矩阵（28）只有当 $r\cos\theta =$

0 时是退化的，这时 $x_3 = \pm r$（半径为 r 的球的北极和南极，θ 是纬度），而 φ（经度）不再是 x 的函数。当 $r\cos\theta \neq 0$ 时，我们可以算出 r，θ，φ（至少在局部上是 x 的函数）。

证　我们应用第四章的压缩映射定理。设 $A = (a_{jk})$ 为满秩方阵，并令 $g_h(z) = \sum a_{kj}z_j + y_{k0}$，则 $z \to y = g(z)$ 及 $y \to z = g^{-1}(y)$ 都是由 $\mathbf{R}^n$ 到 $\mathbf{R}^n$ 的 C^k 双射。因此只要对于复合函数 $h \circ g$ 来证明这个定理就行了。由链式规则（24）可得 $(h \circ g)'(0) = h'(y_0)A$。如果我们这样选取 A，使得右边是单位矩阵 E，而且把 z 改成 y，那么显然只要对 $y_0 = 0$，$h'(0) = E$ 的情形证明本定理就够了。自然我们还可以假定 $h(0) = 0$。这就意味着 $h(y) = y + H(y)$，其中 $H(y)$ 是 C^k 函数，满足 $H(0) = H'(0) = 0$。特别有

$|y| \leqslant \delta$，$|z| \leqslant \delta \Rightarrow |H(y) - H(z)| \leqslant c(\delta)|y - z|$，其中当 $\delta \to 0$ 时 $0 \leqslant c(\delta) \to 0$。事实上，由中值定理可知，

$$H_k(y) - H_k(z) = \sum \partial_j H_k(\theta_y + (1 - \theta)_z)(y_j - z_j),$$

其中 θ 介于 0 与 1 之间，而且各个导数 $\partial_j H_k$ 在原点附近都很小。于是我们就可以应用压缩映射定理，其中 $U = \mathbf{R}^n$，$T = H$，$u_0 = 0$，$T(u_0) = u_0$，并且 $c(\delta) < 1$。由此即知，h 是原点附近每个充分小的球 V 上的双射，h^{-1} 是连续的，而且 $h(V)$ 包含一个以原点为心的球。于是不难证明 h^{-1} 的可微性，并且 h 和 h^{-1} 同时都是 C^k 函数，但在此处不拟给出这个证明。

隐函数

在分析中，经常出现解 $f(t, x) = 0$ 这种类型的方程的问题，其中 $x = (x_1, \cdots, x_n)$ 是给定的实数，t 是未知数。换句话说，我们要得出 $t = t(x)$ 作为 x 的函数。如果 f 是 C^1 函数，而 t_0，x_0 满足 $f(t_0, x_0) = 0$ 和 $\partial_t f(t_0, x_0) \neq 0$，则当 x 靠近 x_0 时，方程 $f(t, x) = 0$ 有唯一的接近 t_0 的解 $t = t(x)$。而且当 $x = x_0$ 时 $t = t_0$。此外，这个解还是 x 的 C^1 函数。这个命题称为隐函数定理，它可以由双射定理推出。事实上，如果（比如说）$h_0 =$

$f(t, x)$，$h_1=x_1$，…，$h_n=x_n$ 而 $h=(h_0, …, h_n)$，则不难看出矩阵 $h'(t_0, x_0)$ 是可逆的。因此，存在着 $n+1$ 个变量 $y=(y_0, …, y_n)$ 的 C^1 函数 g_0，…，g_n，使得当 t，x 靠近 t_0，x_0 时，两个方程组 $y_0=h_0(t, x)$，…，$y_n=k_n(t, x)$ 和 $t=g_0(y)$，$x_1=g_1(y)$，…，$x_n=g_n(y)$ 具有相同的解。因为 $h_1=x_1$，…，所以 $g_1=y_1$，…，从而 $y_0=f(t, x)$ 和 $t=g_0(y_0, x)$ 便是等价的方程。因此，函数 $t(x)=g_0(0, x)$ 便具有所需的性质。当 f 是 C_k 函数时，它也是 C^k 函数。

例 当 $x>0$ 时，方程 $f(t, x)=t^2-x=0$ 有解 $t=x^{1/2}$，但是这个解在 $x=0$ 处不可微。如果 $x=t=0$，则 $\partial_t f=0$。

一般坐标

极坐标（25）和（27）都是 $\mathbf{R}^n$ 中的一般坐标的特殊情形。

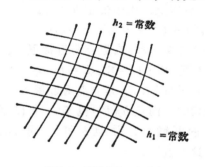

$h_2=$ 常数

$h_1=$ 常数

图7.4 平面上的一般坐标

所谓一般坐标，就是 $x \in \mathbf{R}^n$ 的函数 $y=h(x)$，其中 h 是 $\mathbf{R}^n$ 中的开集与开集之间的光滑双射。当 h 的分量都是一次多项式时，我们就得到线性代数中的平行坐标。当 $n=2$ 时，方程 $h_1=$ 常数和 $h_2=$ 常数代表彼此相互横截的两个曲线族（图7.4）。

7.5 偏微分方程

偏微分方程是一个多元函数及其偏导数之间的关系式，而偏微分方程组是几个多元函数及其偏导数之间的一组关系式。这样一般的定义显然需要用例子来说明，下面我们就举一些例子。

经典物理学中描述弹性体运动、液流和气流、热流以及电场和磁场如何随时间改变的数学模型，都是偏微分方程组的最重要的例子。我们将要讨论其中两个方程组。在这两个方程组中，当时刻为 t 时，物理介质在空间中一点 $x = (x_1, x_2, x_3)$ 的状态，由某个光滑函数 $u(t, x)$ 来描述，这里 $u(t, x)$ 可以具有一个或者几个分量；而方程组则用 u 在 t，x 处的空间导数来表示 u 在 t，x 处的变化率 $\partial_t u$。换句话说，状态函数 u 在点 x 如何随 t 变化，只是依赖于当时刻为 t 时，u 在 x 附近的性态。事实上，空间导数可由这个性态给出。有时加速度 $\partial_t^2 u$ 用 $\partial_t u$ 及空间导数来表示。这种情形可以归结为前一种情形，只要我们把 $\partial_t u$ 也并入状态函数中，也就是引进一个新的状态函数 $t, x \to (u, v)$，并在方程组中加进方程 $\partial_t u = v$。

弹性

我们假定，开始时在 x 轴上 a，b 两点之间拉紧一条均匀的、有弹性的弦，而在外力作用下这弦在 x，y 平面上做微小的运动。设 $u(t, x)$ 为 x 点在 y 方向上的偏移（图7.5）。在弦

图7.5 弦对静止位置的偏移

运动的最简单的模型中，它的偏移是一个光滑函数 u，这个函数满足微分方程

$$a < x < b \Longrightarrow c^{-2}\partial_0^2 u - \partial_x^2 u = 0, \qquad (29)$$

其中 $c > 0$ 是表示弦的特性的数。如果 f 和 g 都是 C^2 函数，则

$$u(t, x) = f(x + ct) + g(x - ct) \qquad (30)$$

便是方程的一个解，而且不难证明，每个 C^2 解都具有这种形式。函数 $v(t, x) = f(x + ct)$ 和 $w(t, x) = g(x - ct)$ 分别是更简单的微分方程

$$\partial_t v - c\partial_x v = 0 \text{ 和 } \partial_t w + c\partial_x w = 0$$

的解。它们代表弦的运动，这些运动可以分别简单地描述为以速度 c 向右和向左传播的波（图7.6）。方程(29)并不能唯一地决定运

动。我们必须将它添上初始条件，也就是弦在某一给定时刻的位置和速度，还必须添上边界条件，也就是关于端点的运动状态。最简单的情形是弦完全不动，即 $u = h(x)$ 只与 x 有关。此时方程就化为 $h'' = 0$，因而 $u = Ax + B$ 便是一阶多项式。于是细线即为一条直线，并且由它在端点的位置 $h(a)$ 和 $h(b)$ 唯一决

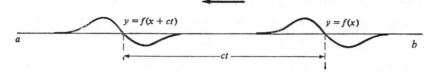

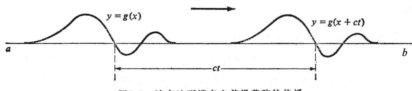

图7.6 波在达到端点之前沿着弦的传播

定。在无限长的弦的情形下，函数

$$u(t, x) = 2^{-1}[v(x + ct) + v(x - ct)]$$

是初值问题 $u(0, x) = v(x)$，$\partial_t u(0, x) = 0$ 的解。它的解释是这样的：在时刻 0 我们使弦处于位置 v，然后将它放松。结果由 v 产生两个沿着相反方向以速度 c 传播的波。借助于公式 (30)，可以用初等的方式回答大量关于弦在各种不同的边界条件之下如何运动的问题，但这样会使我们离题太远，因而我们就不去讨论了。

由一个空间变量 x 过渡到两个空间变量 x_1，x_2，或者三个空间变量 x_1，x_2，x_3 时，(29) 就分别变成

$$c^{-2}\partial_t^2 u - \partial_1^2 u - \partial_2^2 u = 0 \text{ 和 } c^{-2}\partial_t^2 u - \partial_1^2 u - \partial_2^2 u - \partial_3^2 u = 0 。$$

例如，第一个方程描述的物理情况，是张在 x_1，x_2 平面的一个区域 V 上的均匀弹性薄膜的运动。第二个方程是著名的波动方程，它描述光波和声波的传播。在这两种情形下，c 都是传播速

度．它们的与时间无关的解满足两个和三个变量的拉普拉斯方程 $\partial_1^2 u + \partial_2^2 u = 0$ 和 $\partial_1^2 u + \partial_2^2 u + \partial_3^2 u = 0$，而且叫做调和函数。求 R^2 或者 R^3 中的开集 V 上的调和函数，使它在 V 的边界上取得 已 给值 的问题，称为狄利克雷问题。如果 V 的边界和边界值 都 是 光 滑 的，狄利克雷问题就具有唯一解。这个命题有许多证明，而且所 有的证明都和数学分析发展过程中某个决定性的一步 联 系 在 一 起。在第四章末尾，我们叙述了黎曼在1851年用现代泛函分析形 式表述的证明。

热传导

我们把 x 轴上一个区间 $a < x < b$ 想像为一个均匀的热传导 杆。假设 $u(t,x)$ 是杆上一点 x 在时刻 t 的温度。在最简单的 热传导模型中，u 满足偏微分方程

$$a < x < b \Longrightarrow \partial_t u - c \partial_x^2 u = 0,$$

它称为热方程。这里 $c > 0$ 是度量杆的热传导率的常数。为了简 单起见，取 $c = 1$；当 $t > 0$ 时，对于一切 x，

$$u(t,x) = (2\pi t)^{-1/2} e^{-x^2/2t}$$

都是方程的解。对于小的 $t > 0$，在 $x = 0$ 附近温度很高，而离 $x = 0$ 很远时，温度就越来越低了。随着 t 的增加，热从原点传 播开去，温度差别也逐渐消失。在概率论中，函数 u 也作为具有 方差 t 的正态分布的频率函数出现。

波动方程和热方程都是线性方程，也就是它们具有 $F = 0$ 的 形式，其中 F 是未知函数及其导数的一次多项式。流体力学的微 分方程是非线性的，这个方程我们不讲了。如果把它们写成 $F = 0$ 的形式，则 F 中含有未知函数及其导数的乘积。一般说来，线 性方程要比非线性方程容易处理。

广义函数

物理学中最简单的数学模型，都是极为理想化的。质点被当 作当然的事来接受，而在讨论波的传播时，我们就会毫不犹豫地

把图7.6中的光滑波用三角形的波来代替．这时函数 f 和 g 不 再是处处可微的．方程（30）仍旧存在，但(29)已经没有意义了．这是一个例子，它说明长期以来人们总是企图在微分法中去微分不具有导数的函数．过去我们采取了安全措施，只是考虑光滑函数，但是还有其他的办法．我们可以把微分法由光滑函数推广到称为分布的一类广义函数上，使得所有的代数规则本质上仍旧成立.这个理论是 L.施瓦兹在本世纪 40 年代建立的．其出发点是分部积分公式，这个我们将要在下一章加以讨论．

历史

弹性理论及流体力学的基本微分方程，出现于1750年到1850年的期间．热传导是1822年傅里叶在一本著名的书《热的解析理论》(Théorie Analytique de la Chaleur) 中讨论的．电磁学的基本方程，通过麦克斯韦尔在1860年得到最终的形式．带电液体和气体的运动方程，在天文学和等离子体物理学中都有 应 用，它从 30 年代起就有人开始研究．能够表现为这些模型的许多初值问题和边值问题，在数学分析的发展中是非常重要的．事实证明，这类流体力学问题研究起来特别困难．其原因不仅由于数学分析很困难，而且把模型和现实联系起来也往往并不容易．

在数学分析中，也研究偏微分方程本身的问题．在本世纪初期专门化时代到来之前，大数学家大都对这门学科做出了 贡 献，例如高斯、柯西、黎曼、庞加莱、希尔伯特等．自从1950年广义函数成为分析的新工具而出现以后，偏微分方程的一般理论已经稳步成长并得到迅速发展．

7.6 微 分 形 式

到现在为止，我们还和莱布尼茨式的微分法保持一段距离．他把导数写成商

$$f'(x)=df(x)/dx.$$

这个式子背后的想法是，这个商是当 Δx 趋近于零时，差 $\Delta f(x)$ $= f(x+h)-f(x)$ 与 $\Delta x=(x+h)-x$ 之商的极限，同时差 $\Delta f(x)$ 和 Δx 趋近于微分 $df(x)$ 和 dx。而公式 $df(x)=f'(x)dx$ 就是这种观点的推论。用微分自由地进行运算时，可以得出许多漂亮的公式，但是微分作为不等于零的无穷小量这种概念是靠不住的，因而被放弃了。在今日的微分法中，微分是向量，它们可以相乘，从而产生出微分形式——微分的乘积的线性组合。在一小节关于向量乘积的预备知识之后，我们将要指出这是如何得出来的。

向量的乘积和格拉斯曼代数

假设 e_1, $\cdots$, e_n 是实向量空间 L 的一组基。此时两个向量 $u=a_1e_1+\cdots+a_ne_n$ 和 $v=b_1e_1+\cdots+b_ne_n$ 线性相关的条件就可以表示为：对于所有的 j 和 k，都有

$$a_jb_k-a_kb_j=0. \tag{31}$$

事实上，假如（比如说）$u=cv$ 是 v 的倍式，则 $a_j=cb_j$ 对于所有的 j 都成立，从而即可得出(31)。反之，如果 (31) 成立，则对于所有的 k，总有 $b_ku=a_kv$，因此 u 和 v 线性相关。条件(31)也可以用向量积 $u \wedge v$ 来表示。所谓向量积，就是由 $L \times L$ 到现在尚未定义的线性空间 $L \wedge L$ 中的映射，它具有下列性质：函数 $u \to u \wedge v$ 和 $v \to u \wedge v$ 都是线性的，$v \wedge u = -u \wedge v$，当 $e_1, \cdots,$ e_n 是 L 的一组基时，所有的 $e_j \wedge e_k$（其中 $j < k$）组成 $L \wedge L$ 的一组基。事实上，这时 $u \wedge v = (a_1e_1+\cdots+a_ne_n) \wedge (b_1e_1+\cdots+b_ne_n)$ 是 n^2 项 $a_jb_ke_j \wedge e_k$ 之和，从而等于

$$\sum_{j<k} (a_jb_k-a_kb_j)e_j \wedge e_k.$$

由此即可推出，$u \wedge v = 0$ 与(31)是等价的。假如我们继续上面的作法构成两个以上向量的向量积及其线性组合，我们就得出一个数学对象 $G(L)$，它在1840年左右由格拉斯曼所发明，现在称为 L 上的格拉斯曼代数。它是由 $q \leqslant n$ 个因子的乘积 $u_1 \wedge \cdots \wedge u_q$

的线性组合构成的，其中 $u_1 \wedge \cdots \wedge u_q$ 称为 q 向量，它们属于尚未详细说明的线性空间 $\wedge^q L = L \wedge \cdots \wedge L$（$q$ 个因子），并具有下列性质：所有的函数 $u_k \to u_1 \wedge \cdots \wedge u_k \wedge \cdots \wedge u_q$ 都是线性的，当两个因子互换时，向量积变号，又当 $e_1, \cdots, e_n$ 是 L 的一组基时，所有的 $e_{i_1} \wedge \cdots \wedge e_{i_q}$（其中 $i_1 < \cdots < i_q$）构成 $\wedge^q L$ 的一组基。任何线性空间 L 都具有格拉斯曼代数，而且其乘法满足结合律和分配律，这个命题的证明并不难但是有点冗长，这里我们就不给出了。现在我们来证明，如果 q 个向量

$$u_1 = \sum a_{1k} v_k, \quad \cdots, \quad u_q = \sum a_{qk} v_k$$

都是 q 个另外的向量 $v_1, \cdots, v_q$ 的线性组合，那么

$$u_1 \wedge \cdots \wedge u_q = \det(a_{jk}) v_1 \wedge \cdots \wedge v_q, \tag{32}$$

其中行列式 $\det(a_{jk})$ 由第四章公式（2）来定义，但将 n 改为 q。此式的证明是使用求和记号的一个练习。令 $u_j = \sum a_{jk} v_{k_j}$，其中对 $k_j = 1, \cdots, q$ 求和，则

$$u_1 \wedge \cdots \wedge u_q = \sum a_{1k_1} \cdots a_{qk_q} v_{k_1} \wedge \cdots \wedge v_{k_q},$$

其中对 $k_1, \cdots, k_q$ 求和。在右边的向量积中，如果有两个求和标号相等，则相应的向量积等于零。当 $k_1, \cdots, k_q$ 各不相同时，向量积等于 $\varepsilon v_1 \wedge \cdots \wedge v_q$，其中 $\varepsilon = +1$ 按照置换是偶置换或者奇置换而定。这样就证明了这个命题。最后让我们提一下，q 个向量 $u_1, \cdots, u_q$ 线性无关，当且仅当 $u_1 \wedge \cdots \wedge u_q \neq 0$。事实上，倘若（比如说）$u_1$ 是其他向量的线性组合，$u_1 = b_2 u_2 + \cdots + b_q u_q$，那么向量积 $u_1 \wedge u_2 \wedge \cdots \wedge u_q$ 便是向量积 $v \wedge u_2 \wedge \cdots \wedge u_q$ 的线性组合，其中 v 是向量 $u_2, \cdots, u_q$ 当中的一个，从而等于零。反之，假如 $u_1, \cdots, u_q$ 线性无关，那么它们便可以完备化而成为 L 的一组基，于是 $u_1 \wedge \cdots \wedge u_q$ 即为 $\wedge^q L$ 的基中的一个元素，从而不等于零。由此可以推出，比如说，所有 $\neq 0$ 的 n 维向量都是互成比例的。

$\mathbf{R}^n$ 中的微分

由 $\mathbf{R}^n$ 中的开集 V 到 $\mathbf{R}$ 的一个函数 f 的微分，其近代定义如

下．对于 V 中每个 x，我们指定一个非特定的线性空间 V_x（具有基 dx_1, $\cdots$, dx_n）与它对应，于是可微函数 f 的微分 $df(x)$ 就是 V_x 中由

$$df(x)=\partial_1 f(x)dx_1+\cdots+\partial_n f(x)dx_n \qquad (33)$$

所定义的向量。因此，当 x 改变时，微分就属于不同的线性空间，但我们无需对此感到不安。于是我们现在可以把微分规则非常简便地写出来：

$$d(f+g)=df+dg, \quad d(fg)=fdg+gdf,$$
$$f\neq 0 \Longrightarrow d(1/f)=-(1/f^2)df.$$

在微积分的最初等的教科书中，就已经出现这些公式了。下面我们只考虑光滑函数。链式规则 (23) 可以写成在点 y 的微分之间的一个关系，即

$$x=g(y)\Longrightarrow d(f\circ g)(y)=\sum\partial_j f(x)dg_j(y),$$

或者，假如我们愿意的话，可以写成

$$d(f\circ g)=(df)\circ g, \qquad (34)$$

此式右边表示，在 $df(x)=\sum\partial_j f(x)dx_j$ 中，我们要用 $g(y)=(g_1(y),\cdots,g_n(y))$ 来代替 x。假设 S 是这个运算，也就是代换 $x\to g(y)$，那么也可以把这公式写成 $dSf=Sdf$，或者不考虑 f 而写成 $dS=Sd$。我们将把这个公式表述为

莱布尼茨引理 微分算子 d 与代换是可以交换的。

现在举几个例子。如果 $f(x)=x_1^2+x_2^2$，则 $df(x)=2x_1dx_1+2x_2dx_2$，此时令 $x_1=\cos t$，$x_2=\sin t$，则 $f(x)=1$，$df(x)=2\cos t d\cos t+2\sin t d\sin t=2(-\sin t\cos t+\sin t\cos t)dt=0$，另一方面的确有 $d1=0$。又由 $dt^2=2tdt$ 及代换 $t=f(x)$，可以得出 $df(x)^2=2f(x)df(x)$，而这公式的确也成立。

根据莱布尼茨引理，在计算微分时，我们随时都可以把我们的变量代换成另外一些变量的函数，而所有的等号都仍然保持成立。正是这个性质使得微分代数有非常大的用处。这个引理是莱布尼茨的直观和技巧的纪念碑。下面是一个应用。n 个变量 $x=(x_1,\cdots,x_n)$ 的 n 个函数 $g(x)=(g_1(x),\cdots,g_n(x))$ 的雅

可比矩阵 $g'(x)$ 在 x 处是满秩的，就是指微分 $dg_1(x),\cdots,$ $dg_n(x)$ 是线性无关的。事实上，线性无关性的精确含义，就是含阵的行是线性无关的。于是，每个微分 $df(x)$ 都是一个线性组合 $a_1(x)dg_1(x)+\cdots+a_n(x)dg_n(x)$，而我们可以断言，系数 $a_1,$ $\cdots,$ a_n 正好就是函数 f 关于变量 $y_1=g_1(x),\cdots,$ $y_n=g_n(x)$ 的偏导数。事实上，把 $x=g^{-1}(y)$ 看成是 y 的函数时，我们就得到 $df(x)=a_1(x)dy_1+\cdots+a_n(x)dy_n$。

我们已经把微分及其线性组合定义为线性空间 V_x 的向量。因此，我们也可以作出微分的向量积。这里 n 个微分的向量积就是 $dx_1\wedge\cdots\wedge dx_n$ 的一个倍式，换言之我们有
$$df_1(x)\wedge\cdots\wedge df_n(x)=J(x)dx_1\wedge\cdots\wedge dx_n.$$
根据（32）可知，因子 $J(x)$ 正好就是雅可比行列式，它的定义是雅可比矩阵的行列式。雅可比行列式在积分理论中也会出现。为了将来的应用，并且为了表明如何使用微分法，我们现在来计算由（25）和（27）所定义的极坐标的雅可比行列式。首先，
$$x_1=r\cos\theta,\quad x_2=r\sin\theta \Longrightarrow dx_1\wedge dx_2=rdr\wedge d\theta. \tag{35}$$
事实上（注意到 $dr\wedge dr=0$，$d\theta\wedge d\theta=0$），
$$\begin{aligned} dx_1\wedge dx_2 &=(\cos\theta\, dr-r\sin\theta\, d\theta)\wedge(\sin\theta dr+r\cos\theta\, d\theta)\\ &=\cos^2\theta rdr\wedge d\theta-\sin^2\theta rd\theta\wedge dr\\ &=rdr\wedge d\theta. \end{aligned}$$

三个变量的相应公式是
$$x_1=r\cos\theta\cos\varphi,\quad x_2=r\cos\theta\sin\varphi,\quad x_3=r\sin\theta$$
$$\Longrightarrow dx_1\wedge dx_2\wedge dx_3=-r^2\cos\theta\, dr\wedge d\theta\wedge d\varphi, \tag{36}$$
而这可以由下面的计算来证明：
$$x_1=u\cos\varphi,\quad x_2=u\sin\varphi\Longrightarrow dx_1\wedge dx_2=udu\wedge d\varphi,$$
$$u=r\cos\theta,\quad x_3=r\sin\theta\Longrightarrow du\wedge dx_3=rdr\wedge d\theta,$$
并注意到
$$dx_1\wedge dx_2\wedge dx_3=udu\wedge d\varphi\wedge dx_3=-udu\wedge dx_3\wedge d\varphi.$$

微分形式

设 $a_1, \cdots, a_n$ 为 $\mathbf{R}^n$ 中某个开集 V 上的光滑函数，则表达式

$$\omega(x) = a_1(x)dx_1 + \cdots + a_n(x)dx_n \qquad (37)$$

称为普法夫形式。这是为纪念普法夫的，他在 19 世纪初写下了这些表达式。莱布尼茨的神奇的记号 d，也可以施行在普法夫形式上。我们可以简便地定义

$$d\omega(x) = da_1(x) \bigwedge dx_1 + \cdots + da_n(x) \bigwedge dx_n, \qquad (38)$$

其中右边是 $V_x \bigwedge V_x$ 中的一个二维向量。如果 $\omega(x) = df(x)$ 是一个微分，那么由此即可得出

$$d^2f(x) = \sum_k d\partial_k f(x) \bigwedge dx_k = \sum_{j-k} \partial_j \partial_k f(x) dx_j \bigwedge dx_k = 0.$$
$$\qquad (39)$$

由于 $\partial_j \partial_k f = \partial_k \partial_j f$ 但 $dx_j \bigwedge dx_k + dx_k \bigwedge dx_j = 0$，所以最后的和式等于零。在下一章积分理论中，我们将要证明 (39) 的逆定理，它断言每个满足 $d\omega = 0$ 的普法夫形式 ω 都是一个函数的微分。下面是 (38) 的一些例子，它们出现于线积分理论中：

$$\omega = Pdx + Qdy \Longrightarrow d\omega = (Q_x - P_y)dx \bigwedge dy, \qquad (40)$$
$$\omega = Pdx + Qdy + Rdz \Longrightarrow$$
$$d\omega = (R_y - Q_z)dy \bigwedge dz + (P_z - R_x)dz \bigwedge dx$$
$$+ (Q_x - P_y)dx \bigwedge dy. \qquad (41)$$

在第一个公式中，x，y 是实变量，而 P，Q 是它们的光滑函数，下标 x，y 表示关于它们的相应偏导数。在第二个公式中，x，y，z 是实变量而 P，Q，R 是光滑函数。为了证明 (40)，我们进行下面的计算：

$$d\omega = (P_x dx + P_y d_y) \bigwedge dx + (Q_x dx + Q_y d_y) \bigwedge dy$$
$$= P_y dy \bigwedge dx + Q_x dx \bigwedge dy = (Q_x - P_y)dx \bigwedge dy,$$

然后读者可以自己来证明 (41)。(35) 到 (41) 中的和都是微分形式的例子，微分形式就是有限和

$$\omega(x)=\sum a(x)df_1(x)\wedge\cdots\wedge df_q(x),$$

其中的和取遍有限多个函数 a，f_1，$\cdots$，f_q。如果 q 是常数，则称 ω 为 q 形式．函数是 0 形式而普法夫形式是 1 形式．任何 q 形式都可以唯一地写成

$$\omega(x)=\sum a_{i_1\cdots i_q}(x)dx_{i_1}\wedge\cdots\wedge dx_{i_q},$$

其中对于所有的 $i_1<\cdots<i_q$ 求和．于是 $\omega(x)$ 的微分就定义为

$$d\omega(x)=\sum da_{i_1\cdots i_q}(x)\wedge dx_{i_1}\wedge\cdots\wedge dx_{i_q}. \tag{42}$$

积分理论中出现的一个例子如下，这里也采用了（41）中的记号：

$$d(Pdy\wedge dz+Qdz\wedge dx+Rdx\wedge dy)=(P_x+Q_y+R_z)dx$$
$$\wedge dy\wedge dz. \tag{43}$$

我们建议读者做为练习来证明它。

有一个极为重要的事实是，当 d 运算于微分形式时，莱布尼茨引理也成立．我们对（37）所给出的 1 形式来证明．根据（38）可知，对于函数 f，我们有 $d(f\omega)=df\wedge\omega+fd\omega$．因此由（39）即知，当 f，g 都是函数时，$d(fdg)=df\wedge dg$．现在令 $x=g(y)$，于是

$$d(\omega\circ g)=d(a_1\circ g(y)dg_1(y)+\cdots)$$
$$=d(a_1\circ g)(y)\wedge dg_1(y)+\cdots$$
$$=(d\omega)\circ g,$$

这就是我们的断语．对于 q 形式，计算也是一样的。

7.7 流形上的微分法

我们已经有了微分法的所有基本工具供我们使用，现在要把微分法应用于计算光滑曲线和曲面的切线、切面和法线等等，这些应用和微分法本身的历史一样的悠久．我们只须讨论超曲面（即 R^n 中由单独一个方程定义的流形），就能一下子把曲线、曲面的情形都解决，同时又能对于 R^n 的几何学提供一种看法．超曲面还可以用来引进光滑流形的概念；如果已经讲到光滑映射的

双射定理，这种概念是不难掌握的。只有用到流形上时，微分法的全部威力才会显示出来。这里我们还要谈到它与拓扑学的关系。在本章末尾，我们要讲到这两者的连系——德·拉姆复形。

R^n 中的超曲面和曲线，切线和法线

设 f 为 R^n 上的实值光滑函数，固定 $y \in R^n$，并设 $f(y) = 0$。当 x 接近于 y 时，方程 $f(x) = 0$ 的几何意义是什么？如果 $df(y) \neq 0$，那么答案便由隐函数定理给出。事实上，如果偏导数 $\partial_1 f(y)$，…，$\partial_n f(y)$ 当中有一个不等于零，假设是 $\partial_1 f(y) \neq 0$，则当 x 接近于 y 时，方程 $f(y) = 0$ 就等价于一个方程 $x_1 = h(x_2, \cdots, x_n)$，其中 h 是在 $(y_2, \cdots, y_n)$ 附近定义的光滑函数，它并且在 $(y_2, \cdots, y_n)$ 这点等于 y_1。当 $n = 2$ 时，这就是曲线的方程；当 $n = 3$ 时，这就是曲面的方程；而在一般情形下，就是所谓超曲面的方程。我们顺便指出，超曲面还可以由方程组

$$x = h(t) = (h_1(t), \cdots, h_n(t)) \tag{44}$$

给出，其中 $t = (t_2, \cdots, t_n)$ 取遍 R^{n-1} 的一个开子集，$t \rightarrow h(t)$ 是双射，而在这个开集内，微分 $dh_1, \cdots, dh_n$ 当中正好有 $n - 1$ 个线性无关。这并没有给出什么新东西；事实上，比如说，$dh_2, \cdots, dh_n$ 在对应于 $y \in R^n$ 的一点 s 是线性无关的，则由双射定理可知，$t_2, \cdots, t_n$ 在 $y_2, \cdots, y_n$ 附近是 $x_2, \cdots, x_n$ 的光滑函数，于是 (44) 就意味着，x_1 在 y 附近是 $x_2, \cdots, x_n$ 的光滑函数。

现在假设 $f(x) = 0$ 在 y 附近是一个超曲面的方程，其中 $f(y) = 0$，$df(y) \neq 0$，并考虑公式

$$(x_1 - y_1)\partial_1 f(y) + \cdots + (x_n - y_n)\partial_n f(y) = 0 。 \tag{45}$$

当 $n = 2$ 时，这是直线的方程；当 $n = 3$ 时，这是平面的方程；而在一般情形下，这就是超平面的方程，它们都通过 y，并称之为在 y 点与所给超曲面相切。为了理解这一点，我们注意到，如果 R^n 中的一条直线 $x = y + at$（其中 $a \neq 0$ 属于 R^n，而 t 是一

个实变数) 位于这个超平面上，则 $\sum_1^n a_k \partial_k f(y) = 0$，因而由泰勒公式即知，

$$f(y+at) = f(y) + t \sum_1^n a_k \partial_k f(y) + t^2 H(t)$$

$$= t^2 H(t),$$

其中 H 是有界的. 具有上述性质的向量 a，称为在 y 点与所给超曲面相切 (参看图7.7). 例如，设 $f(x) = c_1 x_1^2 + \cdots + c_n x_n^2 - 1$，其中各个 c_k 至少有一个是正数. 因为当 $n = 2$ 时，超曲面 $f(x) = 0$ 就是圆锥曲线，所以超曲面 $f(x) = 0$ 也称为锥面. 在这种情形下，(45)可以写成

$$c_1 x_1 y_1 + \cdots + c_n x_n y_n = 1,$$

它是一个锥面的切超平面的经典公式.

因为(45)是切超平面的方程,故梯度向量 $\partial f(y) = (\partial_1 f(y), \cdots, \partial_n f(y))$ 的一切倍数都称为超曲面 $f(x) = 0$ 在 y 点的法向量 (参看图7.7). 单位法向量就是长度等于1的法向量. 有两个单位法向量，它们彼此方向相反. 当超曲面由(44)的形式给出时，法向量可以用另外一种方法来计算. 考虑微分形式

$$\sigma_k = \sigma_k(x) = (-1)^k dx_1 \wedge \cdots \wedge dx_{k-1} \wedge dx_{k+1}$$

$$\wedge \cdots \wedge dx_n.$$

特别是对于所有的 k，$dx_k \wedge \sigma_k(x) = dx_1 \wedge \cdots \wedge dx_n$. 在超曲面上，也就是当 $x = h(t)$ 时，所有的 σ_k 都是 $dt_2 \wedge \cdots \wedge dt_n$ 的倍数，因而

$$\sigma_k = J_k(x) dt_2 \wedge \cdots \wedge dt_n, \quad k = 1, \cdots, n.$$

向量 $J = (J_1, \cdots, J_n) \neq 0$ 是超曲面在点 x 的法向量. 事实上，因为在超曲面上，微分 $dx_1, \cdots, dx_n$ 当中正好有 $n - 1$ 个是线性无关的，所以 J 不等于零. 又因为在超曲面上 $df(x) = \partial_1 f(x) dx_1 + \cdots + \partial_n f(x) dx_n = 0$，所以取它与 $dx_1 \wedge \cdots$ (其中去掉 dx_p, dx_q) 的乘积即可推知，对于所有的 p 和 q，都有

$\partial_p f(x) J_q(x) - \partial_q f(x) J_p(x) = 0$,因而 J 就是梯度向量 $\partial f(x)$ 的一个倍数。

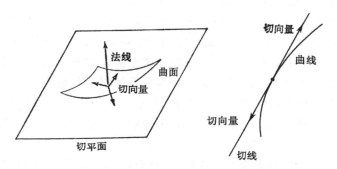

图7.7 曲面的切平面、切向量和法向量。曲线的切线

$\mathbf{R}^n$ 中的曲线由方程（44）来定义，其中的 t 现在只 是 一 个实变量，而且 $h'(t) \neq 0$。此时直线 $x = h(u) + s h'(u)$（s 在 $\mathbf{R}$ 中变动）与曲线相切于 $y = h(u)$ 这点。向量 $h'(u)$ 的所有倍数，称为在 y 点与所给曲线相切（见图7.7）。单位切向量就是长度为1的切向量；它们一共有两个，彼此方向相反。

应用微分法来研究曲线和曲面的学科，称为微分几何学。我们这里所谈的只不过是微分几何学的初步，是一种粗略的概念框架。它的进一步推广还有，比如说，曲率理论，其中包含高斯、黎曼以及当代数学家的深奥结果。微分几何学不仅在数学上非常有趣，它还是广义相对论的主要组成部分之一。

$\mathbf{R}^n$ 中的流形

$\mathbf{R}^n$ 中的 1 维流形是曲线，$(n-1)$ 维流形是超曲面。$\mathbf{R}^n$ 中的 p 维流形的正式定义如下：

假设 $h(t) = (h_1(t), \cdots, h_n(t))$ 是实变量 $t = (t_1, \cdots, t_p)$ 的 n 个光滑实函数（$p \leqslant n$），它们定义在 $\mathbf{R}^p$ 中的 某个开子集上。考虑 V 到 $\mathbf{R}^n$ 的函数

$$t \longrightarrow x = h(t). \tag{46}$$

如果 h 是双射,并且对于 V 中的每个 t,微分 $dh_1(t)$, $\cdots$, $dh_n(t)$ 当中都正好有 p 个是线性无关的（因为它们是 dt_1, $\cdots$, dt_p 的线性组合,所以 p 就是最大可能的数目）,则称像 $h(V)$ 为 p 维（光滑）流形,或者简称为 p 流形。更一般地说,$\mathbf{R}^n$ 中的 p 流形定义为 R^n 的一个子集,它是至多可数个这种 $h(V)$ 的并集,这些部分如此拼在一起,使得任意两个部分或者不相交或者相重叠,而且每个部分最多只和有限多个其他部分相重叠。

不太严格地讲,$\mathbf{R}^n$ 中的 p 流形（$n \geqslant p$,通常 n 比 p 大得多）是这样一种东西,它整体上看起来可能十分复杂,但局部看起来却正像 $\mathbf{R}^p$ 中的开集。这类对象是曲线和曲面的自然推广,但它们也出现于经典力学中;说得更确切些,出现于物理系统的状态的数字描述中。此时 $x = (x_1, \cdots, x_n)$ 的分量描述系统状态的位置、方向、可能还有速度,而流形 M 就是所有可能状态的集合,而它的维数就是系统的自由度数。一个简单的例子是:一端固定在原点的杆的位置空间。设 l 为杆长,则相应的流形（比如说）是球面 $x_1^2 + x_2^2 + x_3^2 = l^2$,这是 $\mathbf{R}^3$ 中的 2 流形。如果这个杆是不固定的,那么它的位置的空间就是 $\mathbf{R}^6$ 中的 5 流形,这个流形由 $(x_1 - y_1)^2 + (x_2 - y_2)^2 + (x_3 - y_3)^2 = l^2$ 来定义。

局部看来,流形是超曲面的交集。事实上,假设 $f_{p+1}, \cdots, f_n$ 是 $\mathbf{R}^n$ 上的光滑实函数,它们在 y 点等于零,而其微分在 y 点线性无关,那么,把我们关于超曲面的论述稍加推广就可以证明,如果 x 接近于 y,则方程 $f_{p+1}(x) = 0$, $\cdots$, $f_n(x) = 0$ 等价于一组方程(46),其中 $t_1, \cdots, t_p$ 是由变量 $x_1, \cdots, x_n$ 当中选出来的 p 个变量,使得它们的微分和 $f_{p+1}, \cdots, f_n$ 的微分合在一起线性无关。反之,如果 M 是 p 流形,它在 $h(s) = y(\in M)$ 附近由(46)给出,并且（比如说）$dh_1, \cdots, dh_p$ 是线性无关的,则由双射定理可知,在 $s = (s_1, \cdots, s_p)$ 附近,$t_1, \cdots, t_p$ 是 $x_1, \cdots, x_p$ 的光滑函数,从而在 y 附近,(46)就等价于 $n - p$ 个方程: $x_{p+1} - g_{p+1}(x_1, \cdots, x_p) = 0, \cdots, x_n - g_n(x_1, \cdots, x_p) = 0$,其中 $g_{p+1}, \cdots, g_n$ 都是光滑函数。

图和图册

让我们使用有启发性的术语，来使流形M的定义更加生动。二元组（h，V）（其中h是如上所述的由V到M的映射）称为图，变量t称为点$x = h(t)$的坐标（有时称为参数），$h(V)$称为M的附图子集。有时V也简称为图。M的图册是至多可数个图的集合，使得它的所有附图区域覆盖M，并且每一附图区域最多与有限个其他附图区域相交。

图7.8表示两个图，其附图区域相重叠。注意在交集N $= h(V) \bigcap h'(V')$ 中，每个x都有两个坐标t与t'，而由等式$x = h(t) = h'(t')$就得出两个图V与V'的子集$h^{-1}(N)$和$h'^{-1}(N)$之间的双射。这个双射是光滑的。事实上，根据双射定理，

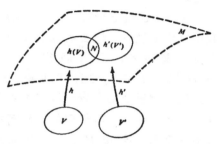

图7.8　两个图V及V'，相应的附图区域$h(V)$和$h'(V')$以及它们的交集

如果适当选取变量$x_1 = h_1(t)$，$\cdots$，$x_n = h_n(t)$，则t就是它们的光滑函数，从而t也成为t'的光滑函数。

下面举几个图与图册的例子。首先考虑椭圆的上半部$(x/a)^2 + (y/b)^2 = 1$，其中$y > 0$。它有一个图（h，V），由下列各式给出：

$$x = h_1(t) = t，\quad y = h_2(t) = b[1 - (t/a)^2]^{1/2}，$$

而V是区间$-a < t < a$。注意，当$t = \pm a$时，h_2就不再是光滑函数。我们可以说x被取为椭圆上半部的坐标，这样来给出这个图的一种简短的描述。变量x也是下半部的坐标（改变h_2的符号）。在椭圆的左半部和右半部，可以取y为坐标。所有这些图就构成一个具有四张图的图册。由三角函数可以给出另外的图，例如（h，V），其中

$$x = h_1(t) = a\cos t，\quad y = h_2(t) = b\sin t，$$

t 落在长度 $<2\pi$ 的开区间 V 中。两张这样的图就给出椭圆的一个图册，只要它们拼在一起能够覆盖长度至少为 2π 的闭区间即可。

同样也可以讨论椭球面 $(x/a)^2+(y/b)^2+(z/c)^2=1$。以 x，y，z 为坐标时，我们就得到具有六张图的图册，这六张图分别对应于椭球面的子集，其中一个坐标 <0 或者 >0。三角函数给出了另外的图，例如（我们现在不写出 h 和 V，使得表示不太严格）

$$x=a\cos\theta\cos\varphi, \quad y=b\cos\theta\sin\varphi, \quad z=c\sin\theta,$$

其中（比如说）$-\pi/2<\theta<\pi/2$，$0<\varphi<2\pi$。这个图覆盖了整个椭球面，只有曲线 $x=a\cos\theta$，$y=0$，$z=c\sin\theta$（$-\pi/2<\theta<\pi/2$），以及点 $(0,0,-c)$ 和 $(0,0,c)$ 没有被盖住。这里如果令 $\cos\theta=(1+t^2)^{-1/2}$，$\sin\theta=t(1+t^2)^{-1/2}$，$a=b=c=1$，就得到单位球面去掉两极和连接它们的一个半圆的一个图，这里 V 是 $\varphi\, t$ 平面上一个带形区域 $0<\varphi<2\pi$（t 任意）。在地理学中，这就是用默卡托尔投影法（大约1675年）绘制的世界地图。我们选用图和图册这两个词，正是因为它们的日常意义和数学上的意义是完全一致的。

正合形式和闭形式，德·拉姆复形，流形的上同调

设有平面上的开区域中的 1 形式 $\omega=fdx+gdy$。如果 $d\omega=0$，则称 ω 为闭的；如果存在 V 上的函数 h，使得 $\omega=dh$，则称 ω 为正合的。（由(40)可知，ω 是闭形式的必要与充分条件为：$\partial f/\partial y-\partial g/\partial x=0$。）因为对于所有的函数都有 $d^2h=0$，所以正合⇒闭，但其逆定理闭⇒正合是否成立，则与 V 有关。当 V 是矩形时，这个逆定理成立，此事将在下一章第 2 节证明。但若（比如说）V 是 $\mathbf{R}^2$ 去掉原点（或者是同心圆环 $0\leqslant b<x^2+y^2<a$），那么逆定理并不成立。事实上，微分形式

$$d\theta=(ydx-xdy)/(x^2+y^2)=d\arctan\frac{y}{x}$$

（其中 θ 是极坐标的角度）在这个区域中是闭的但不是正合的。局部讲来，此时 θ 是 V 上的光滑函数，但是当延拓到原点附近时，θ 就成为多值函数了。图7.9说明了这种情况。

我们把平面上正合形式和闭形式的概念搬到 p 流形 M 上，就得到一个重要的数学工具——所谓德·拉姆复形。首先考虑由 M 到 R 上的光滑函数 f。对于流形的每个图 (h,V)，我们可以得到 V 到 R 的光滑函数 f，当 $x=h(t)\in h(V)$ 时，它定义为 $f(x)=f_v(t)$。此时对于 $h(V)$ 中的每个 $x=h(t)$，我们都构造一个线性空间 M_x，使它具有基 $dt_1,\cdots,dt_p$，并且当 $x=h(t)=h'(t')$ 而 (h,V) 和 (h',V') 是互相叠交的图时，规定

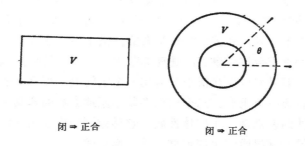

图7.9 闭⇒正合是否成立与区域 V 有关

$$dt'_j=\sum_{1}^{p}\left(\frac{\partial t'_j}{\partial t_k}\right)dt_k.$$

（顺便提一下，空间 M_x 称为 M 在 x 点的余切空间。）现在我们定义光滑函数 f 在 x 处的微分 $df(x)$ 为

$$df(x)=df_v(t)=\sum_{1}^{p}(\partial f_v(t)/\partial t_k)dt_k,$$

其中 $x=h(t)$。此式右边属于 M_x，而由链式规则可知，它与图的选法无关。

现在由微分出发，通过构成向量积、用光滑函数相乘以及求

和，来构造 M 上的微分形式。此时我们可以得到一些有限和

$$\omega(x) = \sum a(x) df_1(x) \wedge \cdots \wedge df_q(x);$$

对于固定的 q，它们称为 q 形式，并且构成一个线性空间，用 $\wedge^q M$ 来表示。特别，$\wedge^0 M$ 是光滑函数的空间。当 $q > p$ 时，$\wedge^q M$ 只含有零元素。事实证明，

$$\omega(x) \longrightarrow d\omega(x) = da(x) \wedge df_1(x) \wedge \cdots \wedge df_q(x)$$

定义一个由 $\wedge^q M$ 到 $\wedge^{q+1} M$ 的线性映射 d，使得对于所有的 ω 都有 $d^2\omega = 0$。所谓德·拉姆复形，其定义就是一串映射

$$0 \longrightarrow \wedge^0 M \xrightarrow{\ d\ } \wedge^1 M \xrightarrow{\ d\ } \cdots \longrightarrow \wedge^p M \longrightarrow 0.$$

它对于拓扑学的重要性，是德·拉姆在1930年指出的。

考虑流形上的 q 形式 ω，如果 $d\omega = 0$，则称 ω 为闭的。如果存在某个 $(q-1)$ 形式 σ，使得 $\omega = d\sigma$，则称 ω 为正合的。在函数当中，只有 0 被认为是正合的。当 $q = 1$ 而 M 是一个区间时，闭 $\Longrightarrow$ 正合这个事实，是庞加莱引理的特殊情形。庞加莱引理就是：如果 M 可以光滑地双射到一个区间上，那么对于所有的形式都有闭 $\Longrightarrow$ 正合。这个引理在基本原理方面的含义是，闭性与正合性的差别是一个整体性质。这种差别的大小由 M 的上同调群来度量。这里所谓上同调群，就是商空间

$$H^q(M) = Z_q / C_q,$$

其中 Z_q 和 C_q 分别是 M 上的闭 q 形式和正合 q 形式所构成的空间，或者换句话说，是德·拉姆复形中 $\wedge^q M$ 上的映射的核和映到 $\wedge^q M$ 中的映射的像。H^0 的元素是 M 上的局部常数的函数，因而 $\dim H^0$ 就等于 M 的连通分支的数目。由庞加莱引理可知，当 $q > 0$ 时，倘若 M 可以光滑地双射到一个区间上，则 $H^q(M) = 0$。特别有 $H^0(R^n) \approx R$，而 $q > 0$ 时 $H^q(R^n) = 0$（$\approx$ 表示同构于）。假设 S^n 代表所谓 n 球面，它在 R^{n+1} 中由方程 $x_0^2 + x_1^2 + \cdots + x_n^2 = 1$ 来定义。此时 S^1 正好是单位圆，而且不难看出 $H^1(S^1) \approx R$。更一般地说来，我们能够证明 $H^q(S^n) = 0$（除非 $q = 0$ 或 n）而 $H^n(S^n) \approx R$。如果 M 是紧的，那么 M 的所有上同调群

都具有有限的维数。

这些简单的例子使我们可以想像到，上同调群看起来像个什么。它们最重要的性质是：在流形之间的映射下，它们的表现非常好。事实上，由一个流形 M 到另一个流形 M' 的光滑映射 F，就给出由 M' 上的微分形式到 M 上的微分形式的线性代换映射 $\omega(x')\longrightarrow \omega(F(x))$。由莱布尼兹引理可知，这个映射把闭形式映为闭形式，把正合形式映为正合形式。因此，F 就诱导出上同调群的一个线性映射

$$F_*: H^q(M')\longrightarrow H^q(M).$$

如果 F 是双射，则 F_* 也是双射。特别，此时相应上同调群的维数必然相等。由上述诱导映射，可以得出映射 F 的某些重要性质，但是深入讨论这些会使我们离题太远。

7.8 一 段 原 文

黎曼论物理学和偏微分方程

黎曼对于物理学一直抱有强烈的兴趣。他关于偏微分方程的讲演是1860年左右作的，于1882年发表。在论述的简洁而明了方

黎曼 (1826~1866)

面，这篇讲演到现在仍然是个典范．这里的片断引自他的导论．

"如所周知，只有在微积分发明之后，物理学才成为一门科学．只有在认识到自然现象是连续的之后，构造抽象模型的努力才取得了成功．这个任务有两方面：一是构成与时空有关的简单的基本概念，一是找到一个方法，使得可以从用实验能够验证的过程导出结果来．

"这种基本概念的头一个是加速力，这是伽利略引进的．他发现在自由降落时，它就是使物体运动的与时间无关的简单原因．牛顿迈出了第二步：他发现吸引中心的概念，它是力的简单原因．当代物理学家仍然讨论这两个概念：加速力和吸引中心或者排斥中心……所有想要超越这两个概念的企图都失败了．

赖 "但是，使人们由概念过渡到过程的方法——微分法已经本质上得到了改进．在微分法发明之后的头一个时期，只讨论过某些抽象的情形；在自由落体的情形中，物体的质量被认为集中在重心上；行星被当做数学点，…．因而由无穷靠近到有限量形只依赖一个变量——时间．然而这种过渡通常必须用多个变量来实现．这是因为，基本概念只考虑时空中的点，而过程描述在有限时间和距离下的作用．由这种过渡就导出偏微分方程．（黎曼然后评述了达朗贝尔和傅里叶的工作，他们都讨论过这种方程．）声音"从那时起，偏微分方程就成为所有物理学定理的基础．在气体、液体、固体内的声音的理论中，在弹性的研究中，在光学中，到处都用偏微分方程来表达自然界的基本定律，而它们是可以用实验来验证的．在大多数情形下，这些理论确实都是从假设分子受到某种作用力出发的．于是偏微分方程中的常数就依赖于分子的分布，以及它们在一定距离之下如何相互作用．但是我们由这些分布远远不能得出确切的结论…．在所有物理学理论以及用分子力来解释的所有现象中，偏微分方程构成唯一可靠的基础．

这些由归纳法得到的事实，必定也是先验地成立．真正的基本定律仅仅适用于小范围内，并且必须用偏微分方程来陈述．把它们积分，就得出在更大的时空范围内的规律．"

我们要注意，这些是在麦克斯韦尔的工作以及相对论之前写的．黎曼的观点在量子力学中只有一部分是对的，但是整个来

讲，他说的相当正确。他关于经典物理学和偏微分方程 的论断，
到今天也还是对的。

文献

本章的基本材料在每一本微积分的书中都 有。Hurewicz 的
Lectures on Ordinary Differential Equations(MIT Press,
1964) 是 关 于这个主题的极好的并且不太难懂的 论 述。偏微分
方程的经典著作是 Courant 和 Hilbert 所著的 Methods of Ma-
thematical Physics, vol. I, Ⅱ (Interscience, 1953, 1964)。
Milnor 的 Topology from the Differential Viewpoint (Vi-
rginia University Press, 1967)与 Guillemin 和 Pollack 的
Differential Topology (Printice-Hall, 1974)，是关于流形
的非常值得一读的导引。

第 八 章 积   分

8.1面积，体积，黎曼积分．面积和体积．黎曼积分．定向．
8.2数学分析中的某些定理．积分号下求导数．累次积分．正合微
分．广义积分．积分变量的更换．积分号下取极限和控 制 收 敛．
分部积分．傅里叶反演公式．广义函数．卷积．调和分析．8.3Rⁿ
中的积分和测度．Rⁿ中的黎曼积分，变量的更换．斯蒂尔吉斯积
分及测度．勒贝格积分及其他各种积分．8.4流形上的积分、密度
的积分．弧元和面积元．黎曼几何学．定向和微分形 式 的 积分．
格林公式和斯托克斯公式．8.5几段原文．格林论格林公式．黎斯
论线性泛函．

    积分理论是从长度、面积和体积的简单计算发展成为一些极
其抽象的构造的．我们先从直观地计算面积和体积开始,比如说,
给出阿基米德关于球的体积和表面积的公式，但是，由于考虑到
阿基米德本人的责难，我们就更加严肃地对待这个问题，从而转
向黎曼积分．有了微分和积分这两个工具供我们使用以后，我们
就能顺利地得出数学分析中的一些基本结果．利用一系列精心选
取的例子，我们可以同时证明傅里叶变换的基本性质，它是数学
中用途最广的工具之一．其后几节讲述斯蒂尔吉斯积分和流形上
的积分．这里只用到流形和微分形式的最简单的性质．我之所以
这样做，是为了能够给格林公式提供一个正确的证明，同时也证
明了最一般的斯托克斯定理，而这个定理是数学分析中奇妙的手
法之一．

8.1   面积，体积，黎曼积分

面积和体积

    假设 $f(x)$ 是实变量 x 的实值连续函数，并设 $S(x)$ 为由曲

线 $y = f(x)$，x 轴以及通过 x 轴上两点 a 与 x 的两条铅直线所围的面积。图 8.1 表明，由 x 轴、曲线 $y = f(x)$ 以及通过 x 与 $x + h$ 的铅直线所围的面积 $S(x + h) - S(x)$ 介于 mh 与 Mh 之间，这里 m 与 M 分别代表 f 在由 x 到 $x + h$ 的区间中所取的最小值与最大值。因为 f 是连续函数，所以当 h 趋近于零时，m 和 M 都趋近于 $f(x)$。因此，对于所有的 x，都有

$$S'(x) = \lim_{h \to 0} \frac{S(x + h) - S(x)}{h} = f(x)。 \quad (1)$$

在这个"因此"的背后，我们实际上默认，在 x 轴之上的面积 $S(x)$ 是正的，在 x 轴之下的面积是负的，在 a 右方的面积是正的，而 a 左方的面积是负的。即便如此，整个论证还是十分清楚而且令人信服的。我们把一个区间上的函数 F 称为另一个函数 f 的原函数或者积分，如果在这个区间上有等式 $F' = f$ 成立。利用这种术语，我们就可以把上面的结果写成如下的更抽象的形式。

定理 每个连续函数 f 都有积分 F，而每个积分 F 都具有如下的性质：$F(x_2) - F(x_1)$ 是由 x 轴、曲线 $y = f(x)$ 以及通过 x_1 与 x_2 的两条铅直线所包围的面积。

事实上，我们已经看到，$S(x)$ 是一个积分，假如 F 是另外一个积分的话，那么 $F' = S'$，从而根据中值定理 即知，$F - S$ 是常数。下面我们还要采用莱布尼茨的记号（由1675年起）

$$\int_a^b f(x)dx \quad (2)$$

来表示 $F(b) - F(a)$ 这块面积；用文字说就是"f（关于 x）从 a 到 b 的积分"。函数 f 称为被积函数。

这个定理所包含的深刻的思想同微积分本身一样古老。为了表明它的威力，我们把它与下面的原函数表联系起来看：

f	F
$x^{\alpha-1}$，$\alpha \neq 0$	x^α / α
x^{-1}	$\log|x|$
$(1 + x^2)^{-1}$	$\arctan x。$

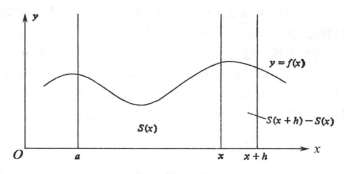

图8.1 一块面积的导数

这里 $\arctan x$ 是界于 $-\dfrac{\pi}{2}$ 到 $\dfrac{\pi}{2}$ 的一个角度，其正切等于 x。根据这个表的第一行可得

$$\int_a^1 x^{\alpha-1}dx = \frac{1-a^\alpha}{\alpha}, \quad \int_1^b x^{\alpha-1}dx = \frac{b^\alpha-1}{\alpha};$$

而根据第二行，

$$\int_a^1 x^{-1}dx = \log a^{-1}, \quad \int_1^b x^{-1}dx = \log b;$$

又根据第三行，

$$\int_{-\tan\theta}^{\tan\theta} (1+x^2)^{-1}dx = 2\theta,$$

其中 a，$b > 0$。令 $b \to \infty$，$a \to 0$，$\theta \to \dfrac{\pi}{2}$，我们就分别得到

$$\alpha > 0 \Longrightarrow \int_0^1 x^{\alpha-1}dx = \alpha^{-1},$$

$$\alpha > 0 \Longrightarrow \int_1^\infty x^{-\alpha-1}dx = \alpha^{-1}, \tag{3}$$

$$\int_0^1 x^{-1}dx = \infty, \quad \int_1^\infty x^{-1}dx = \infty, \tag{4}$$

$$\int_{-\infty}^\infty (1+x^2)^{-1}dx = \pi. \tag{5}$$

积分（3）与（5）称为收敛的，而积分（4）则称为发散的。曲线 $y = \dfrac{1}{x}$ 下方从 0 到 1 和从 1 到∞的面积都不是有限的。

也不难证明阿基米德的结果（公元前 250 年）：半径为 R 的球体体积为 $\dfrac{4\pi R^3}{3}$，其表面面积为 $4\pi R^2$。实际上，由图 8.2 可知，如果 $F(x)$ 是 B_x 所代表的那部分球体的体积，则 $F'(x) = \pi(R^2 - x^2)$ 而且 $F(0) = 0$，所以 $F(x) = \pi R^2 x - 3^{-1}\pi x^3$，$F(R) = 2\pi R^3/3$。因此，$V(R) = 2F(R) = 4\pi R^3/3$ 便是球体体积，再由图 8.2，其导数 $V'(R) = 4\pi R^2$ 就是球面面积。

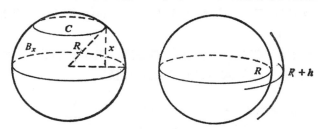

图8.2　球的体积与面积。圆盘 C 的半径是 $(R^2-x^2)^{1/2}$，它的面积是 $\pi(R^2-x^2)$。右图表示，如果半径 R 的球体体积为 $V(R)$，则其面积为 $V'(R)$。事实上，当 h 小时，$V(R+h) - V(R)$ 接近这个面积的 h 倍

现在让我们想像阿基米德死而复生，这就使得我们能够向他讲述我们的证明，当然还要请一位高明的翻译给他译成希腊文。其后在谈话中阿基米德告诉我们，他本来也能够完成类似的工作，只是他对我们的计算那么简便不胜惊奇。但他远不是很满意。他怀疑完全不用他所用过的穷竭法，而根据与体积和面积已经确切知道的内接及外接图形相比较是否可能。阿基米德在提出这个相当尖锐的评论之后又消失了，只剩下我们去仔细地思考这种局面。

黎曼积分

只要数学家仅仅考虑光滑函数，他们就没有理由对于积分的

定义（2）中所隐含的面积的概念提出疑问。但是，黎曼在1854年撰写关于三角级数的论著时，他就不得不搞得更加精确，因为他所要讨论的函数是不光滑的。我们可以把黎曼所下的更为精练的定义表述如下：把由 a 到 b 的区间用分点 $x_0 = a$，x_1，…，$x_{n+1} = b$ 分成更小的区间，使得当 $a < b$ 时 $x_0 < x_1 < \cdots$，而当 $a > b$ 时 $x_0 > x_1 > \cdots$。考虑和式

$$\sum_0^n f(\xi_j)(x_{j+1} - x_j), \qquad (6)$$

其中 ξ_j 是介乎 x_j 与 x_{j+1} 之间的数。当这种分割无限精细，使得各个 $|x_{j+1} - x_j|$ 当中最大的数趋近于零时，我们就把这些和的极限定义为积分（2）。

这里假定了极限存在。我们要注意，这也是面积 $S(b)$ 的精确定义，而且（2）式是经过下面的代换

$$f(\xi_j) 变成 f(x), \quad x_{j+1} - x_j 变成 dx, \quad \sum_0^n 变成 \int_a^b$$

由（6）得到的。积分号实际上就是莱布尼茨所发明的和号的手写体。我们可以这么说，（2）代表一个数同时也表明计算这个数的过程。注意（2）中的变量 x 只表示一种求和法，因此它可以用其他的符号来代替而不会改变积分的值。

令 m_j 与 M_j 分别代表 f 在由 x_j 到 x_{j+1} 的区间上的下确界与上确界，则黎曼和（6）就介于两个和

$$\sum_0^n m_j(x_{j+1} - x_j) \quad 与 \quad \sum_0^n M_j(x_{j+1} - x_j) \qquad (7)$$

之间。此时不难看出，黎曼和（6）趋近于积分（2）的必要与充分条件为：这两个和都趋近于积分（2）。此外，它们里面的每一项都是以 $x_{j+1} - x_j$ 为底边的矩形的面积。黎曼的定义看来会使阿基米德感到满意。

黎曼积分只适用于有界函数及有限区间。假设 $f(x)$ 是使积分（2）存在的有界函数，则称 $f(x)$ 在由 a 到 b 的区间上是可

积的，或者说得更确切些，是黎曼可积的．连续函数必定可积，这是因为，根据一致连续性定理可知，当 $|x_{j+1}-x_j|$ 这些数中的最大数趋近于零时，（7）中的各个 M_j-m_j 当中的最大数也趋近于零．我们也容许 f 有不连续点，只要这些不连续点都能包含在全长为任意小的有限多个区间之内即可．

下面我们讲积分的基本性质．首先，积分是单调的，即

$$f \leqslant g,\quad a > b \Longrightarrow \int_a^b f(x)dx \leqslant \int_a^b g(x)dx \quad (8)$$

（当 $a > b$ 时，不等号反过来）；其次，它是线性的，即

$$h = Af + Bg \Longrightarrow \int_a^b h(x)dx$$

$$= A\int_a^b f(x)dx + B\int_a^b g(x)dx. \quad (9)$$

特别，由 $-|f(x)| \leqslant f(x) \leqslant |f(x)|$ 可以推出

$$b > a \Longrightarrow \left| \int_a^b f(x)dx \right| \leqslant \int_a^b |f(x)|dx. \quad (10)$$

这里 A 和 B 是数，而 f, g 都假设是可积函数；在这种情形下，$Af+Bg$ 与 $|f|$ 也是可积的．所有这些性质，都不难从黎曼和(7)的相应性质推出．我们还有

$$\int_a^b f(x)dx + \int_b^c f(x)dx = \int_a^c f(x)dx, \quad (11)$$

在这个公式的三个积分当中，如果有两个存在，那么第三个积分也存在，并且等式成立．当 $a = c$ 时，右边这一项为零．由（8）可以推知，

$$m \leqslant f(x) \leqslant M(当 a \leqslant x \leqslant b)$$

$$\Longrightarrow m(b-a) \leqslant \int_a^b f(x)dx \leqslant M(b-a). \quad (12)$$

这个公式与（10）都是数学分析中最常用的不等式．

设 (f_p) 为依赖于一个或几个参数 p 的一族可积函数，并设当 $p \to p_0$ 时，$f_p \to f$ 在由 a 到 b 的区间上一致成立，则 f 是可积的，而且

$$p \to p_0 \Longrightarrow \int_a^b f_p(x)dx \to \int_a^b f(x)dx.$$

为了证明此式, 只须利用积分的定义, 并将 (10) 式应用于函数 $f_p - f$。利用更精确的不等式 (12), 再加上简单的 论证, 就可以证明

$$F(x) = \int_a^x f(t)dt, \; f \text{ 在 } x \text{ 连续} \Longrightarrow F'(x) = f(x).$$

(13)

这个结果有时称为微积分的基本定理, 它是我们 的 出 发 点。由 (13)可以推知, 如果导数 F' 在闭区间 $[a, b]$ 上连续, 则

$$\int_a^b F'(x)dx = F(b) - F(a).$$
(14)

由此我们可以创造出一套积分的代数演算方法, 并且把积分从面积的观念中解放出来。现在我们也可以求复值函数 的 积分; 为此, 只须令

$$\int_a^b f(x)dx = \int_a^b \operatorname{Re} f(x)dx + i \int_a^b \operatorname{Im} f(x)dx,$$

但设 $\operatorname{Re} f$ 与 $\operatorname{Im} f$ 都是可积的。对于复函数及其复线性组合, 可以证明性质(9), (10), (11), (13)及 (14) 都成立, 这些都是非常简单的练习。我们也可以考虑 C_0 函数在实轴 R 上 的 积分

$$\int f(x)dx = \int_{\mathbf{R}} f(x)dx.$$

所谓 C_0 函数, 就是在有界区间之外等于零的连续函数。此时如果 f 在区间 $[a, b]$ 外面等于零, 那么积分(2)不依赖于 a 及 $b > a$, 从而不必写出积分的极限。

图8.3 C_0 函数。 它是连续函数而且在某个有界区间
之外等于零。 换句话说, 其支集 (定义为使函数等于
零的最大开集的余集) 是紧的

定向

当我们在 a，b 之间的区间 I 上求一个函数的积分并利用定义（2）时，我们必须决定，究竟是从 a 积到 b 还是从 b 积到 a。在（11）中令 $c=a$ 即可推知，这两种选择只相差一个符号。我们也可以如此考虑这个问题：把（2）说成是在一个有向区间上的积分。我们也可以在无向区间 I 上求积分。此时我们把积分写成

$$\int_I f(x)dx,$$

并决定其符号，使得当 $f \geqslant 0$ 时，积分也 $\geqslant 0$。

8.2 数学分析中的某些定理

传统上数学分析包括这样一些数学分支，其中都要以这种或者那种形式用到微积分。数学分析过去是，今后仍将是数学知识的丰富宝藏。现在我们用微积分来陈述数学分析中的某些基本定理。傅里叶变换理论的各个方面都可以作为例证。最后，在证明傅里叶反演公式之后，我们可以探究一下调和分析的基本原理。

积分号下求导数

假设 $f(t，x)$ 是定义在积区间 $W=I \times J$ 上的连续函数；这里 I 是 t 轴上的区间，J 是紧区间 $a \leqslant x \leqslant b$。此时积分

$$F(t)=\int_a^b f(t，x)dx \tag{15}$$

是 t 的连续函数。事实上

$$F(t')-F(t)=\int_a^b [f(t'，x)-f(t，x)]dx。 \tag{16}$$

因为 f 在 W 的紧子集上是一致连续的，所以当 t' 趋于 t 而 $a \leqslant x \leqslant b$ 时，被积函数一致趋近于零。我们还可以看到，如果偏导数 $\partial_t f(t，x)$ 存在并且连续，那么导数

$$F'(t)=\partial_t F(t)=\int_a^b \partial_t f(t, x)dx \qquad (17)$$

也存在并且是 t 的连续函数，把（15）与（17）结合起来，就得到

$$\partial_t \int_a^b f(t, x)dx= \int_a^b \partial_t f(t, x)dx. \qquad (18)$$

因此，导数越过了积分号。为了证明这件事，我们用 $t'-t$ 去除 (16) 的两边。根据中值定理可知，新的被积函数等于 $\partial_t f(\tau, x)$，其中 τ 落在 t 与 t' 之间。特别，当 t' 趋近于 t 时，(τ, x) 与 (t, x) 两点一致地接近。函数 $(s, x) \to \partial_t f(s, x)$ 在 $I \times J$ 的紧子集上连续，因而一致连续，所以当 $t \to t'$ 时，$\partial_t f(\tau, x)$ 在 $a \leqslant x \leqslant b$ 上一致趋近于 $\partial_t f(t, x)$。这样就得出了 (17)。并且我们刚才已经看到，此式右边是 t 的连续函数。此外也不难看出，当 f 在 $I \times J$ 内连续时，

$$F(t, u, v)=\int_u^v f(t, x)dx$$

是在积区间 $I \times J \times J$ 上的三个自变量 t, u, v 的连续函数。并且，由 (13) 可以推出 $\partial_u F(t, u, v)=-f(t, u)$，$\partial_v F(t, u, v)=f(t, v)$，并且如果 $\partial_t f$ 是连续的，那么 $\partial_t F(t, u, v)$ 即可由 (17) 得出，此时 u, v 出现于 (17) 的右边。因此，在这种情形下，F 便是 C 函数。

C_0 函数 f 的傅里叶变换

$$F(t)=\int e^{-ixt} f(x)dx \qquad (19)$$

提供了 (17) 的一个例子。事实上，函数 $(t, x) \to e^{-ixt}f(x)$ 及其关于 t 的各阶导数都是处处连续的。因此，对于所有的 k，F 都是 C^k 函数，并且，因为函数 $t \to e^{ct}$ 对于任何复数 C 都有导数 Ce^{ct}，所以我们就得出

$$F^{(k)}(t)=\int e^{-ixt}(-ix)^k f(x)dx. \qquad (20)$$

累次积分

现在考虑积分

$$F(t)=\int_a^b f(t, x)dx,$$

这里当 t 在 α 与 β 之间、x 在 a 与 b 之间时，f 是连续的。于是我们可以证明，F 是连续的，而且

$$\int_\alpha^\beta F(t)dt=\int_a^b\left(\int_\alpha^\beta f(t, x)dt\right)dx, \qquad (21)$$

或者将 F 代入时，

$$\int_\alpha^\beta\left(\int_a^b f(t, x)dx\right)dt=\int_a^b\left(\int_\alpha^\beta f(t, x)dt\right)dx. \tag{22}$$

换言之，两个积分的结果与求积分的顺序无关。证明是非常简单的。(21)式左边的黎曼和

$$\sum_0^n F(\tau_j)(t_{j+1}-t_j), \quad \tau_j \text{ 在 } t_j \text{ 与 } t_{j+1} \text{ 之间,}$$

也可以写成

$$\int_a^b R(x)dx,$$

此处黎曼和

$$R(x)=\sum_0^n f(\tau_j, x)(t_{j+1}-t_j)$$

与积分

$$S(x)=\int_\alpha^\beta f(t, x)dt=\sum_0^n\int_{t_j}^{t_{j+1}} f(t, x)dt$$

之差，最多等于区间的长度 $|\beta-\alpha|$ 与 $|f(\tau_j, x)-f(t, x)|$ 的最大值 δ 的乘积——这里 t 在 t_j 与 t_{j+1} 之间，x 在 a 与 b 之间。因为 f 是连续的，所以当各个 $|t_{j+1}-t_j|$ 中的最大数趋近于零时，δ 就趋于零而 $R(x)$ 一致趋近于 $S(x)$。这样就证明

了(21).

我们再来考虑 C_0 函数 f 的傅里叶变换(19). 如果 g 是另一个 C_0 函数, 则由 (22) 可以证明

$$\int F(t) g(t) dt = \int G(x) f(x) dx, \tag{23}$$

其中

$$G(x) = \int e^{-ixt} g(t) dt \tag{24}$$

是 g 的傅里叶变换.

正合微分

现在我们应用 (22) 来解决下面的问题. 已知 n 个实变量 $x = (x_1, \cdots, x_n)$ 的 C^1 函数 $f_1, \cdots, f_n$, 在什么情况下存在一个 C^2 函数 h, 使得对于所有的 k 都有 $f_k = \partial_k h$? 这里 $\partial_k h$ 是偏导数 $\partial h(x)/\partial x_k$. 用微分的话来说, 这个问题可以叙述如下: 何时微分形式 $\omega = f_1 dx_1 + \cdots + f_n dx_n$ 是正合的 (也就是说, 存在某个函数 h, 使得 $\omega = dh$)? 因为对于所有的 j 与 k, 都有 $\partial_j \partial_k h = \partial_k \partial_j h$, 所以这个问题只是在 $\partial_j f_k = \partial_k f_j$ 对于所有的 j 与 k 都成立的情形下才有解. 根据第七章公式 (38) 可知,

$$d\omega = \sum_{j < k} (\partial_j f_k - \partial_k f_j) dx_j \wedge dx_k,$$

所以上面这个条件就等价于 $d\omega = 0$. 我们将会看到, 如果我们搬到开区间 $I \subset R^n$ 上, 那么这个必要条件也是充分的.

我们先从 $n = 2$ 的情形开始, 并设 I 包含原点——这并不是什么限制. 此时引进两个函数:

$$h_1(x) = \int_0^{x_2} f_2(0, y_2) dy_2 + \int_0^{x_1} f_1(y_1, x_2) dy_1,$$

$$h_2(x) = \int_0^{x_1} f_1(y_1, 0) dy_1 + \int_0^{x_2} f_2(x_1, y_2) dy_2,$$

并且顺便提一下, 这两个公式的右边显然可以解释为积分

$\int_{r_1} \omega(y)$ 与 $\int_{r_2} \omega(y)$，其中 $\omega(y)=f_1(y)dy_1+f_2(y)dy_2$
而 r_1 与 r_2 是图 8.4 中的两条曲线。这是因为，如果 (y_1, y_2) 在 r_1 的前一半上，那么 $y_1=0$，从而 $\omega(y)=f_2(0,y_2)dy_2$，这里 y_2 变动于 0 与 x_2 之间。其他部分以此类推。

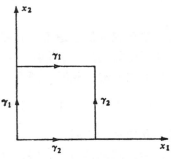

图8.4　沿着不同路线积分。

我们可以把 h_1 与 h_2 的差写成

$$h_1(x)-h_2(x)=-\int_0^{x_2}(f_2(x_1, y_2)-f_2(0, y_2))dy_2$$
$$+\int_0^{x_1}(f_1(y_1, x_2)-f_1(y_1, 0))dy_1;$$

而根据（14）它又等于

$$-\int_0^{x_1}\left(\int_0^{x_2}\partial_1f_2(y)dy_2\right)dy_1$$
$$+\int_0^{x_2}\left(\int_0^{x_1}\partial_2f_1(y)dy_1\right)dy_2.$$

由（22）可知，当 $\partial_1f_2=\partial_2f_1$ 时，此式等于零，从而在这种情形下，等式 $h_1=h_2$ 在整个二维区间 I 上都成立。由（19）以前的论述可以推知，h_1 与 h_2 都是 C^1 函数，而且由（13）可证 $\partial_1h_1=f_1$，$\partial_2h_2=f_2$。因此 $h=h_1=h_2$ 便是 C^2 函数，而且满足 $\partial_1h=f_1,\partial_2h=f_2$。把上面的证明推广到多变量的情形也没有什么新的困难，只不过要多费笔墨而已。因此，我们有

定理（正合微分）. C^1 类的 1- 形式 ω 在一个区间上是正合的（也就是一个函数的微分），当且仅当它是闭的（即 $d\omega = 0$）.

如果把区间改为任意的开集，则定理不成立，详见第七章末尾.

广义积分

前面已经指出，黎曼积分仅仅适用于有界函数及有界区间，但是不难把它推广到（比如说）开区间 $a < x < b$ 上的连续函数，这个开区间也可以延伸到无穷. 此时只须令

$$\int_a^b f(x)dx = \lim \int_\alpha^\beta f(x)dx,$$

当 $\beta \uparrow b$ 而 $\alpha \downarrow a$ 时， (25)

但设这个极限存在. 假如到处都有 $f(x) \geqslant 0$，则当 β 增加而 α 减少时，右边的积分增大，因此极限存在，但也可能是 $+\infty$. 把不等式（10）应用于靠近 a 与 b 的区间上，并利用柯西的收敛性原理即可证明，如果

$$\int_a^b |f(x)|dx < \infty,$$

那么极限(25)存在而且是有限的. 在这种情形下， (25)左边的积分就叫做绝对收敛的，而其中的函数叫做绝对可积的. 基本性质（8），（9），(10)都可以推广到广义积分.

由（3）可知，实轴上的连续函数 f 是绝对可积的，如果对于某个 $\varepsilon > 0$ 函数 $x^{1+\varepsilon}f(x)$ 是有界的. 特别，因为当 $k > 0$ 时 $x^k e^{-x}$ 在区间 $x \geqslant 0$ 上是有界的，所以对于 $a > 0$ 与多项式 P，所有的乘积 $P(x)e^{-a|x|}$ 或者 $P(x)e^{-ax^2}$ 都是有界函数. 当 f 连续而且 $\int |f(x)|dx$ 有限时，傅里叶变换

$$F(t) = \int e^{-ixt}f(x)dx$$

便有定义；这是因为，对于所有的实 s，都有 $|e^{is}| = 1$. 另一个重要的例子是欧拉函数 $\Gamma(\alpha)$. 当 $\alpha > 0$ 时，$\Gamma(\alpha)$ 由积分

$$\Gamma(\alpha) = \int_0^\infty x^{\alpha-1}e^{-x}dx \qquad (26)$$

来定义。此时由（3）可知，这个积分是绝对收敛的。

积分变量的更换

假设 $h(y)$ 是这样一个函数，当 y 在 α 与 β 之间变动时，$x = h(y)$ 在 $a = h(\alpha)$ 与 $b = h(\beta)$ 之间变动，则

$$\int_a^b f(x)dx = \int_\alpha^\beta f(h(y))dh(y)$$

$$= \int_\alpha^\beta f(h(y))h'(y)dy. \qquad (27)$$

这是陈述积分变量的更换规则的一种简单方式。对于非有向区间上的积分，它就成为

$$\int_{h(J)} f(x)dx = \int_J f(h(y))|h'(y)|dy. \qquad (28)$$

当 f 可积而 h 是 C^1 类的双射时，这两个公式都成立。事实上，假如 $y_0,\ \cdots,\ y_{n+1}$ 是从 α 到 β 的区间 J 的一种划分，而 $x_0 = h(y_0)$，$\cdots$，$x_{n+1} = h(y_{n+1})$ 是从 a 到 b 的区间 $I = h(J)$ 的对应的划分，并且如果根据中值定理，在 y_j 与 y_{j+1} 之间选取 η_j，使得 $x_{j+1} - x_j = h'(\eta_j)(y_{j+1} - y_j)$，最后假如 $\xi_j = h(\eta_j)$，那么恒等式

$$\sum_0^n f(\xi_j)(x_{j+1} - x_j)$$

$$= \sum_0^n f(h(\eta_j))h'(\eta_j)(y_{j+1} - y_j)$$

两边就是（27）中的相应积分的黎曼和。而由（27）立即可以推出（28）。

（27）的一个简单情形是

$$\int_a^b f(x)dx = \int_{a-c}^{b-c} f(y+c)dy.$$

因此，令 $a \to -\infty$，$b \to +\infty$ 就得出：如果 f 连续而且绝对可积，则

$$\int f(x)dx = \int f(x+c)dx,$$

这里积分是在整个实轴 **R** 上进行的。特别，我们有

$$\int e^{-it(x+y)} f(x+y)dx = \int e^{-itx} f(x)dx,$$

将此式乘以 e^{ity} 即知，对于所有的实数 y，有

$$\int e^{-itx} f(x+y)dx = e^{ity} \int e^{-itx} f(x)dx. \qquad (29)$$

换句话说，函数 $x \rightarrow f(x+y)$ 的傅里叶变换是 $e^{ity} F(t)$，其中 F 是 f 的傅里叶变换。

利用（27）容易看出，如果 f 是原点附近的 C^{k+1} 函数，那么 $(f(x)-f(0))/x$ 便是原点附近的 C^k 函数。事实上，由代换 $t = xu$ 可得

$$\frac{f(x)-f(0)}{x} = x^{-1} \int_1^x f'(t)dt = \int_0^1 f'(xu)du,$$

最后一个积分可以在积分号下微分 k 回，而结果就得到 x 的连续函数。最后，作代换 $x = \sin^2\theta$，由于 $x(1-x) = \sin^2\theta\cos^2\theta, dx = 2\sin\theta\cos\theta$，所以就有

$$\int_0^1 (x(1-x))^{-1/2}dx = \int_0^{\frac{\pi}{2}} 2d\theta = \pi. \qquad (30)$$

但这个结论也许下得太快，因为左边的积分是广义 积 分。然而，倘若对于很小的 $\varepsilon > 0$，由 $\sin^2\varepsilon$ 到 $\sin^2(2^{-1}\pi - \varepsilon)$ 求积分，然后再取极限，那么就可以得到同样的结果。

积分号下取极限和控制收敛

数学分析中有一个极为重要的问题：在什么条件下容许在积分号下取极限

$$\lim_{p \rightarrow p_0} \int_a^b f_p(x)dx = \int_a^b \lim_{p \rightarrow p_0} f_p(x)dx,$$

这里 (f_p) 是依赖于一个或者多个参数 p 的函数集合。当区间是

有限的，函数f_p在$a \leqslant x \leqslant b$上连续，而且收敛是一致收敛时，我们已经知道这个公式成立。现在要给这个公式的一个容易但是重要的推广。我们说，一族函数(f_p)当$p \to p_0$时在区间I上是局部一致收敛的，假如下面的条件成立：存在一个函数f，使得当$p \to p_0$时，在I的每个紧子区间上，都一致地有$f_p \to f$。特别，如果f_p是连续的，那么极限函数f也是连续的。这点可以由第五章定理1得出。

定理（控制收敛）　如果在开区间$a < x < b$上，连续函数族(f_p)当$p \to p_0$时局部一致收敛于极限函数$f(x)$，又设存在一个连续函数$g(x) \geqslant 0$，使得$\int_a^b g(x)dx$是有限的，并且对于所有的p和x，有$|f_p(x)| \leqslant g(x)$，则（27）成立，从而

$$\lim_{p \to p_0} \int_a^b f_p(x)dx = \int_a^b f(x)dx.$$

证　因为f连续，而且$|f(x)| \leqslant g(x)$，所以所有涉及到的积分都存在。对于a，b之间的一切$\alpha < \beta$，下面的不等式都成立：

$$\left| \int_a^b (f_p(x) - f(x))dx \right| \leqslant \int_\alpha^\beta |f_p(x) - f(x)|dx$$
$$+ 2 \int_\beta^b g(x)dx + 2 \int_a^\alpha g(x)dx,$$

而这就表明，当$p \to p_0$时，不等式的左边趋近于零。事实上，给定$\varepsilon > 0$时，可以先固定α，再固定β，使得右边最后两项之和$< \dfrac{\varepsilon}{2}$，然后选取p充分接近于p_0，使得第一项也$< \dfrac{\varepsilon}{2}$。

我们将要多次应用这个定理，首先用它来证明，当f连续而且$x^k f(x)$绝对可积时，f的傅里叶变换F是C^k函数，其导数由（20）给出。事实上，

$$F(t+h) - F(t) = \int e^{-ixt} g(xh) f(x)dx,$$

其中 $g(y)=e^{-iy}-1$ 是有界函数，而且当 $y \to 0$ 时，$g(y)$ 也趋近于零。这样就证明了 F 是连续的。用 h 除两边，然后把 $g(xh)/h$ 改写为 $(g(xh)/xh)x$，这里 $g(y)/y=(e^{-iy}-1)/y$ 是有界的，并且当 $y \to 0$ 时，它趋近于 $-i$。这样就证明了 F 是 C^1 函数，而且当 $\int |xf(x)|dx < \infty$ 时，(20) 成立。重复这个步骤，就得出关于 F 的各阶导数的一般结果。

我们还注意到，如果 f，g 都连续而且绝对可积，并设 F，G 为其傅里叶变换，则 (23) 成立。事实上，令 $h(x)$ 为这样一个 C_0 函数，使当 $|x|<1$ 时 $h(x)$ 取值 1，而且不等式 $|h(x)| \leqslant 1$ 到处都成立。令 $h_\varepsilon(x)=h(\varepsilon x)$，则当 $\varepsilon \to 0$ 时，函数 $f_\varepsilon(x)=h_\varepsilon(x)f(x)$ 局部一致趋近于 $f(x)$，而且 $|f_\varepsilon(x)| \leqslant |f(x)|$ 处处成立。与此同时，$f_\varepsilon(x)$ 的傅立叶变换 $F_\varepsilon(t)=\int e^{-ixt} f_\varepsilon(x)dx$ 一致有界（与 ε 无关），并且当 $\varepsilon \to 0$ 时，$F_\varepsilon(t)$ 一致趋近于 $F(t)$。此事可由下列估值式

$$|F_\varepsilon(t)| \leqslant \int |f(x)|dx,$$

$$|F_\varepsilon(t)-F(t)| \leqslant \int |(1-h(\varepsilon x))||f(x)|dx$$

以及控制收敛定理推出。既然 (23) 式对于 C_0 函数成立，所以将 f，g 换成 f_ε 与 $g_\varepsilon=h_\varepsilon g$ 时，(23) 也成立；此时 f_ε，g_ε 分别具有傅立叶变换 F_ε，G_ε。因为 $F_\varepsilon(t)g_\varepsilon(t)$ 局部一致收敛于 $F(t)g(t)$，而且它的绝对值以 $|g(t)|$ 的常数倍为其上界，同样对于 $f_\varepsilon(x)G_\varepsilon(x)$ 也有类似的结果，于是由控制收敛定理即可得出所需的结论。

最后我们要证明，当 f 连续而且绝对可积时，

$$\varepsilon \downarrow 0 \Longrightarrow \varepsilon^{-1} \int e^{-\frac{x^2}{2\varepsilon^2}} f(x)dx \to f(0) \int e^{-x^2/2}dx.$$

$$(31)$$

事实上，如果当 $|x| \leqslant 1$ 时 f 等于零，则由不等式

$$\left| \varepsilon^{-1} \int e^{-x^2/2\varepsilon^2} f(x) dx \right| \leqslant \varepsilon^{-1} e^{-2\varepsilon^{-2}} \int |f(x)| dx$$

即可得出上述结果，如果 f 是 C_0 函数，则将积分 $\varepsilon^{-1} \int e^{-x^2/2\varepsilon^2}$ $f(x)dx$ 中的 x 换为 εx 时，就可以得到公式

$$\varepsilon^{-1} \int e^{-x^2/2\varepsilon^2} f(x) dx = \int e^{-x^2/2} f(\varepsilon x) dx,$$

由此再应用控制收敛定理，也能得到上述结果。在一般情形之下，令 h 为上面用过的 C_0 函数，并记 $f = (1-h)f + hf$。这里当 $|x| \leqslant 1$ 时，$(1-h)f$ 等于零，而 hf 是 C_0 函数，所以（31）得证。

分部积分

假设 f，g 都是 C^1 函数，那么由（14）与（9）就可以推出分部积分公式：

$$\int_a^b f(x)g'(x) dx + \int_a^b f'(x) g(x) dx$$
$$= f(b)g(b) - f(a)g(a), \tag{32}$$

为此，只要在（14）中令 $F = fg$，并注意 $(fg)' = fg' + f'g$ 即可。记住公式（32）的好办法是，当 h 为 C^1 函数时，把 $h'(x)dx$ 写成 $dh(x)$。这样，公式（32）就成为

$$\int_a^b f(x)dg(x) + \int_a^b g(x)df(x)$$
$$= f(b)g(b) - f(a)g(a), \tag{33}$$

并且我们可把（14）写成

$$\int_a^b dF(x) = F(b) - F(a). \tag{34}$$

分部积分公式的一个重要应用，是求出 C^{n+1} 函数的泰勒公式

$$f(x) = f(a) + (x-a)f'(a) + \cdots$$
$$+ \frac{(x-a)^n}{n!} f^{(n)}(a) + R_n(x),$$

其中余项为

$$R_n(x) = \int_a^x \frac{(x-t)^n}{n!} f^{(n+1)}(t) dt.$$

这个公式当 $n = 0$ 时成立，然后对 n 进行归纳；此时利用公式

$$R_{n-1}(x) - R_n(x) = \int_a^x \left(\frac{(x-t)^{n-1}}{(n-1)!} f^{(n)}(t) \right.$$
$$\left. - \frac{(x-t)^n}{n!} f^{(n+1)}(t) \right) dt$$
$$= -\int_a^x d\frac{(x-t)^n}{n!} f^{(n)}(t)$$
$$= \frac{(x-a)^n}{n!} f^{(n)}(a)$$

即可得证。

作为公式（33）的第二个应用，我们来证明 Γ 函数（26）具有下面的性质：

$$\alpha > 0 \Longrightarrow \Gamma(\alpha + 1) = \alpha \Gamma(\alpha).$$

事实上，由公式（33）以及 $dx^\alpha = \alpha x^{\alpha-1} dx$ 与 $de^{-x} = -e^x dx$ 可知，当 $0 < a < b$ 时，

$$\alpha \int_a^b x^{\alpha-1} e^{-x} dx = \int_a^b e^{-x} dx^\alpha$$
$$= \int_a^b x^\alpha e^{-x} dx + b^\alpha e^{-b} - a^\alpha e^{-a}.$$

当 b 趋于 ∞ 而 a 趋近于 0 时，最后两项都趋于 0，这样就得到所要的结果。因为 $\Gamma(1) = 1$，所以重复应用刚才证明的公式即可证明，当 α 是正整数时，$\Gamma(\alpha) = (\alpha - 1)!$。

分部积分对于傅里叶变换有着重要的应用，这将在下节给出。

傅里叶反演公式

现在，为了方便起见，我们可以引进一类性态很好的函数，这就是 L. 施瓦兹在广义函数论中所使用的 S 函数。所谓 S 函数，就是定义于实轴上而取值为复数的无穷次可微函数，它满足下面的条件：x 的各次幂与 f 的各阶导数的乘积 $x^j f^{(k)}(x)$ 都是有

界函数。例：假设 P 是多项式而 $a > 0$，则 $f(x) = P(x)e^{-ax^2}$ 就是一个 S 函数。显然，S 函数的线性组合、S 函数的导数以及 S 函数与多项式的乘积，都是 S 函数。因为 $x^2 f(x)$ 是有界函数，所以 S 函数 f 是绝对可积的，而在公式（14）中取极限即可证明，在整个实轴上进行积分时，$\int f'(x)dx = 0$。

S 函数有一个重要的性质：S 函数的傅里叶变换也是 S 函数。事实上，令 f 为一个 S 函数，则因对于所有的 k，$x^k f(x)$ 都是绝对可积的，所以 $f(x)$ 的傅里叶变换

$$F(t) = \int e^{-itx} f(x)dx$$

就是一个 C^∞ 函数，其导数可由（20）来计算，特别，

$$F'(t) = -i \int x e^{-itx} f(x)dx。 \tag{35}$$

因为 $ite^{-itx}dx = -de^{-itx}$，所以利用分部积分就得到

$$it \int_a^b e^{-itx} f(x)dx = \int_a^b e^{-itx} f'(x)dx$$
$$+ e^{-ita} f(a) - e^{-itb} f(b)，$$

从而令 $a \to -\infty$，$b \to +\infty$ 时，即有

$$itF(t) = \int e^{-itx} f'(x)dx。 \tag{36}$$

因此，$tF(t)$ 便是有界函数，并且由于 $xf(x)$ 和 $f'(x)$ 都是 S 函数，所以重复使用公式（35）与（36）即可证明 F 是 S 函数。将公式（35）与（36）应用于 S 函数 $g(x) = e^{-x^2/2}$ 及其傅里叶变换 $G(t)$，即得

$$G'(t) = -i \int x e^{-itx} g(x)dx，$$

$$itG(t) = \int e^{-itx} g'(x)dx = -\int x e^{-itx} g(x)dx，$$

后一式是根据 $g'(x) = -xg(x)$ 推出来的。因此 $G'(t) = -tG(t)$，即 $(e^{t^2/2}G(t))' = 0$，从而 $G(t) = ce^{-t^2/2}$，其中 c 是常数。所以公式

$$G(t) = \int e^{-ixt-x^2/2}dx = ce^{-t^2/2}, \quad c = \int e^{-x^2/2}dx \quad (37)$$

给出了 G 的一个明显表达式，但现在还不知道 c 的数值。以后将会看到 $c = (2\pi)^{1/2}$。

现在我们所需要的准备知识已经完全具备，由此即可证明数学中最重要的成果之一——傅里叶反演公式。

定理（傅里叶反演公式）. 假如 f 及其傅里叶变换

$$F(t) = \int e^{-ixt}f(x)dx$$

都连续而且绝对可积，则

$$f(x) = (2\pi)^{-1}\int e^{ixt}F(t)dt. \quad (38)$$

这里所提的对于 f 和 F 的要求是方便的，但远非必要。当 f 是 S 函数时，这个条件是成立的；但是，例如 f 是 C^2 函数而且 f，f'，f'' 都是绝对可积，并且当 $|x|$ 趋于无穷大时，f 趋近于零，那么这个条件也能满足，特别，当 $x^2f(x)$，$x^2f'(x)$ 与 $x^2f''(x)$ 都有界时，这个条件也能满足。实际上，此时作二次分部积分即可证明，$t^2F(t)$ 是有界的，因而 F 便绝对可积。

如果我们取公式（38）两边的实部及虚部，就得到在傅里叶的《热的解析理论》(Théorie analytique de la chaleur, 1822) 一书中首次出现的公式；现在看来他的证明可以说是纯粹形式上的证明。他的计算从代数上讲都不错，但在当时，数学分析还很不严密，以至他并不觉得很有必要对于所讨论的函数加以限定。然而，从他所举的例子中显然可以看出，傅里叶对于他所搞的理论的确有非常清楚的想法。

为了证明公式（38），我们注意到，根据（29），只须证明

$$\int F(t)dt = 2\pi f(0) \quad (39)$$

就够了。这是因为，把这个公式用于函数 $x \to f(y+x)$（其傅里叶变换是 $e^{ity}F(t)$），就得到公式（38），只是（38）中的 x

改成了 y。为了证明（39），我们上面已经把公式（23）推广到 f，g 及其傅里叶变换都连续而且绝对可积的情形，现在就要适当选取其中的函数 g。我们令 $g=e^{-\varepsilon x^2/2}$，其中 $\varepsilon>0$ 是很小的数。在（37）中把 x 用 εx 代换，t 用 t/ε 代换，然后再用 ε 除即可推知，g 具有傅里叶变换 $c\varepsilon^{-1}e^{-t^2/2\varepsilon}$。因此，由（23）即得

$$\int F(t)e^{-t^2\varepsilon^2/2}dt=c\varepsilon^{-1}\int e^{-x^2/2\varepsilon^2}f(x)dx.$$

令 $\varepsilon\to 0$，则根据控制收敛定理，左端趋近于（39）的左方，而根据（31），右端趋近于 $c^2f(0)$，亦即（39）的右端。这样就完成了我们的证明。

当 f 是 S 函数时，（39）的证明可以简化如下。倘若 $f(0)=0$，则 $h(x)=f(x)/x$ 是 S 函数。这是因为，我们已经看到，它在原点附近的一个区间中是无穷次可微的，并且由于 $f(x)=xh(x)$，故由（35）即知，傅里叶变换 $F(t)$ 等于 $-iH'(t)$，其中 H 是 h 的傅里叶变换。因此，当 $f(0)=0$ 时即有 $\int F(t)dt=0$。把这个公式应用于两个 S 函数 f，g 及其傅里叶变换 F，G 上，就得到

$$g(0)\int F(t)dt=f(0)\int G(t)dt.$$

把 $g(x)=e^{-x^2/2}$ 代入，便证明了（39）。

广义函数

L. 施瓦兹在 40 年代所创建的广义函数论，与分部积分有着紧密的联系，因此我们要简单地谈几句。从前已经遇到过 C_0 函数，即 R 上的连续函数 $g(x)$，它当 $|x|$ 充分大时等于 0。假如再加上 g 是无穷次可微的条件，g 就叫做 C_0^∞ 函数。通过积分，从 R 上的每个连续函数 f 就得出由 C_0^∞ 函数映到 R 或者 C 的线性函数（等号表示记号 $f(g)$ 的定义）

$$g\to f(g)=\int f(x)g(x)dx.$$

这种线性函数 $g \to T(g)$，不管它是怎么定义的，只要具有下述连续性质：对于每个有界开区间 I，都存在数 c 与 k，使得当 g 在 I 外面等于 0 时，即有 $|T(g)| \leqslant c \max|g^{(k)}(x)|$，我们就称 $T(g)$ 为广义函数。如果 $T(g)=f(g)$ 是由上面所说的 f 构成的，那么这个性质对于 $k=0$ 成立。如果上面这个不等式对于 $c=0$ 成立，我们就说在区间 I 上 $T=0$。如果 f 是 C' 函数，分部积分的公式便可以写成 $f'(g)=-f(g')$。与此相对应的广义函数公式 $T'(g)=-T(g')$，可以取做 T' 的定义，而且此时立刻可以看出，T' 也是广义函数。同样，在公式 (23) 中，取 g 为 S 函数，而 G 为 g 的傅里叶变换，它就可以写作 $U(g)=T(G)$；当 T 是所谓缓增广义函数（亦即可以连续地扩张成为 S 函数）时，由此就定义了 T 的傅里叶变换 U。把微分法及傅里叶变换这样推广到广义函数上，的确是极为有用的，但此处不能细讲。让我们只提一下这样一个重要事实，即傅里叶反演公式可以推广到缓增广义函数上去。

卷积

让我们这样定义：$\mathbf{R}$ 上的函数 $f(x)$ 叫做 C 函数，如果它连续而且在绝对值大的负 x 处等于 0。下面就要研究两个 C 函数的乘积 $f * g$，它称为 f 和 g 的卷积，由公式

$$(f * g)(x) = \int f(x-y)g(y)dy \qquad (40)$$

来定义。注意 $y \to f(x-y)g(y)$ 是 C_0 函数（也即这样的连续函数，它在大的 $|y|$ 处等于 0），而且当 x 是绝对值大的负数时，它对于所有的 y 都取值零。因此，这个积分是有意义的，而且在绝对值大的负 x 处等于零；又由 (15) 可知，它是 x 的连续函数。因此，卷积就是另一个 C 函数。由代换 $y = x - z$ 可以证明，卷积是可交换的：$f * g = g * f$。卷积显然满足分配律，它也满足结合律，这是因为，如果 h 是第三个 C 函数，则由 (22) 可知，

$$f \cdot * (g * h)(x)$$

$$= \int f(x-y)\left(\int g(y-z)h(z)dz\right)dy$$

等于

$$\int \left(\int f(x-y)g(y-z)dy\right)h(z)dz$$

$$= (f * g) * h(x).$$

当 f 与 g 都是 C_0 函数时，$f * g$ 也是 C_0 函数，而将（40）求积分可得：

$$\int (f * g)(x)dx = \int \left(\int f(x-y)dx\right)g(y)dy$$

$$= \int f(x)dx \int g(y)dy,$$

这是因为，我们可以利用（22），而且 $\int f(x-y)dx = \int f(x)dx$ 不依赖于 y。对于 $\geqslant 0$ 的 C 函数而言，同样的等式

$$\int (f * g)(x)dx = \left(\int f(x)dx\right)\left(\int g(y)dy\right) \quad (41)$$

也成立。为了证明这个公式，只须将（40）由 $-\infty$ 到 b 求积分，并改变积分的次序，然后再令 $b \to \infty$ 即可。（41）的两边可能都是无穷大。作为一个应用，让我们看一下，如果 f，g 都是 C 函数：

$$f(x) = H(x)x^{\alpha-1}e^{-x}, \quad g(x) = H(x)x^{\beta-1}e^{-x},$$

那么（41）究竟有什么意义。这里 α，$\beta > 1$，而

$$H(x) = \begin{cases} 1 & \text{当 } x \geqslant 0, \\ 0 & \text{当 } x < 0 \end{cases}$$

是所谓黑维塞德函数。在这种情形下，

$$(f * g)(x) = H(x)\int_0^x (x-y)^{\alpha-1}y^{\beta-1}dy.$$

作变数更换 $y = tx$（$0 \leqslant t \leqslant 1$），就得到

$$(f * g)(x) = B(\alpha, \beta)H(x)x^{\alpha+\beta-1}e^{-x},$$

其中

$$B(\alpha, \beta) = \int_0^1 t^{\alpha-1}(1-t)^{\beta-1}dt \qquad (42)$$

是所谓欧拉 β 函数。因此，由定义（26）以及恒等式（37），就证明了下面的欧拉公式（1731）：

$$B(\alpha, \beta) = \frac{\Gamma(\alpha)\Gamma(\beta)}{\Gamma(\alpha+\beta)}. \qquad (43)$$

当 α，$\beta > 1$ 时，我们已经证明过这公式，但在（41）中取极限，由 $\geqslant 0$ 的 C 函数过渡到具有有限个间断点的 $\geqslant 0$ 的函数时即可证明，这个公式当 α，$\beta > 0$ 时也可以使用。因此，在同样的条件下，欧拉公式（43）也成立。特别，由 $\Gamma(1)=1$ 及（30）可知，$B\left(\dfrac{1}{2}, \dfrac{1}{2}\right) = \pi$，代入（43）就证明了 $\Gamma\left(\dfrac{1}{2}\right) = \sqrt{\pi}$。这样我们便能算出（37）的常数 c 来。作变数代换 $t^2 = 2x$，$dt = (2x)^{-1/2}dx$，即得

$$c = \int e^{-t^2/2}dt = 2\int_0^\infty e^{-t^2/2}dt$$

$$= \sqrt{2}\int_0^\infty e^{-x}x^{-1/2}dx = \sqrt{2\pi}.$$

为了看出卷积对于傅里叶变换的意义，把（40）与（41）中的 $f(x)$ 与 $g(x)$ 分别用 $e^{-ix}f(x)$ 与 $e^{-ix}g(x)$ 来代换，并注意此时 $(f * g)(x)$ 就乘上了一个 e^{-ix} 的因子。因此，当我们局限于 C_0 函数时，即有

$$\int e^{-ixt}(f * g)(x)dx$$

$$= \left(\int e^{-ixt}f(x)dx\right)\left(\int e^{-ixt}g(x)dx\right).$$

如果用算子 $\mathscr{F}$ 来表示傅里叶变换：

$$\mathscr{F}f(t) = \int e^{-ixt}f(x)dx,$$

那么上式就意味着

$$\mathscr{F}(f * g) = \mathscr{F}f\mathscr{F}g.\tag{44}$$

换句话说，卷积的傅里叶变换等于因子的傅里叶变换的乘积，或者我们也可以这么讲，傅里叶变换 $\mathscr{F}$ 把卷积变为乘积。公式(44)现在仅仅对于 C_0 函数作了证明，它也能推广到更一般的情形，但是我们只谈到这里为止。

调和分析

为了导出傅里叶变换的主要性质，我们必须在短时间之内作大量的工作，但是现在让我们放松一下，来看看我们的结果有什么意义。为此，交换一下 x 和 t，而把傅里叶反演公式写成

$$f(t) = (2\pi)^{-1} \int F(x)e^{ixt}dx,$$

$$F(x) = \int e^{-ixt}f(t)dt,\tag{45}$$

并将（44）写成

$$(f * g)(t) = (2\pi)^{-1} \int e^{ixt}F(x)G(x)dx.\tag{46}$$

而不去管我们讨论的是什么函数类。这里可以把 t 看作时间，而 x 看作频率。函影 $t \to Ae^{ixt}$ 和 $t \to A\cos xt$ 或者 $t \to A\sin xt$ 称为简单或谐和振动，这是因为它们代表匀速圆周运动以及这种运动在一条直线上的投影。它们的频率都是单位时间内有 $x/2\pi$ 个周期。数 A 称为振动的振幅。振幅的绝对值代表离开中心位置（此处取做原点）的最大偏移。

现在把函数 $f(t)$ 想像为随着时间变化的某件事——称之为时间过程——的度量。如果 f 是复函数，我们就用两个参数测量它，如果 f 是实函数，那么就只用一个参数。在后一种情形下，取（45）中第一个公式的实部，则简单振动 $\cos xt$ 与 $\sin xt$ 就出现于积分号下，其振幅与 x 有关。因为每个积分都是黎曼和的极限，我们就可以把 f 看作是具有各种振幅的简单振动的线性组合。于是反演公式的基本原理就可以陈述为：每个时间过程都

是简单振动的线性组合。根据（45）可知。函数 F 是 f 的频率分解，也就是说，它列出了组成 f 的简单振动 e^{ixt} 的振幅 $F(x)$。假如，比方说 F 在某一区间内等于零，那么在 f 中就不出现相应的简单振动；假如 F 在某一区间内很大，而在这区间外很小，则 f 主要由这个区间内的相应的简单振动所决定。从这种观点来看，（46）中的函数 g 就成为一个滤波器或共振器。f 与 g 的卷积把 f 中那些 g 所没有的频率消掉。频率分解和滤波器在自然界和实验室中都能见到。眼睛对光作频率分解，耳朵对声音作频率分解。带通滤波器只让具有所需频率的电磁波通过，而把其他频率的电磁波吸收掉。假如 f 包含所有的频率而让 g 变化，则公式（46）表示 $f*g$ 可以接近于任意的时间过程 h。事实上，这就是 N.维纳的著名结果（1930 年）的内容：如果 f，h 都绝对可积，并且对于所有的 x 都有 $F(x)\neq0$，那么必定存在 C^2_0 函数 g，使得 $\int|f*g(t)-h(t)|dt$ 任意小。

由（46）可以得出时间过程及其傅里叶变换 F 之间的一个关系，即帕塞瓦尔公式 $2\pi\int|f(t)|^2dt=\int|F(x)|^2dx$，这只要在（46）中令 $t=0$，$G=\overline{F}$，（$\overline{F}$ 为 F 的共扼变数）即可推出。假如我们进行规范化使得 $\int|f(t)|^2dt=1$，则有不等式

$$\left(\int t^2|f(t)|^2dt\right)(x^2|F(x)|^2dx)\geqslant\frac{1}{4}$$

成立，它并不难证明。这就是量子力学中的测不准关系。其意义是，当 F 集中时，也就是说除了在一个小区间上以外，其余地方 F 都变得很小，那么 f 就扩展出去。这并不难理解。如果 F 在远处很小的话，f 在高频的部分就很少，因而是光滑而且扩展出去的函数。使 f 集中或者使之具有奇点，其高频部分必然增加。

傅里叶变换也可以推广到多变量情形，从 1940 起又出现了抽象调和分析。它可以应用于广义函数上，这意味着无论在技术上还是在概念上都向前迈进了一大步，而且证明了傅里叶的形式计算的正确性。傅里叶变换与下一章要讨论的傅里叶级数有着密

切的联系，两者都是傅里叶分析的组成部分。傅里叶分析也叫调和分析，这个名称来源于调和振动。无论在理论上还是在应用上，调和分析都是数学的重要组成部分，它充满着有趣的结果，而且这种结果越来越多；调和分析对于工程技术、经典物理以及量子力学都是不可缺少的工具。

8.3 $\mathbf{R}^n$ 中的积分和测度

迄今为止，我们只限于讨论一元函数的黎曼积分。由累次积分就可以得出 $\mathbf{R}^n$ 中的黎曼积分。在 $\mathbf{R}^n$ 中的一个区间上对函数 1 进行积分，结果就得出这个区间的 n 维体积，而进行变量更换就引出一个行列式来。把积分看作是从 C_0 函数映到数上的函数，那么积分便是线性而且单调增加的。接着我们要证明 F.黎斯 的定理，它表明这种函数都是斯蒂尔吉斯积分，也就是一个黎曼积分，其中通常的体积改为更一般的测度。最后，我们简单谈一下勒贝格积分。

$\mathbf{R}^n$ 中的黎曼积分，变量的更换

假设 f 是 n 维区间 I: $a_1 \leqslant x_1 \leqslant b_1$, …, $a_n \leqslant x_n \leqslant b_n$ 上的连续函数。我们可以通过 n 回累次积分而得出 f 在 I 上的积分；例如，当 $n=3$ 时，

$$\int_I f(x)dx = \int_{a_1}^{b_1} \left[\int_{a_2}^{b_2} \left(\int_{a_3}^{b_3} f(x_1, x_2, x_3)dx_3 \right) dx_2 \right] dx_1,$$

$$(47)$$

一般情形也是一样。这里左边只是右边的一种记号。这个公式是合理的，因为重复运用（22）可以证明，公式右边的值与进行积分的顺序无关。当 $f=1$ 时，积分值就等于 $(b_1-a_1) \cdots (b_n-a_n)$；假如采用标准正交化的坐标系，那么这就是 I 的 n 维体积（ $n=2$ 时就是面积）。重复应用（8）与（9）可得：

$$f \leqslant g \Longrightarrow \int_I f(x)dx \leqslant \int_I g(x)dx, \qquad (48)$$

$$\int_I (Af(x)+Bg(x))dx$$

$$= A\int_I f(x)dx + B\int_I g(x)dx. \tag{49}$$

换句话说，积分是被积函数 f 的单调递增的线性函数。如果 f 是 C_0 函数，即 f 连续而且当和式 $|x_1|+\cdots+|x_n|$ 充分大时 $f(x)=0$，那么积分 (47) 的值就与 I 无关，但设 I 很大，使得在 I 外面 $f=0$。于是我们就可以把所述积分写成 $\int_{\mathbb{R}^n} f(x)dx$ 或者 $\int f(x)dx$。此时性质 (48) 和 (49) 仍然成立。

自然我们也得在并不是区间的其他区域上进行积分。我们要在 $\mathbb{R}^n$ 的开子集 V 上对连续函数进行积分。我们分两步来定义相应的积分。设 $C_0(V)$ 为在 V 的紧子集外面等于零的 C_0 函数所成的集合，并且当 $f \geqslant 0$ 是连续函数时，定义

$$\int_V f(x)dx = \sup \int g(x)dx,$$
$$\text{其中} g \in C_0(V) \text{而且} 0 \leqslant g \leqslant f. \tag{50}$$

如果 f 是 $C_0(V)$ 中的函数，则当 $g=f$ 时即可达到上确界，从而并不能得到什么新东西。在一般情形下，右边可以是正无穷大。

第二步，我们对可以变号的函数 $f(x)$ 进行积分，不过它必须是绝对可积的，也就是 $\int_V |f(x)|dx < \infty$。此时令

$$\int_V f(x)dx = \int_V f_+(x)dx - \int_V f_-(x)dx, \tag{51}$$

式中 $f_+(x) = \max(f(x), 0)$ 是 $f(x)$ 的正值部分，而 $f_-(x) = \max(-f(x), 0)$ 是 $f(x)$ 的负值部分再变号。因为 $|f| = f_+ + f_-$，所以右边两项皆为有限；又因为 $f = f_+ - f_-$，所以 (51) 对于 $C_0(V)$ 函数成立。不难证明，积分 (51) 具有性质 (48) 和 (49)。

按照我们上面选取的记号，在 (47) 中进行变量代换以后的

公式，看起来就像单个变量情形中的相应公式（33），只不过现在加上一个表示行列式的记号"det"：

$$\int_{h(V)} f(x)dx = \int_V f \circ h(y)|\det h'(y)|dy, \quad (52)$$

式中 h 是由 V 到 $h(V)$ 的一个 C^1 双映射，其雅可比矩阵为 $h'(y)=(\partial_k h_j(y))$。下面我们只能简要地叙述一下这个相当麻烦的证明。假如 h 只改变一个变量，也就是说，除了一个 k 之外（比如 $k = n$），都有 $h_k(y)=y_k$，而 $V=\mathbf{R}^n$。我们把右边写成

$$\cdots\left(\int f \circ h(y)|\partial_n h_n(y)|dy_n\right)\cdots,$$

然后在内层积分中把变量换成 $x_n=h_n(y)$，即得所需的结果。如果 h 正好把变量作一个置换，那么公式（52）也成立。重复进行这两类变量更换，那么至少当 $f \circ h$ 在 V 上任意选定的某一小块的外面等于零的情况下，可以推出一般的公式。因此，如果把使得已知函数恒等于零的最大开区域的余集称为函数的支集，那么我们现在已经知道，对于具有小支集的函数，（52）成立。再进一步，我们就要用单位分解了。所谓单位分解，就是指一串 $C_0(V)$ 函数 $g_1, g_2, \cdots$，其和为 1，并且 V 的每个紧子集都至多和有限个这种函数的支集相交。这个概念的要点在于，它可以和 V 的开覆盖联系起来。V 的开覆盖的定义，就是一些开集 W 所成的族 (W)，这些开集合并起来覆盖 V。我们说一个单位分解从属于某一开覆盖，如果对于每个 g_k，都存在族中的一个开集 W_k，

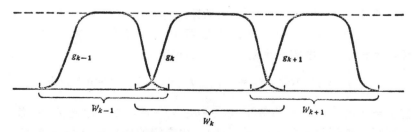

图8.5 R上的单位分解。和处 $g_1 + g_2 + \cdots$ 处处等于 1。
每个 g_k 在相应的区间的一个紧子集 W_k 外而等于零

使得 g_k 属于 $C_0(W_k)$，即 g_k 在 W_k 的一个紧子集外面等于 0 。参看图 8.5。

我们有

定理（单位分解） $\mathbf{R}^n$ 中一个开集的任何开覆盖，都有一个从属的单位分解。

证明并不困难，但是太长，所以这里不讲了。现在我们来看一下怎么应用这个定理。假设我们已经证明，V 的每个点都具有一个开邻域 W，使得当 $f \circ h$ 是 $C_0(W)$ 函数时，(52) 成立。那么我们就有一个 V 的开覆盖。假设 g_1，g_2，…是它的从属单位分解，并令 $f \in C_0(V)$，我 们 考 虑 公 式(52)。把 f 用 $f_k(x) = g_k(h^{-1}(x))f(x)$ 来代替，则 $f_k \circ h(y) = g_k(y)f \circ h(y)$ 有一个很小的支集，使得 (52) 对于 f_k 成立。把相应的公式加在一起，并且注意到 $f(x) = f_1(x) + f_2(x) + \cdots$，其中至多只有有限项 不等于零，这样就对 f 证明了 (52)。

公式 (52) 要用到微分。事实上，由第七章公式 (32) 可知，
$$dx_1 \wedge \cdots \wedge dx_n = \det h'(y)dy_1 \wedge \cdots \wedge dy_n.$$
取形式的绝对值，并令
$$dx = dx_1 \cdots dx_n = |dx_1 \wedge \cdots \wedge dx_n|, \tag{53}$$
则得 $dx = |\det h'(y)|dy$。这样就把 (52) 归结为一个形式的恒等式。

现在令 y 表示二维和三维极坐标而应用公式 (52)。此时相应的雅可比行列式就由第七章 的 公 式 (35) 与 (36) 给出。首先，令 $y = r$，θ 为平面上的 极坐标：$x_1 = r \cos\theta$，$x_2 = r \sin\theta$，并用 V 代表区间 $\theta_1 < \theta < \theta_2$。于是区域 $U = h(V)$ 就是圆环 $r_1^2 < x_1^2 + x_2^2 < r_2^2$ 中的一个扇形，从而即得
$$\int_U f(x_1, x_2)dx_1 dx_2 = \int_V f(r\cos\theta, r\sin\theta)rdrd\theta.$$
当 $f = 1$ 时，上式右边等于 $(\theta_2 - \theta_1)(r_2^2 - r_1^2)/2$，这就 是 扇形的面积。按照第七章的公式 (36)，由空间的极坐标可得 一 个 相应的公式

$$\int_U f(x_1, x_2, x_3) dx_1 dx_2 dx_3$$

$$= \int_V f(r \cos\varphi \cos\theta, \ r \cos\theta \sin\varphi, \ r \sin\theta) r^2 \cos\theta \, dr \, d\theta \, d\varphi.$$

假如 V 是区间 $r_1 < r < r_2$，$\theta_1 < \theta < \theta_2$，$\varphi_1 < \varphi < \varphi_2$，而且 $f = 1$，则上式右边就成为

$$\frac{1}{3}(r_2^3 - r_1^3)(\sin\theta_2 - \sin\theta_1)(\varphi_2 - \varphi_1),$$

这就是球壳 $r_1^2 < x_1^2 + x_2^2 + x_3^2 < r_2^2$ 上的相应一块的体积。最后，我们来计算 $\mathbf{R}^n$ 中的单位球体 $E : x_1^2 + \cdots + x_n^2 < 1$ 的 n 维体积，也就是积分

$$\int_E dx_1 \cdots dx_n = 2^n \int_V dx_1 \cdots dx_n,$$

其中 V 是 E 中满足 $x_1 > 0, \cdots, x_n > 0$ 的部分。把变量更换为 $t_k = x_k^2$，就得出 $2dx_k = t_k^{-1/2}$。从而右边等于

$$\int_U (t_1 \cdots t_n)^{-1/2} dt_1 \cdots dt_n,$$

其中 U 是区域 $t_1 > 0, \cdots, t_n > 0$，$t_0 = 1 - (t_1 + \cdots + t_n) > 0$。这是积分

$$\int_U t_0^{\alpha_0 - 1} t_1^{\alpha_1 - 1} \cdots t_n^{\alpha_n - 1} dt_1 \cdots dt_n = \frac{\Gamma(\alpha_0 + \cdots + \alpha_n)}{\Gamma(\alpha_0) \cdots \Gamma(\alpha_n)} \tag{54}$$

的特殊情形，其中 $\alpha_0 > 0, \cdots, \alpha_n > 0$，这个公式是欧拉公式 (43) 的推广。所以要求的体积就等于

$$\Gamma\left(\frac{1}{2}\right)^n \Big/ \Gamma\left(\frac{n}{2} + 1\right).$$

要证明 (54)，可由公式 (43)（即 $n = 1$ 的情形）进行归纳。作变量更换使得 $t_1 = s(1 - t_2 - \cdots - t_n)$，然后对 s 进行积分，其中要应用 (43)。细节留给读者去做。

斯蒂尔吉斯积分及测度

我们已经指出，把黎曼积分 (47) 看作是由 C_0 函数到数的

映射 $f \to L(f)$ 时，它是单调递增而且是线性的。换句话说，对于所有数 A，B 及 C_0 函数 f，g，都有

$$f \geqslant 0 \Longrightarrow L(f) \geqslant 0,$$
$$L(Af + Bg) = AL(f) + BL(g). \tag{55}$$

如果我们进一步追问，具有这种一般性质的任意映射 L 是否有任何有趣的性质，那么我们对于什么是积分就会有更好的理解。倘若我们回到公式（50）而利用它使 L 定义一个测度，那么我们就得到肯定的答案。说得更确切些，假设给定了具有性质（55）的 L，并令

$$m(E) = \sup L(f),$$
$$\text{其中 } 0 \leqslant f \leqslant \chi_E \text{ 而 } f \text{ 是 } C_0 \text{ 函数。} \tag{56}$$

这里 E 是 **R**" 中的任何开集，χ_E 是 E 的示性函数，它在 E 上取值 1 而在 E 外面取值 0。这样就定义了一个由开集到 $\geqslant 0$ 的数（包含 $+\infty$）的函数 $E \to m(E)$，称为测度，它显然具有下列三条性质（箭头 ↑ 表示"递增地趋近于极限"）：

$$m(E) \geqslant 0, \ E \text{ 有界} \Longrightarrow m(E) < \infty, \tag{57 a}$$
$$E' \uparrow E \Longrightarrow m(E') \uparrow m(E), \tag{57 b}$$
$$E \cap E' = \phi \Longrightarrow m(E \cup E')$$
$$= m(E) + m(E'). \tag{57 c}$$

对于任意的集合 F，让我们定义

$$m(F) = \inf m(E), \text{ 其中 } E \text{ 是包含 } F \text{ 的开集。} \tag{58}$$

现在反过来，假设已经给定一个测度 m，它具有性质（57）。我们要定义 C_0 函数关于 m 的积分。此时先把 **R**" 分成不相交的有界区间 $I_1, I_2, \cdots$ 的族（I），使得任何紧集都至多与其中有限个区间相交，然后考虑相应的黎曼和：

$$\sum f(\xi_k) m(I_k), \text{ 对于所有的 } k, \ \xi_k \text{ 都属于 } I_k。 \tag{59}$$

因为 f 具有紧支集，所以这里只有有限个项不等于零。正如黎曼积分的情形一样，我们证明当这一族区间中的最大尺寸趋近于零时，这个和有一个极限。这个极限用

$$\int f(x)dm(x)$$

表示，称为 f 关于 m 的斯蒂尔吉斯积分。显然它具有性质（55），此时我们可以问：假如测度由（56）定义，那么这个积分是否等于我们开始所讲的那个映射 L？回答是肯定的。下面的结果主要归功于 F. 黎斯。

定理 具有性质（55）的任何线性映射，都是关于由 L 生成的测度（56）的斯蒂尔吉斯积分。

证明并不困难，至少 $n=1$ 时不难。考虑以所有整数为下标的严格递增数列 x_k，把 R 分成 x_k 与 x_{k+1} 之间的区间 I_k，点 x_k 属于 I_{k-1} 或 I_k。然后造出单位分解 (g_k)，使得 g_k 在 I_k 外部以及不属于 I_k 的端点上等于零，而在其他端点上 $g_k=1$。读者最好自己画出一个类似于图 8.5 的图形。由（56）与（58）可以推知，这种单位分解存在，并且我们可以这样选取这种分解，使得对于所有的 k，$L(g_k)$ 都与（56）和（58）所定义的 $m(I_k)$ 任意接近。因此，黎曼和（59）与 $\sum f(\xi_k)L(g_k)$ 的差可以取得任意小。另一方面，因为 $L(f)=\sum L(fg_k)$，所以

$$|L(f)-\sum f(\xi_k)L(g_k)|\leqslant\sum|L(fg_k)$$
$$-f(\xi_k)L(g_k)|\leqslant\sum{}'\delta_k L(g_k),$$

其中 δ_k 是 f 在 g_k 的支集上的最大值与最小值的差，最后的和取遍使得 g_k 的支集与 f 的支集相交的 k。再作更细致的分割，使得 g_k 的支集与 I_k 充分接近，最大的 δ_k 趋近于零而 $\sum{}'L(g_k)$ 保持有界。这样就在 $n=1$ 的情形之下证明了定理。当 $n>1$ 时，证明也是类似的。

在我们讲完这部分相当抽象的数学之后，现在该是造一些测度和斯蒂尔吉斯积分的例子的时候了。假设 $g(x)\geqslant0$ 是连续函数，$(x^{(k)})$ 是 R^n 中的点列，而 (a_k) 是这样一串 $\geqslant0$ 的数，使得只要 $x^{(k)}$ 属于 R^n 中的某个紧集，相应的和 $\sum a_k$ 就总是有限的。那么

$$L(f)=\int f(x)g(x)dx+\sum a_k f(x^{(k)})$$

便是斯蒂尔吉斯积分。显然，此时对应的测度是

$$m(E)=\int_E g(x)dx+\sum' a_k,$$

其中的和取遍所有使得 $x^{(k)}$ 属于 E 的 k。这个例子虽然不是最一般的，却非常有代表性。当 $g=0$ 时，我们就说上述测度是离散的；当所有 $a_k=0$ 时，就说它具有密度 g。当 $n=1$ 时，每个测度 m 都可以由一个这种非增函数 $h(x)$ 来表示：当 $x\geqslant 0$ 时，它定义为 $h(x)=m(I_x)$，而当 $x<0$ 时，则定义为 $h(x)=-m(J_x)$；这里 I_x 是区间 $0<t\leqslant x$, J_x 是区间 $x<t\leqslant 0$。于是斯蒂尔吉斯积分 $\int f(x)dm(x)$ 便具有黎曼和

$$\sum f(\xi_j)[h(x_{j+1})-h(x_j)],$$

它也可以写成 $\int f(x)dh(x)$，这是斯蒂尔吉斯所使用的形式(1894)。黎斯定理是1909年以后发现的。他所考虑的是一个区间 $a\leqslant x\leqslant b$ 上所有连续实函数 f 所成的线性空间 C，以及由 C 到实数的线性映射 $f\to L(f)$，它满足：对于所有的 f 及某个与 f 无关的 c，$|L(f)|\leqslant c\max|f(x)|$ 成立。他证明，每一个这样的 L 都是两个斯蒂尔吉斯积分的差：

$$L(f)=\int_a^b f(x)dh_1(x)-\int_a^b f(x)dh_2(x),\quad (60)$$

其中 h_1, h_2 为不减的函数；如果当 $f\geqslant 0$ 时有 $L(f)\geqslant 0$，那么便可以取 $h_2=0$。让我们注意一下后面这种情形，此时条件 $|L(f)|\leqslant c|f|$ 成立，其中 $|f|=\max|f(x)|$, $c=L(1)$；这是因为，由 $|f|\geqslant f(x)\geqslant-|f|$ 可以推出 $|f|L(1)\geqslant L(f)\geqslant-|f|L(1)$。用现代的术语来陈述，黎斯定理就是说，巴拿赫空间 C 上的任何连续线性泛函都有(60)的形式，反过来也是如此。这样陈述的定理，是泛函分析中最早的也是最基本的定理之一。

勒贝格积分及其他各种积分

到现在为止，为了简单起见，我们大半都只是求了连续函数

的积分，但我们也可以走得更远一些。对于斯蒂尔吉斯积分，可以施行单调地取极限的步骤，这样就得出勒贝格-斯蒂尔吉斯积分。或者，倘若从黎曼积分出发，那么通过上述步骤就得出勒贝格积分。说得更确切些，我们从 C_0 函数集上的具有性质（55）的映射 $L(f)$ 出发，当 f 是 C_0 函数的递增序列（递减序列）(f_k) 的逐点极限时，就令 $L(f)=\lim L(f_k)$，这样便推广了积分 L。此种 f 称为下（上）半连续函数。任意一个函数 f 称为可积函数，假如下面的条件成立：f 介于两个半连续函数之间（一样一个，其中比较大的一个为下半连续，另外一个为上半连续），而且它们的积分可以相差得任意小。此时积分 $L(f)$ 便自然而然有定义。事实证明，可积函数空间是线性空间，而将 L 看作这个空间上的映射时，它仍然具有性质(55)。这种积分的表述是勒贝格(1900)所作的，它的优点在于：为使控制收敛定理成立，只须逐点收敛的条件成立就够了，而不需要局部一致收敛的条件。

积分还有其他的方面。例如，我们可以从所谓微积分的基本定理出发，这个定理可以表述为

$$f(b)-f(a)=\int_a^b f'(x)dx. \tag{61}$$

如果 $a=x_0<x_1<\cdots<x_n=b$ 是一个划分，而且 f' 存在，则由中值定理即知，

$$f(b)-f(a)=\sum_0^n (f(x_{j+1})-f(x_j))$$

$$=\sum_0^n f'(\xi_j)(x_{j+1}-x_j)$$

是（61）式右边的黎曼和；因此，当 f' 是黎曼可积时，等式(61)就成立。但导数 f' 可以是相当复杂的函数，甚至当它有界的时候也是这样；此时它不一定是黎曼可积的，因而（61）的右边就没有意义。另一方面，在勒贝格的理论中，有界导数总是可积的，而且（61）成立。但是，即便如此也并不是万事大吉。例如，倘

若 f 单调而且连续，除了一个非常小的集合——所谓零集——以外，f' 都存在，而且 f' 按照勒贝格意义是可积的，但是（61）的左边可以比右边大（当 f 是递增函数时）。存在这样的积分，它能使（61）成立，或者干脆以（61）为定义；但勒贝格积分是数学分析中的标准积分，它将来肯定仍然会保持这种地位。

8.4　流形上的积分

在导致微积分产生的问题当中，有曲线弧长和曲面面积的计算。这两个问题都归结为积分的问题。事实证明，弧 $y = f(x)$ 在 $x = a$ 及 $x = b$ 之间的长度公式为

$$\int_a^b ds, \tag{62}$$

其中 $ds = (dx^2 + dy^2)^{1/2} = (1 + (f'(x))^2)^{1/2} dx$ 是所谓弧元素。它的思想出发点是：非常小的一段弧十分接近于直线段，从而可以对它应用毕达哥拉斯定理。莱布尼茨的巧妙的记号，把这个公式同我们的直觉完善地协调起来。而后来人们所作的事，只不过是把弧长定义为逼近所给弧的折线长度的上确界。

下面我们要把公式（62）推广到高维情形以及流形上，但我们事先作一点准备：在流形上求密度的积分，另外还要对黎曼几何作一点说明。然后，我们要谈到定向流形上的微分形式的积分，并且作为应用，给出格林公式和斯托克斯公式的证明。尽管这些公式表面看来颇为吓人，但实际上它们只不过是微积分基本定理的推广，所谓基本定理，无非就是对于 C^1 函数 $f(x)$，我们有

$$\int_a^b f'(x)dx = f(b) - f(a).$$

为了理解下面的叙述，读者有必要把第七章第七节所讲的流形上的微分学通读一遍。

密度的积分

在讲斯蒂尔吉斯积分时，我们已经把 $\mathbf{R}^n$ 中的连续密度 $g(x)$

$\geqslant 0$ 的 积 分 定 义 为 C_0 函数集上的映射 $f \to L$ $(fg)=$ $\int f(x) g(x) dx$。现在也要考虑 p 流形 M 上的连续密度的积分。所谓 f 是 M 上的 C_0 函数,就是指 f 是连续函数并且具有紧支集,也就是说,在 M 的一个紧子集外部等于零。我们考虑 C_0 函数集上的这种线性映射 $f \to L(f)$,使得对于 M 的每个图 h,V,如果 f 在附图区域 $h(V)$ 的一个紧子集外部等于 0,那么

$$L(f) = \int f_V(t) H_V(t) dt, \quad dt = dt_1 \cdots dt_{p\bullet}$$

这里,当 $x = h(t)$ 时 $f_V(t) = f(t)$,而且 $H_V(t) \geqslant 0$ 是连续函数。当 f 的支集属于两个附图区域的交集 $h(V) \cap h'(V')$ 时,我们就有

$$\int f_V(t) H_V(t) dt = \int f_{V'}(t') H'_{V'}(t') dt',$$

其中当 $x = h(t) = h'(t')$ 时,即有 $f_V(t) = f_{V'}(t') = f(x)$。为了使这个等式能够适合积分中的变量更换公式 (52) 和 (53),对于所有的图 h,V 和 h',V',H_V 和 $H'_{V'}$ 必须通过下面的公式相联系:

$$h(t) = h'(t') \Longrightarrow H_V(t) |dt_1 \wedge \cdots \wedge dt_p|$$
$$= H'_{V'}(t') |dt'_1 \wedge \cdots \wedge dt'_p|. \tag{63}$$

因此,流形上的密度便由 $\geqslant 0$ 的连续函数集合 (H_V) 所给出,使得每个图都有一个连续函数,使 (63) 成立。特别,如果 $\omega(x)$ 是 M 上的 p 形式,那么便可以令 $H_V(t) = |g_V(t)|$,此处 $\omega(x)$ 用图 (h, V) 的变量表示时,即有 $\omega(x) = g_V(t) dt_1 \wedge \cdots \wedge dt_{p\bullet}$。

由于密度可以相加,因此不难构造密度。当 h,V 是已给的图时,由任意的 $C_0(h(V))$ 函数 H_V 都可以通过 (63) 给出一个密度;为此,只要当 $h(V) \cap h'(V')$ 是空集或者当 $h'(t') = h(t)$ 而 $H_V(t) = 0$ 时,令 $H_V(t) = 0$ 即可。同样的方法有时也用来构造微分形式。为了对于已知密度 (H_V) 构造积分 $L(f)$,我们要用单位分解,也就是可数个 $\geqslant 0$ 的 C_0 函数所成的

集(g_k)，这些 g_k 的和为 1，使得每个 g_k 的支集都包含在一个附图区域之中，并且最多只有有限个支集与M的给定紧集相交。我们从前的 $\mathbf{R}^n$ 中的单位分解定理,对于流形也成立。但我们不得不略去证明。特别，每个图册都有一个从属的单位分解。于是一个已知密度的积分就定义为

$$L(f)=\Sigma L(g_k f),$$

其中 (g_k) 是一个单位分解，g_k 的支集包含在某个附图区域 $h_k(V_k)$中，而且

$$L(g_k f)=\int (g_k f)_{v_k}(t)H_{V_k}(t)dt。$$

因为按照假设 f 具有紧支集，所以和式中至多有有限个项不等于 0。如果 (g'_j) 是另外一个单位分解，而 $L'(f)=\Sigma L'(g'_j f)$ 为相应的积分，则由 (63) 即可证明，对于所有的 j 与 k，有 $L(g_k g'_j f)=L'(g_k g'_j f)$。这样，如果对 j 求和,则因 $\Sigma g'_j=1$，所以 $L(g_k f)=L'(g_k f)$；再对 k 求和，则因 $\Sigma g_k=1$，所以 $L(f)=L'(f)$。因此，积分就不依赖于我们所用的单位分解。下面讲几个古典的密度的例子。

弧元和面积元

令 $x=(x_1,\cdots,x_n)$ 为 $\mathbf{R}^n$ 中的标准正交坐标系，因而 x,y 两点的距离平方便是$|x-y|^2=(x_1-y_1)^2+\cdots+(x_n-y_n)^2$。$\mathbf{R}^n$ 中一条 C^1 曲线 γ 的弧元，是由

$$\begin{aligned}ds&=(dx_1^2+\cdots+dx_n^2)^{1/2}=|x'(t)|dt\\&=(x_1'(t)^2+\cdots+x_n'(t)^2)^{1/2}dt\end{aligned} \tag{64}$$

所定义的密度。这里第一个等式是纯粹记号上的，关于图 $t\to x(t)$ 的密度$|x'(t)|$出现于最后一项中。注意，假如 $s\to y(s)=x(t)$ 是另外一个图，则 $|x'(t)|=|y'(s)|\ |ds/dt|$，所以 $|x'(t)|$的确是一个密度。为了看出 $\int_I ds$ 就是 γ 的弧 I 的长度，我们注意到，假如 I 是连结 y 与 z 的直线段，其方程为 $x(t)=y+t(z-y)(0\leqslant t\leqslant 1)$，则 $ds=|z-y|dt$，因而积分就

等于$|z-y|$。

作为例子,我们考虑 $x-y$ 平面上的椭圆$(x/a)^2+(y/b)^2=1$。用图 $x=a(1-t^2)$,$y=bt(-1<t<1)$ 来 表 示,它的弧元就是公式

$$F(u)=\int_0^u [(a^2-b^2)t^2+b^2]^{1/2}(1-t^2)^{-1/2}dt$$

中积分号下的表达式,而这个积分本身就是所给椭圆在 $0<t<u$ 上的一段的弧长。利用极坐标 $x=a\cos\theta$,$y=b\sin\theta$,这个公式可以改写为

$$F(u)=\int_0^{\arcsin u}(a^2\sin^2\theta+b^2\cos^2\theta)^{1/2}d\theta。$$

当椭圆退化为圆,即 $a=b$ 时,我们当然可以明显地算出这个积分而得到 $F(u)=a\arcsin u$。但是对于真正的椭圆来说,弧长 $F(u)$ 不能够用传统的初等函数来表示。与面积 πab 不一样,椭圆的全长 $F(u)$ 不是 a,b 和 π 的简单表达式。通过欧拉、雅可比和阿贝尔的工作,像 F 这种函数的研究已经促使数学中产生了一个完整的分支,这就是椭圆函数论。

在标准正交坐标系 x,y,z 之下,R^3 中的 C^1 曲面 Γ 的面积元素就是

$$dS=((dy\wedge dz)^2+(dz\wedge dx)^2+(dx\wedge dy)^2)^{1/2}。 \tag{65}$$

把 图 $x=x(u,v),y=y(u,v)$, $z=z(u,v)$ 代入,则得

$$dS=|J|dudv,\quad |J|=|J_x^2+J_y^2+J_z^2|^{1/2}。$$

这里 J_x,J_y,J_z 都是雅可比行列式,它们 由 $dy\wedge dz=J_x du\wedge dv$,…来定义。向量 $J=(J_x,J_y,J_z)$ 是曲面的法线(参看第七章最后一部分关于切线与法线的那一节)。雅可比行列式的性质表明,$|J|$ 是密度。倘若 Γ 是一个平行四边形,其参数表示为 $(x,y,z)=(x_0+ux_1+vx_2,y_0+uy_1+vy_2,z_0=uz_1+vz_2)$($0\leqslant u,v\leqslant 1$),因而它的四个顶点就对应于 $(u,v)=(0,0),(1,0),(0,1),(1,1)$,那么 $|J_x|=|y_2z_3-y_3z_2|$ 就是 Γ 在 $y-z$ 平

面上的投影的面积, 其他的雅可比行列式 $|J_y|$, $|J_z|$ 也是一样。因此由初等几何即知, $|J| = \int_\Gamma dS$ 就是 Γ 的面积。这就是在一般情形下, 我们也把 $\int_\Gamma dS$ 作为 Γ 的面积的充分动机。

当 Γ 是单位球面 $x^2 + y^2 + z^2 = 1$ 时, 让我们来计算 dS。选取具有坐标 z 与 θ 的图, 使得

$$x = r \cos\theta, \quad y = r \sin\theta, \quad r = (1 - z^2)^{1/2},$$

其中 $|z| < 1$, $0 < \theta < 2\pi$, 我们就得出

$$dy \wedge dz = r \cos\theta d\theta \wedge dz,$$
$$dz \wedge dx = r \sin\theta d\theta \wedge dz,$$
$$dx \wedge dy = z d\theta \wedge dz.$$

所以 $dS = dz d\theta$。这个结果等价于阿基米德的结果: 两个相距为 h 的平行平面所截出的那部分球面, 其面积等于 $2\pi h$。现在我们要求读者证明, 如果选取 x, y 为坐标, 则抛物面 $2z = x^2 + y^2$ 的面积元素等于 $(1 + x^2 + y^2)^{1/2} dx dy$, 并且把抛物面满足 $x^2 + y^2 < R^2$ 的那块面积明显地计算出来。

最后让我们提一下, $\mathbf{R}^n$ 中 $n-1$ 维的 C^1 流形的 $(n-1)$ 维面积元, 由下面的公式给出:

$$dS = (\sigma_1(x)^2 + \cdots + \sigma_n(x)^2)^{1/2}; \tag{66}$$

这个公式和 (65) 相似, 其中 $\sigma_1, \cdots, \sigma_n$ 是由

$$\sigma_k(x) = (-1)^k dx_1 \wedge \cdots \wedge dx_{k-1} \wedge$$
$$dx_{k+1} \wedge \cdots \wedge dx_n$$

所定义的 $(n-1)$ 微分形式, 这个微分形式在第七章讲到公式 (44) 时已经见到过。

黎曼几何学

假设 $M \subset \mathbf{R}^n$ 是 p 维的 C^1 流形, 而 h, V 为一个图。将 $dx_i = \sum_1^p \partial_j h_i(t) dt_j$ 代入 $\mathbf{R}^n$ 的弧元 $(dx_1^2 + \cdots + dx_n^2)^{1/2}$ 中去, 把平方项

写出，然后求和，再把最后的结果写成形式乘积 $dt_j dt_k = dt_k dt_j$ 的线性组合，我们就得出流形 M 上相应的弧元，即

$$ds = (\sum g_{jk}(t) dt_j dt_k)^{1/2}, \qquad (67)$$

其中 $(g_{jk}(t))$ 是正定对称矩阵。对于由 V 中的曲线 $u \to t(u)$ 提升到 M 上的曲线 $u \to h(t(u))$，它的弧元可以由 ds 得出，只要令 $dt_j = t'_j(u) du$ 即可。黎曼在他1854年的著名论文"论几何学的基本假设"(On the Basic Hypotheses of Geometry) 中的思想，就是通过事先给定的度量或者弧元 (67) 来测量流形上的距离。在公式 (67) 中，右端的括号内的式子与所用的图有关，但是在两个叠交的图中的对应点上，要求

$$\sum g_{jk}(t) dt_j dt_k = \sum g'_{jk}(t') dt'_j dt'_k$$

成立。应用单位分解，通过简单的论据即可证明，任何流形都具有黎曼度量。不难看出，对任意选取的度量，$(\det g_{jk}(t))^{1/2} \cdot dt_1 \cdots dt_p$ 都是一个密度。我们也能够定义度量流形 M 的曲率的量，而不考虑它在某一 $\mathbf{R}^n$ 中的任何嵌入。甚至于当度量是无定度量，亦即 (g_{jk}) 仅仅是一个对称矩阵时，这些公式仍然成立。这就是广义相对论的数学上的出发点。

定向和微分形式的积分

按照定义，当 a 和 b 互换位置时，积分

$$\int_a^b f(x) dx$$

改变符号。到现在为止，在区间上的积分公式 (47) 中，我们一直假设 $a_1 < b_1$，$\cdots$，$a_n < b_n$，所以并没有应用这个规定。我们的密度也假设 ≥ 0，因而当 $f \geq 0$ 时，积分 $L(f)$ 也 ≥ 0。在公式 (53) 中，此事通过在向量积 $dx_1 \wedge \cdots \wedge dx_n$ 的两边加上绝对值的符号来表示。现在我们要去掉这些符号而考虑区间 $I \subset \mathbf{R}^n$ 上的积分

$$L(f) = \int_I f(x) dx_1 \wedge \cdots \wedge dx_n.$$

此时必须有一个约定，来固定积分的符号。一种办法是用下面两种规则的某一种使区间定向，这就是在 I 上。

$$dx_1 \wedge \cdots \wedge dx_n > 0 \text{ 或} < 0 。 \tag{68}$$

这可以解释为，对于正的 f，分别有 $L(f) > 0$ 和 $L(f) < 0$。在 (68) 中，改变因子的次序或者乘以 $\neq 0$ 的函数，就会使不等式的符号有相应的改变。例如：$dx_1 \wedge dx_2 > 0$，$dx_2 \wedge dx_1 < 0$ 和 $-(1+x_1^2)\,dx_1 \wedge dx_2 < 0$ 这三种定向是完全一样的。

p 维流形 M 可以利用在 M 上到处都不为零的 p 微分形式 τ 来定向；所谓到处都不为零就是指：如果 h, V 是一个图而 $\tau(x) = g(t)dt_1\cdots dt_p$，那么对所有的 t，有 $g(t) \neq 0$。于是 $\tau(x) > 0$ 这个规则就使得每个图都有定向，同时使整个流形定向。如果流形 M 已经定向，我们就可以在它上面求 p 微分形式 ω 的积分。如果 ω 的支集包含在附图区域 $h(V)$ 内，而且 $\omega = f(t)dt_1 \wedge \cdots \wedge dt_p$，我们就令

$$\int_M \omega(x) = \int_V f(t)dt_1 \wedge \cdots \wedge dt_p,$$

此处 V 通过 $\tau(x) > 0$ 来定向，从而采用上面的记号时，有 $g(t)dt_1 \wedge \cdots > 0$。对于具有紧支集的 p 微分形式，我们可以用单位分解，其论证方法和密度的情形是一样的。于是积分即为定义在 M 上具有紧支集的 p 微分形式所成的空间上的线性函数 $\omega \to \int_M \omega(x)$。

在一维、二维和三维的情形下，定向是一种非常直觉的观念，它可以通过许多方式来表示。现在举几个例子。

C^1 曲线 γ 可以通过规则 $dg > 0$ 来定向；这里 g 是曲线上的一个实 C^1 函数，使得到处都有 $dg \neq 0$。这可以在曲线上沿着 g 的增长方向画箭头来表示。参看图 8.6。令 $\omega(x) = f_1(x)dx_1 + \cdots + f_n(x)dx_n$ 为 γ 上的具有紧支集的连续 1 微分形式，并设 γ 已经定向。此时线积分 $\int_\gamma \omega$ 有定义。令 ds 为弧元素，选取坐标 $t \to x(t)$ 使 $dt > 0$，于是等式 $eds = dx = x'(t)dt$ 便定义了

曲线上的长度等于1的连续切向量。我们也可以把积分写成密度的积分

$$\int_\partial f_1 dx_1 + \cdots + f_n dx_n = \int_\gamma (f_1 e_1 + \cdots + f_n e_n) ds. \quad (69)$$

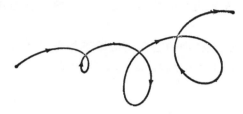

图8.6 曲线的定向

在 R^2 中，我们可以利用长度为1的连续法向量 $\nu = (\nu_1, \nu_2)$，把线积分表示为密度的积分，其公式为

$$\int_\gamma (Pdy - Qdx) = \int_\partial (P\nu_1 + Q\nu_2) ds. \quad (70)$$

因为 $e_1 = \nu_2$，$e_2 = -\nu_1$ 定义了 γ 的一个切向量，故由（69）可以推知，除了可能差一个符号以外，(70)成立。如果用 $\nu_1 dy - \nu_2 dx > 0$ 使 γ 定向，则符号也是对的；这是因为，如果 $P = h\nu_1$，$Q = h\nu_2$ 而且 $h \geqslant 0$，那么（70）的两边都 $\geqslant 0$。

在 R^3 中，曲面 Γ 上的 2 微分形式的积分，也可以写成密度的积分，其公式为

$$\int_\Gamma (Pdy \wedge dz + Qdz \wedge dx + Rdx \wedge dy)$$
$$= \int_\Gamma (P\nu_1 + Q\nu_2 + R\nu_3) dS, \quad (71)$$

此式与（70）很相像。这里 dS 是面积元，$\nu = (\nu_1, \nu_2, \nu_3)$ 是 Γ 上的连续单位法向量，Γ 如此定向，使得 $\nu_1 dy \wedge dz + \cdots \geqslant 0$。利用单位分解，只须在附图区域 $h(V)$ 之外 P，Q，R 等于零的情形下证明这个公式就行了。但此时由（65）可知，公式两边都等于

$$\int_V (PJ_x + QJ_y + RJ_z)dudv,$$

其中可能差一个符号。这里 $x = x(u, v)$ 是一个图，$dy \wedge dz = J_x dudv, \cdots$，因而 $J = (J_x, J_y, J_z)$ 是 Γ 的法向量。如果我们选取 (P, Q, R) 为 v 的非负倍数，那么便可以推知（71）的符号也是对的。

最后，我们对于 $\mathbf{R}^n$ 中的超曲面 M 写下相当于（71）的公式。令 $(f, \sigma) = f_1\sigma_1 + \cdots + f_n\sigma_n$ 而 $(f, v) = f_1v_1 + \cdots + f_nv_n$，则公式为

$$\int_M (f, \sigma) = \int_M (f, v)dS. \tag{72}$$

这里 $f = (f_1, \cdots, f_n)$ 的分量是 C_0 函数，$v = (v_1, \cdots, v_n)$ 是连续单位法向量，dS 由（66）给出，而 $\sigma = (\sigma_1, \cdots, \sigma_n)$ 的分量是由（66）后面的公式所定义的（$n-1$）微分形式。M 的定向是 $v_1\sigma_1 + \cdots + v_n\sigma_n > 0$。证明完全和 $n = 3$ 的情形一样。

格林公式和斯托克斯公式

格林公式（1827）（也称为高斯公式）用传统的记号可以写成

$$\int_V \mathrm{div} f dV = \int_S (f, v)dS. \tag{73}$$

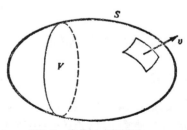

图8.7 格林公式的图示

这里 V 是 $\mathbf{R}^n$ 中的有界开子集，其边界 S 是 $n-1$ 维的 C^1 流形，dV 和 dS 分别是相应的体积元和面积元。$v = (v_1, \cdots, v_n)$ 是 S 的外单位法向量，向量 $f = (f_1, \cdots, f_n)$ 的分量是 C^1 函数，(f, v) 是标量积 $f_1v_1 + \cdots + f_nv_n$，$\mathrm{div} f$ 是函数 $\partial_1 f_1 + \cdots + \partial_n f_n$。这个公式适用于所有的维数。参看图8.7。

假如把 f 想像成某种物质流，而 (f,ν) 是在单位时间内，通过 S 上具有单位 $(n-1)$ 维面积的一块表面，沿着其法方向 ν 的流量，则（73）右边就是单位时间内由 V 经过 S 向外流出的物质流，而（73）左边就是单位时间内由某种源头加给 V 的物质。于是单位体积内的源头的密度是 $\operatorname{div} f$。当 $\operatorname{div} f = 0$ 时，流就称为无源的。

为了证明（73），我们把公式两边都写成微分形式的积分。根据（72），右边是微分形式

$$\omega(x) = f_1(x)\sigma_1(x) + \cdots + f_n(x)\sigma_n(x)$$

在 S 上的积分。通过简单的计算可以证明 $d\omega(x) = \operatorname{div} f(x) \cdot \tau(x)$，其中 $\tau(x) = dx_1 \bigwedge \cdots \bigwedge dx_n$。因此我们可以把格林公式写成

$$\int_V d\omega(x) = \int_S \omega(x), \qquad (74)$$

其中 V 和 S 分别由 $\tau(x) > 0$ 和 $(\nu, \sigma(x)) > 0$ 来定向。其次，我们用两种图 $h(t)$，W 在包含紧区域 $V \cup S$ 的开集上造一个图册，其中一种图满足 $h(W) \subset V$，另一种图满足在 $h(W) \bigcap V$ 上 $t_1 \leqslant 0$，而在 S 上 $t_1 = 0$。这里 W 表示 $\mathbf{R}^n$ 中的开集。利用单位分解，显然我们只须对 ω 在这种附图区域之外等于零的情形证明（74）就够了。如果 $\omega = g_1\sigma_1(t) + \cdots + g_n\sigma_n(t)$，则 $d\omega = (\operatorname{div} g)\tau(t)$；这是因为，根据莱布尼茨引理，$d$ 与代换可以交换。因此整个定理的证明就归结为，对于在 W 上及 W 的子集 $t^1 \leqslant 0$ 上具有紧支集的 C^1 函数，分别证明

$$\int (\partial_1 g_1(t) + \cdots + \partial_n g_n(t)) dt_1 \cdots dt_n = 0, \qquad (75)$$

$$\int_{t_1 < 0} (\partial_1 g_1(t) + \cdots + \partial_n g_n(t)) dt_1 \cdots dt_n$$

$$= \int_{t_1 = 0} g_1(t) dt_2 \cdots dt_n. \qquad (76)$$

首先对 t_k 积分 $\partial_k g_k(t)$，然后由关于单变量 C^1 函数的事实 $\int_a^b f'(x) dx = f(b) - f(a)$ 就可以推出这两个公式。除了

一个细节，也就是（76）的符号之外，我们已经证毕。但这个符号也是对的，因为当 $g_1 \geqslant 0$ 而且随着 t_1 一同增大时，（76）的两边都 $\geqslant 0$。

平面上的格林公式通常写成

$$\int_\Omega (Q_x - P_y) dx dy = \int_\gamma P dx + Q dy, \tag{77}$$

其中 Ω 是具有光滑边界 γ 的有界开区域，γ 由 $e_1 dx + e_2 dy > 0$ 来定向；这里 (e_1, e_2) 是 γ 的切向量，它如此选取，使得 $(e_2, -e_1)$ 是外法向量。因为 $d(P dx + Q dy) = (Q_x - P_y) dx \wedge dy$，所以公式（77）可由（74）推出。

斯托克斯公式（1840）是（77）的推广，这个公式讨论的是流 $f(x) = (f_1(x), f_2(x), f_3(x))$ 在 $\mathbf{R}^3$ 中的曲面及其边界上的积分。用传统的记号，它可以写成

$$\int_\Omega (\mathrm{rot}\, f, \nu) d\Omega = \int_\gamma (f, e) d\gamma,$$

其中 $d\Omega$ 是面积元，$d\gamma$ 是弧元，$\nu = (\nu_1, \nu_2, \nu_3)$ 是 Ω 的连续单位法向量，$e = (e_1, e_2, e_3)$ 是 γ 的连续单位切向量，而 f 的旋量 $\mathrm{rot}\, f$ 是一个向量，其分量为

$$(\partial_2 f_3 - \partial_3 f_2,\ \partial_3 f_1 - \partial_1 f_3,\ \partial_1 f_2 - \partial_2 f_1).$$

此外，我们如此选取 ν 和 e，使得向量积 $e \times \nu$ 指向 Ω 外部，$e \times \nu$ 的分量是 $(e_2 \nu_3 - e_3 \nu_2,\ e_3 \nu_1 - e_1 \nu_3,\ e_1 \nu_2 - e_2 \nu_1)$。参看图8.8。从直观上看来，右边是环绕 γ 的质量流，而左边是更抽象的涡旋密度在 Ω 上的积分。因为

$$\omega = f_1 dx_1 + f_2 dx_2 + f_3 dx_3 \Longrightarrow$$
$$d\omega = (\partial_2 f_3 - \partial_3 f_2) dx_2 \wedge dx_3 + \cdots,$$

所以可将斯托克斯公式写成

$$\int_\Omega d\omega = \int_\gamma \omega, \tag{78}$$

其中 Ω 与 γ 分别由 $\nu_1 dx_2 \wedge dx_3 + \cdots > 0$ 与 $e_1 dx_1 + \cdots > 0$ 来定向。这个公式可以归结为它的特殊情形（77）；但是利用我们证明

格林公式的方法，也就是利用 Ω 上的图 $x = h\,(t_1,\ t_2)$，最后归结成（75）与（76）（$n = 2$），也不难给出证明。事实上，由这个证明可知，当 Ω 是具有 C^1 边界 γ 的 C^1 类 p 维流形，而 Ω 与 γ 都适当地定向时，(78)式对于（$p-1$）微分形式也成立。这种一般性的公式，也称为斯托克斯公式。

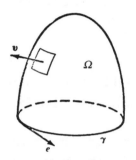

图8.8　斯托克斯公式的图示

8.5 几 段 原 文

格林论格林公式

取自 G. 格林《论 数 学 分 析 在 电 磁 理 论 中 的 应 用》(An Essay on the Application of Mathematical Analysis to the Theory of Electricity and Magnetism, 1828)。他 用 的 δ 就是拉普拉斯算子 $\partial_x^2 + \partial_y^2 + \partial_z^2$。

"在我们陈述物体表面的电流密度和表面内、外的位势函数（电流只限于表面之内）之间的某种关系以前，首先要建立一个今 后对于我们大有用处的一般定理。这个定理可以这样来表述：

假设 U，V 是直角坐标 x，y，z 的两个连续函数，并设 在任何形状的固体内部的任何一点，它们的微分系数都不会成 为无穷大，则有

$$\int dx\,dz\,dy\,U\delta V + \int d\sigma U\left(\frac{dV}{dw}\right) = \int dx\,dy\,dz\,V\delta U + \int d\sigma V\left(\frac{dU}{dw}\right);$$

这里的三重积分取遍整个物体内部，而涉及 $d\sigma$ 的积分取遍其整个表面，$d\sigma$ 是表面的面积元素，dw 是垂直于表面的无穷小线段，并且由表面向物体内部进行测量。"

注意，如果 $f = U\,\mathrm{grad}\,V - V\,\mathrm{grad}\,U$，则 $\mathrm{div}\,f = U\delta V - V\delta U$，而且 $(f, \nu) = U(dV/dw) - V(dU/dw)$，其中 ν 是外法线。因此，上述的原来的格林公式就包含在 (73) 之中。但它仍然是位势理论中的标准课题。

黎斯论线性泛函

引自 F. 黎斯《论线性泛函算子》(On Linear Functional Operators, 1909)。他用的有界变差函数 $\alpha(x)$，是两个递增函数之差。

"为了定义我们所说的线性运算，首先必须把函数域搞清楚。我们考虑定义在两个固定的数（比如说 0 与 1）之间的连续实函数类 Ω。对于这个函数类，我们可以用一致收敛性来定义极限函数。对于 Ω 中的每个元素，都使之对应于一个实数，这样就定义了一个泛函算子 $A[f(x)]$；这个算子称为连续的，如果当 $f_i(x)$ 趋向于 $f(x)$ 时，$A(f)$ 是 $A(f_i)$ 的极限。满足分配律的连续运算称为线性运算。不难看出，这样的算子也是有界的，也就是存在一个数 M_A，使得对于每个元素 $f(x)$，都有

$$|A[f(x)]| \le M_A \max |f(x)|.$$

阿达玛证明了一个重要的事实，即每个这样的线性运算 $A[f(x)]$ 都可以写成 $\lim \int_0^1 k_n(x) f(x) dx$ 的形式，其中 k_n 是一列连续函数。在本文中，我们要给出线性运算的一个新的解析表示，其中只含有一个生成形式。为此目的（黎斯从此处开始他的论证）…。于是我们便有下面的定理：任给一个线性运算 $A[f(x)]$，我们总可以定义一个有界变差函数 $\alpha(x)$，使得对于任意的连续函数 $f(x)$，恒有

$$A[f(x)] = \int_0^1 f(x) d\alpha(x). \text{"}$$

F. 黎斯 (1880~1955)

文献

　　本章所讲的大量材料，实际上都已经编入了每部微积分的书中。Kennan T. Smith 所著的 Smith's Primer of Modern Analysis(Bogden and Quigley, 1971)，在术语上和精神上，都与本书相类似，其中包括了大量的积分学。R. T. Seeley 所著的 An Introduction to Fourier Series and Integrals(Benjamin, 1966) 以及 W. F. Donoghue, Jr. 所著的 Distributions and Fourier Transforms(Academic Press, 1969)，都论述了调和分析的基本知识。H. Dym 与 H. P. McKean 所著的 Fourier Series and Integrals(Academic Press, 1972) 是比较高深的著作。

第九章 级　数

　　人们在测量和计数过程中碰到了无穷大，它表现为距离太大以致不能测量，以及数目太大以致数不过来。这些经验曾经是、今后仍将是人们思考的源泉。人们对无穷大的认识曾经给我们关于有开头或者没有开头的永恒生命的信念，也给我们一种相反的信念：世界曾经一度被创造出来，也将在未来某个时刻会一下子毁灭掉。在圣经中，海中的沙粒被认为是不可数的。雅各对上帝说："你曾说，'我必定厚待你，使你的后裔如同海边的沙，多得不可胜数'"[1]。

　　在詹姆斯·乔伊斯[2]所著的《一个年轻 艺术 家 的 肖 像》(A Portrait of the Artist as a Young Man)这本小说中，对于无穷大有一段十分生动的描述。书中一个爱尔兰教士谈到永劫的惩罚：

　　　　"永远忍受地狱的百般苦难的折磨该是如何 呢。永 远永 远。不是一年或者一代而是永远永远。你设法想像这种可怕的情况 意味着什么。你过去常常看到海滨的沙粒…。你现在想像 一座沙子堆成的山，一百万英里高，从地球一直伸向那遥远的天 际…，你想像每当一百万年末尾，一只小鸟飞到那座山上，用它的小嘴衔走一粒细小的沙子。它要衔走哪怕是一平方英尺的山也得要过上

1）这一段见《旧约·创世纪》第32章。——译者注

2）詹姆斯·乔伊斯（James Joyce, 1889—1941）爱尔兰小说家，诗人，对现代文学影响极大。——译者注

多少万亿个世纪，它要衔走整个山又要多少亿亿亿代？可是在这么长的时间末尾，对于永恒来说连一瞬间也不能说已经过去…。经过几亿亿代的时间，你脑子只要想到这件事就会发晕，可是永恒却还不能说已经开始。"

阿基米德也考虑过沙子；他数过沙粒。在他的《数沙法》(The Sand Reckoner)一书的引言中，他说：

"有人认为沙粒是不可数的，我所说的沙粒不仅是叙拉古的和西西里岛其他地方的沙粒，而是所有地方的沙粒，不管这个地方有人还是没人居住。还有的人不认为沙粒是无穷多的，他不相信比沙粒数还大的数已经命名…。但是我力图用几何的论据来证明，在我给宙希波的信中所命名的那些数里面，有的就不仅比地球上的沙粒数目还大，而且比全宇宙的沙粒数目还大。"

希腊哲学家当然对无穷感兴趣。他们的最大发现之一，就是可以把任意多个数加在一起而其和不超过给定的上界。这就是解释芝诺悖论的一种方法。芝诺悖论就是说，为了走完一段距离，我们首先必须走完一半，在走完这一半之前，必须先走过这一半的中点，依次类推。这样芝诺就得出一个极端的结论：运动在理论上是不可能的。思想遇到了无穷就停止下来。我们或许可以有这样的看法，即公式

$$2^{-1} + 2^{-2} + \cdots 到无穷 = 1$$

给出一种解释，但是这肯定不能使芝诺改变他的观点。他自然和我们一样理解这个公式，但是他或许会反驳说这只是把他的悖论换一种说法而已。不管怎样，这就是芝诺以后一直到现在的许多思考过并论述过这个悖论的哲学家对这种解释的反应。

碰到无穷之后得到的更加重要的结果，是本章所要讨论的无穷级数。在本章第一节中，我们很快地复习一下收敛与发散。第二节开始先讲牛顿二项级数，然后讲幂级数，最后按照魏尔斯特拉斯的方式对解析函数作一个简单的介绍。本章结尾讲述勒贝格在 1898 年对魏尔斯特拉斯逼近定理的证明，并稍微涉及傅里叶级数和定量逼近。

9.1 收敛与发散

严格讲来，各项为 a_0，a_1，a_2，$\cdots$ 的无穷级数

$$\sum_0^\infty a_k = a_0 + a_1 + a_2 + a_3 + \cdots \tag{1}$$

对于读者来说只是一个信号，它要求把部分和 $s_n = \sum_0^n a_k$ 的序列 s_0，s_1，s_2，$\cdots$ 求出来，然后等着瞧。级数称为收敛的，如果序列 s_0，s_1，s_2，$\cdots$ 具有一个极限 s ；此时这个极限称为级数的和。当 $n \to \infty$ 时，收敛级数的项 a_n 必定趋近于零，因为 $\lim a_n = \lim (s_n - s_{n-1}) = \lim s_n - \lim s_{n-1} = s - s = 0$. 不收敛的级数称为发散的。最简单的例子是几何级数 $\sum_0^\infty a^k$ ，当 $a \neq 1$ 时它具有部分和 $s_n = 1 + a + a^2 + \cdots + a^n = (1 - a^{n+1})/(1 - a)$ ，而当 $a = 1$ 时 $s_n = n$. 因此，几何级数当 $|a| \geqslant 1$ 时发散，而当 $|a| < 1$ 时收敛，其和为 $(1 - a)^{-1}$. 这一点对于实数与复数 a 都成立。为了方便起见，可以把级数（1）的一段看成是 $n - m$ 个相继项的集合 $(a_{m+1}, \cdots, a_n)$ ，这一段的和是 $a_{m+1} + \cdots + a_n$.

级数（1）称为正项的，如果每一项都 $\geqslant 0$. 此时它的部分和 s_n 随着 n 的增加而增加，因此级数收敛当且仅当 s_n 有界。可能使人觉得奇怪的是，调和级数

$$1 + 2^{-1} + 3^{-1} + 4^{-1} + \cdots$$

是发散的。事实上，如果我们把它分成从 2^{-n} 到 2^{-n-1} 的节段，那么每一段的和都大于这一段的项数 $2^{n+1} - 2^n$ 与最后一项 2^{-n-1} 的乘积，从而大于 $1/2$. 因此，这个级数的部分和不是有界的。

假设 $\sum_0^\infty a_k$ 是具有递减项的正项级数，则与它对应的所谓交错级数

$$a_0 - a_1 + a_2 - a_3 + a_4 - a_5 + \cdots$$

可能收敛，而原来的级数却发散。这是因为，如果当 $n \to \infty$ 时 $a_n \to 0$ ，则交错级数收敛。事实上，随着 n 的增大，

$$s_{2n} = a_0 - (a_1 - a_2) - \cdots - (a_{2n-1} - a_{2n})$$

递减，而
$$s_{2n+1}=(a_0-a_1)+(a_2-a_3)+\cdots+(a_{2n+1}-a_{2n})$$
递增；并且由于 $s_{2n}=s_{2n+1}+a_{2n}\geqslant s_1$, $s_{2n+1}=s_{2n}-a_{2n+1}\leqslant s_0$，所以 $\lim s_{2n}$ 及 $\lim s_{2n+1}$ 都存在，而且这两个极限相等的必要与充分条件是：$n\to\infty$ 时 $a_n\to 0$。

显然，如果对于所有的 k，都有 $0\leqslant a_k\leqslant b_k$，则（我们略去求和号的上下限）

$$\sum a_k \text{发散} \Rightarrow \sum b_k \text{发散},$$
$$\sum b_k \text{收敛} \Rightarrow \sum a_k \text{收敛}. \tag{2}$$

这个简单的事实使我们产生这样一种希望，存在一个最大的正项收敛级数 $\sum a_k$，使得对于每个正项收敛级数 $\sum b_k$，都有 $b_k\leqslant$ 常数·a_k。但是情况并非如此。不管我们怎样选取头一个级数，总存在另外一个收敛得更慢的级数。我们可以这么来看：如果把 $\sum a_k$ 分成相继的节段 A_1，A_2，…，使得当 $(1-2^{-n})s<s_k\leqslant(1-2^{-n-1})s$ 时，$a_k\in A_n$，那么 A_k 这一节段中各项的和不超过 $2^{-n}s$。这里 s_1，s_2，…和以前一样是级数的部分和，而 s 是级数的和。现在令 B_1，B_2，…是一个级数 $\sum b_k$ 的对应的节段，我们选取这种 b_k，使得当 a_k 属于 A_n 时，$b_k=(4/3)^n a_k$。于是当 k 趋于 ∞ 时，b_k/a_k 也趋于 ∞，但是 B_n 这一节段的和最多是 $(4/3)^n 2^{-n}s=(2/3)^n s$，从而 $\sum b_k$ 收敛。同样，给出一个正项发散级数 $\sum b_k$ 时，也可以造出一个发散级数 $\sum a_k$，使得当 $k\to\infty$ 时，$a_k/b_k\to 0$。当然这并不是说，根据（2）来对级数进行比较是没有意义的。级数 $\sum_1^\infty k^{-a}$（当 $a>1$ 时收敛，当 $a\leqslant 1$ 时发散）就常常用来作为进行比较的级数。显然（2）并不要求 $0\leqslant a_k\leqslant b_k$ 对于所有 k 都成立，而只要假定此式对于所有充分大的 k 都成立就行了。

级数 $\sum a_k$ 称为绝对收敛，如果 $\sum|a_k|$ 是收敛的。假如 s_n 和 σ_n 是这两个级数的部分和，则 $|s_n-s_m|\leqslant|\sigma_n-\sigma_m|$，因而根据柯西收敛性原理即知，绝对收敛蕴涵着收敛。把一个级数重排的意思，就是把它的项排成另外一个顺序。当级数是正项级数时，重排对于级数的和并没有影响，因为原来的级数的任何一个节段都包含

在重排的级数的充分大的一个节段之中，反过来也是一样。不难证明，将各项重排时，也使绝对收敛级数之和保持不变。但是，黎曼证明了一个惊人的结果：一个收敛但不绝对收敛的级数，可以如此重排，使得其和等于事先给定的任何数，而且还可以使它发散。收敛而不绝对收敛是一个极为精致的性质，我们不拟深入讨论，这里只是提一下阿贝尔在 1826 年一篇论文中证明的定理。在这篇文章中他还提到，当时谁也不知道，在数学分析中最常用的一些级数究竟是收敛还是发散。阿贝尔定理是这样的：如果 $\sum a_k$ 收敛，则当 $-1 < x \le 1$ 时，级数 $\sum a_k x^k$ 也收敛，而且它的和 $f(x) = \sum_0^{\infty} a_k x^k$ 在同一个区间上是连续函数。

现在我们来证明这个定理。因为级数 $\sum a_k$ 收敛，所以各项的绝对值都以某数 M 为其上界，因而对于所有的 k，都有 $|a_k x^k| \le M|x|^k$。同几何级数进行比较就证明了，当 $|x| < 1$ 时，$|a_k x^k|$ 收敛。因此当 $-1 < x \le 1$ 时，函数 $f(x) = \sum a_k x^k$ 有定义。为了证明 $f(x)$ 是连续的，我们引进部分和 $f_n(x) = \sum_0^{n-1} a_k x^k$。于是

$$|f(x) - f_n(x)| \le M \sum_n^{\infty} |x|^k = M|x|^n(1-|x|)^{-1}.$$

因此在每个区间 $|x| \le c < 1$ 上级数都一致收敛，从而 $f(x)$ 在这个区间上面是连续的。自然，如果 $\sum a_k$ 绝对收敛，那么我们就可以直接得出

$$|f(x) - f_n(x)| \le \sum_n^{\infty} |a_k|,$$

从而证明了级数在 $|x| \le 1$ 上一致收敛；因此，如果当 $x = -1$ 时，f 也由该级数来定义，则 f 在同一个区间 $|x| \le 1$ 上是连续的。当 $\sum a_k$ 收敛但不绝对收敛时，上面这种简单的估计就不足以证明 f 在 $x = 1$ 处是连续的，即当 $x \to 1$ 时，$f(x) \to \sum_0^{\infty} a_k$。为了证明这一点，我们（仿照阿贝尔）把差 $f - f_n$ 写成

$$f(x) - f_n(x) = a_n x^n + a_{n+1} x^{n+1} + \cdots$$
$$= (s_n' - s_{n+1}') x^n + (s_{n+1}' - s_{n+2}') x^{n+1} + \cdots,$$

其中 $s'_n = s - s_n = a_n + a_{n+1} + \cdots$，并把它改写为

$$f(x) - f_n(x) = s'_n x^n - s'_{n+1}(x^n - x^{n+1})$$
$$- s'_{n+2}(x^{n+1} - x^{n+2}) - \cdots,$$

这里我们应用了 $|x| < 1$ 的事实。如果 $x \geqslant 0$，所有的括号都 $\geqslant 0$，因此

$$|f(x) - f_n(x)| \leqslant s^*_n(x^n + x^n - x^{n+1} + x^{n+1} - \cdots)$$
$$= 2s^*_n x^n \leqslant 2s^*_n,$$

其中 s^*_n 是数 $|s'_n|$，$|s'_{n+1}|$，$\cdots$ 的上确界。因为当 $x = 1$ 时，这个不等式显然也成立；又因当 $n \to \infty$ 时，$s^*_n \to 0$，所以 $f_n \to f$ 是一致收敛，从而 f 在区间 $0 \leqslant x \leqslant 1$ 上连续。

到现在为止，我们假定级数 $\sum a_k$ 的项 a_0，a_1，$\cdots$ 都是数（实数或复数）。但是我们关于部分和、收敛、和、发散 与绝对收敛的定义，以及关于绝对收敛蕴涵收敛的证明，当各项都属于某个完备的赋范线性空间，即巴拿赫空间时也依然成立。从这个注解可以直接得出下面的应用：如果 U 是巴拿赫空间，$E: U \to U$ 是恒等映射，$A: U \to U$ 是有界线性算子，它的范数小于 1，即 $|A| < 1$，那么 $E - A$ 便是可逆算子，它的逆算子是

$$(E - A)^{-1} = \sum_0^\infty A^k = E + A + A^2 + A^3 + \cdots, \qquad (3)$$

而且右边的级数绝对收敛。所有这些都是显然的。我们只要提醒读者，假如 $|u|$ 是 U 中的范数，那么所有的有界 算子 $A: U \to U$ 就构成一个巴拿赫空间 L，其范数为

$$|A| = \sup|Au| \text{其中} |u| \leqslant 1 .$$

因为 $|A^k| \leqslant |A|^k$，所以当 $|A| < 1$ 时级数（3）绝对收敛。此时部分和 $S_n = E + A + A^2 + \cdots + A^n$ 具有这种性质：$(E - A)S_n = S_n(E - A) = E - A^{n+1}$，令 $n \to \infty$，就得出 $(E - A)S = S(E - A) = E$，其中 $S \in L$ 是（3）中的级数的和。级数（3）有时称为诺伊曼级数，这是纪念 C. 诺伊曼的，他在 1870 年左右应用这个级数来研究狄利克雷问题。

9.2 幂级数与解析函数

泰勒级数

1669年牛顿还在 20 多岁时就发现，对于任意实数 c，函数 $(1+x)^c$ 都可以写成 x 的幂级数，即无限和 $\Sigma a_k x^k$。说得更确切些，

$$(1+x)^c = 1 + cx + c(c-1)x^2/2 + \cdots$$
$$+ c(c-1)\cdots(c-n+1)x^n/n! + \cdots \qquad (4)$$

此式右边称为二项级数。当 c 为正整数时，（4）是一个多项式等式——古典的二项式公式，它在很早以前就为人所知。1668年默卡托尔发现了对数的幂级数

$$\log(1+x) = x - \frac{x^2}{2} + \frac{x^3}{3} - \frac{x^4}{4} + \cdots. \qquad (5)$$

（4），（5）都是泰勒级数（1715）

$$f(x) = f(0) + (x-a)f'(a) + (x-a)^2 f''(a)/2! + \cdots$$

$$= \sum_0^\infty f^{(n)}(a)(x-a)^n/n!$$

的特殊情形。根据第七章的泰勒公式（15），如果 f 在由 a 到 x 之间的闭区间上无限可微，而且 $n \to \infty \Rightarrow M_n(x-a)^n/n! \to 0$，其中 M_n 是 $|f^{(n)}(t)|$ 在该区间上的最大值，那么上述级数收敛，而且等式成立。把这个命题应用于 $f(x) = (1+x)^c$ 与 $\log(1+x)$ 时，稍加计算即可证明，对于 $|x| < 1$，（4）与（5）都成立。泰勒级数还有下列著名的特殊情形，即对于所有的 x，恒有

$$e^x = \sum_0^\infty x^n/n!,$$

$$\cos x = \sum_{0}^{\infty} (-1)^n x^{2n}/(2n)!,$$

$$\sin x = \sum_{0}^{\infty} (-1)^n x^{2n+1}/(2n+1)!$$

成立；还有（比如说），当 $|x| < 1$ 时，

$$\arctan x = \sum_{0}^{\infty} (-1)^{n-1} x^{2n+1}/(2n+1)$$

成立；而由阿贝尔定理可知，当 $x=1$ 时它也成立，从而

$$\pi/4 = 1 - 3^{-1} + 5^{-1} - 7^{-1} + \cdots.$$

莱布尼茨在开始他的数学生涯时，曾经用几何方法给出了这个公式的证明。

形式幂级数

把幂级数看作无穷多个项的多项式是很方便的，这些项由其系数序列 (a_k) 所决定。此时我们就可以先不考虑其收敛性，而把它们当成多项式来加以计算。给定两个这样的形式幂级数，$f \sim a_0 + a_1 x + a_2 x + \cdots$，$g \sim b_0 + b_1 x + b_2 x^2 + \cdots$，我们就可以构成它们的线性组合 $af + bg$ 与乘积 fg，而且当 $b_0 = 0$ 时，还可以按照下面的规则构成它们的复合 $f \circ g$，其中 x 的各次幂 $x^0 = 1, x^1, x^2, \cdots$ 只是起一种登记数字的薄记栏的作用：

$$af + bg \sim (aa_0 + bb_0) + (aa_1 + bb_1)x + (aa_2 + bb_2)x^2 + \cdots,$$
$$fg \sim (a_0 + a_1 x + \cdots)(b_0 + b_1 x + \cdots)$$
$$\sim a_0 b_0 + (a_0 b_1 + a_1 b_0)x + \cdots,$$
$$f \circ g \sim a_0 + a_1(b_1 x + \cdots) + a_2(b_1 x + \cdots)^2 + \cdots$$
$$\sim a_0 + a_1 b_1 x + (a_1 b_2 + a_2 b_1^2)x^2 + \cdots.$$

此外还有形式导数

$$f' \sim a_1 + 2a_2 x + \cdots = \sum_{1}^{\infty} k a_k x^{k-1}.$$

当我们讨论形式级数时，记号～起一种提示的作用，一旦对于 x 的某些值可以证明它处处收敛，～号就可以改为等号。这样从一开始就可以直接应用这些公式。例如牛顿观察到，如果 $F(x, y)$ 是两个复数的多项式（或者幂级数）：

$$F(x, y) = \sum b_{jk} x^j y^k,$$

那么微分方程

$$y' = F(x, y), \text{当} x = 0 \text{时}, y = 0$$

可以通过把具有待定系数 c_1, $c_2 \cdots$ 的幂级数 $y \sim c_1 x + c_2 x^2 + \cdots$ 代入 y，并使两边 x 的相应次幂的系数相等，而求出解来。这是因为，取上面的 y 时，有

$$F = b_{00} + b_{10} x + b_{01} y + b_{20} x^2 + b_{11} xy + b_{02} y^2 + \cdots$$
$$\sim b_{00} + (b_{10} + b_{01} c_1) x + (b_{01} c_2 + b_{20} + b_{11} c_1) x^2 + \cdots,$$

而且

$$y' \sim c_1 + 2 c_2 x + \cdots.$$

这样一来就得出，例如，

$$c_1 = b_{00}, \quad 2 c_2 = (b_{10} + b_{01} c_1), \quad \cdots.$$

一旦已经知道了 c_1, $\cdots$, c_n 以后，我们就能算出 c_{n+1}。这样相继定出系数 c_1, c_2, $\cdots$ 也就相当于利用幂级数的部分和

$$c_1 x + c_2 x^2 + \cdots + c_n x^n$$

来逐次逼近解 y。当然牛顿觉察到，要得到一个有意义 的结果，级数必须收敛，从而（比 如说）他根据 $|x| < 1$ 或 $|x| > 1$，把 $(1 - x)^{-1}$ 写成 $1 + x + x^2 + \cdots$ 或者 $-x^{-1} - x^{-2} - \cdots$。

　　幂级数是摄动理论中广泛应用的工具。所谓摄动，就是一个物理系统或者其他系统离开某一状态（往往是平衡状态）的微小偏离。在最简单的情形下，假定偏离可由一个参数的幂级数来控制，而我们所要知道的量假定就是该参数的幂级数，于是就可以算出它们的系数。在一般情形下，至少前面几项是 容易 得到的；如果走运的话，它们对于这个系统的状 态还 能够给 出不 少的信息。自从 17 世纪以来， 这个方法在理论物理学的各个分支中都得了应用，并且在量子力学的十分细致的问题中， 它也是不可缺

少的工具。电子和量子化电场之间的相互作用的理论，也依赖于一个摄动级数，其系数是无界线性算子，在 1950 年左右通过大量巧妙而艰难的工作才把这些系数算出来。可是我们仍然不知道这个级数是否收敛，用这个事实就可以说明摄动理论是多么困难。幂级数只不过是头一步。第二步就是探索幂级数的部分和对于这个系统真正说些什么。

由幂级数所定义的函数

事实证明，由幂级数定义的函数具有非常良好的性质。用 $x - a$ 的幂代替 x 的幂，我们写出

$$f(x) = \sum_0^\infty c_k (x-a)^k, \qquad (6)$$

并令 r 为数 $s \geqslant 0$ 的最小上界，其中 s 为使得 $\sum|c_k|s^k$ 收敛的数。由前面关于阿贝尔定理的论证可以证明，级数（6）当 $|x-a| < r$ 时收敛，而当 $|x-a| > r$ 时发散。这里也可能出现 $r = 0$ 与 $r = \infty$ 的情形。和 $f(x)$ 在区间 $|x-a| < r$ 中总有定义，区间 $|x-a| < r$ 称为级数的收敛区间，r 称为收敛半径。现在要证明

定理 收敛幂级数的和在收敛区间内是无穷次可微函数，其导数可以通过对级数逐项求导数而得到，逐项求导所得到的级数，其收敛区间和原来级数的收敛区间相同。

证 如果 f 由（6）给出，则本定理就是说它的导数由

$$f'(x) = \sum_1^\infty k c_k (x-a)^{k-1} \qquad (7)$$

给出。当 k 很大时，这个级数每一项的绝对值都大于（6）的对应项的绝对值，因而级数（7）的收敛半径至多等于（6）的收敛半径；但我们将会看到，这两个收敛半径的确相等。首先注意，通过逐项相乘可得

$$(1-t)^2 = (1+t+t^2+\cdots)^2$$
$$= 1+2t+3t^2+4t^3+\cdots,$$

其中最后一个级数当 $0 \leqslant t < 1$ 时具有有界的部分和，从而收敛。特别，(kt^{k-1}) 是一有界序列。设 r 为（6）的收敛半径，并设 $|x-a| < r$，选取 s 严格介于 $|x-a|$ 和 r 之间而令 $t = |x-a|/s$。于是由

$$\sum k |c_k||x-a|^{k-1} = \sum kt^{k-1}|c_k|s^{k-1} \leqslant (\sup_k kt^{k-1})\sum |c_k|s^{k-1}$$

即可证明，当 $|x-a| \leqslant s$ 而 s 是 $< r$ 的任意数时，（7）中的级数绝对而且一致收敛，从而（6）中的级数也是如此。特别，它们的和在（6）的收敛区间中都是连续函数。此外，

$$f_h(x) = (f(x+h)-f(x))/h = \sum_1^\infty c_k g_k(x, h),$$

其中

$$g_k(x, h) = ((x-a+h)^k - (x-a)^k)/h$$
$$= k \int_0^1 (x-a+th)^{k-1} dt,$$

而当 $h \to 0$ 时此式趋近于 $k(x-a)^{k-1}$。同时，$k(|x-a|+|h|)^{k-1} \geqslant |g_k(x, h)|$，这就证明，如果 $|x-a|+|h| \leqslant s < r$，那么 f_h 的级数的各项便以收敛级数 $\sum k|c_k|s^{k-1}$ 的对应各项为其上界。因此，根据控制收敛定理即知（同积分的情形一样，它对于级数也成立），当 $h \to 0$ 时，$f_h(x)$ 趋近于由（7）给出的 $f'(x)$。重复地应用（7）式即可证明

$$f^{(p)}(x) = \sum_p^\infty k(k-1)\cdots(k-p+1)c_k(x-a)^{k-p},$$

(8)

它当 $|x-a| < r$ 时绝对收敛。这里要注意，（6）必定是 f 的以 a 为中心的泰勒级数；这是因为，由（8），$c_p = f^{(p)}(a)/p!$。

当函数 f 是幂级数（6）的和时，我们自然会期望，在收敛区间 $|x-a| < r$ 中任意一点 b，它都等于其泰勒级数

$$f(x) = \sum_0^\infty f^{(k)}(b)(x-b)^k / k!, \qquad (9)$$

而且这个级数至少在区间 $|x-b| < r - |a-b|$ 中收敛——这个区间是包含在区间 $|x-a| < r$ 内的以 b 为中心的 **最大 区间**（参看图9.1）。而事实也的确如此，其证明依赖于当 $|b-a| < t < r$ 时成立的估值式：

$$|f^{(p)}(b)| \leqslant g(t) p! (1 - |b-a|/t)^{-p-1}. \qquad (10)$$

这里 $g(t) = \sup_k |c_k| t^k$，当 $t < r$ 时它是有限的。由此即可证明，当

$$|(x-b)/t| < |1 - |b-a|/t|,$$

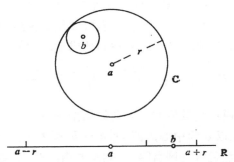

图9.1　收敛区间 $|x-a| < r$ 与收敛圆盘 $|z-a| < r$。由 $x-a$ 的幂换为 $x-b$ 的幂时，这个级数至少在图中所示的以 b 为中心的较小区间中收敛，对于圆盘也是一样

也就是 $|x-b| + |b-a| < t$ 时，$\lim\limits_{p \to \infty} (x-b)^p \cdot f^{(p)}(b)/p! = 0$。为了证明（10），我们在（8）中取绝对值，用 $g(t)t^{-k}$ 代替 $|c_k|$，再将所得的级数用（8）来求和，此时在（8）式中令 $a = 0$，$f(x) = (1-x)^{-1}$ 而且 $|x| < 1$；在这种情形下 $f^{(p)}(x) = p!(1-x)^{-p-1}$。

这里要注意，即使 f 是无限次可微的，函数 f 和以 a 为中心的泰勒级数之间的等式（6）也不一定成立。例如，我们定义 f 为：当 $x > 0$ 时 $f(x) = e^{-1/x}$，而当 $x \leqslant 0$ 时 $f(x) = 0$，并令

$a = 0$。对于这个 f 等式（6）就不成立。此时 f 的确是无限次可微的，但当 $x = 0$ 时，它的所有导数都等于零。

解析函数

现在转而讨论具有复系数的单复变量幂级数。这就意味着，我们把（6）改为

$$f(z) = \sum_0^\infty c_k(z-a)^k,$$

其中 a 是某个复数，而 z 是一个复变量。此时 r 仍旧和以前一样定义，也可以推知，当 $|z-a| < r$ 时，上述级数收敛，而当 $|z-a| > r$ 时，这个级数发散。此处我们的收敛区间就成为复数平面上的收敛圆盘，这大概就是实数和复数情形的唯一区别。前面的定理及其证明，仍然逐字逐句地成立，导数 f' 是

$$f'(z) = \lim \frac{f(z+h) - f(z)}{h}, \tag{11}$$

其中 $h \to 0$ 是通过复数值的。以前的论据还证明，当 x 改为 z 时，（9）式在以 b 为中心的圆盘 $|z-b| < r - |a-b|$ 中仍旧成立，这个圆盘包含在圆盘 $|z-a| < r$ 内，并与之相切（参看图 9.1）。

所谓复平面的开子集 A 上的复值函数 f 在 A 中是解析的，就是指在 A 的每一点附近，f 都等于它以此点为中心的泰勒级数。例如，由一个幂级数定义的函数在其收敛圆盘中是解析函数；多项式是处处解析的函数；在实轴的区间 $|x-a| < r$ 中由（6）定义的函数，只要把（6）中的 x 换成 z，就可以扩张成在圆盘 $|z-a| < r$ 中解析的函数；函数 z^{-1} 在原点之外解析，因为 $z^{-1} = (z-a+a)^{-1} = \sum_0^\infty (-1)^k a^{-k-1}(z-a)^k$，当 $|z-a| < |a|$ 时，这个级数收敛。

这里解析函数是仿照魏尔斯特拉斯（大约 1870 年）定义的，它具有许多突出的性质，在数学分析的所有分支中都是极为重要

的。这里举几个例子：解析函数的线性组合、乘积、分母不为零的商以及复合函数仍旧是解析函数。复平面的开子集 A 上的复值函数为解析函数，当且仅当其导数（11）在 这 个 开 集 中 到 处 存在。如果 A 是连通的，那么这样的函数便由它在 A 的任意一点的泰勒级数的系数唯一决定。如果 C 是 A 的紧子集，它由一个开集 Ω 及其光滑的边界曲线 γ 组成，则 f 在 Ω 中的值可 以 由 f 在 γ 上的值通过柯西积分公式

$$f(z)=(2\pi i)^{-1}\int_{\gamma}(w-z)^{-1}f(w)dw$$

计算出来，其中的积分是通常的线积分，γ 如此 定向，使得 Ω 处于 γ 的左侧。

解析函数的学习通常开始于数学分析基础学完之后，因而超出了本书的范围，所以我们就在这里结束关于幂级数的讲述。

9.3　逼　　近

魏尔斯特拉斯逼近定理

当 $c=1/2$ 时，二项级数（4）就成为

$$(1-x)^{1/2}=1-2^{-1}x-(2!)^{-1}(1-2^{-1})2^{-1}x^2-\cdots$$
$$-a_nx^n-\cdots,$$

其中

$$a_n=(n!)^{-1}(n-1-2^{-1})\cdots(1-2^{-1})2^{-1}>0。$$

令 x 递增到 1，结果得出 $\sum_1^n a_k<1$，因此对 于 $|x|=1$，此级数绝对收敛。由前所述，这就蕴涵着

$$n\to\infty\Rightarrow(1-x)^{1/2}-s_n(x)$$
$$\text{在} |x|\leqslant 1 \text{上一致趋近于} 0, \tag{12}$$

其中 $s_n(x)$ 是所述级数的部分和，从而是多项 式。此时 我们就用函数 $(1-x)^{1/2}$ 在区间 $|x|\leqslant 1$ 上可以一致地由多项式逼近这句话来陈述这个事实。魏尔斯特拉斯逼近定理是说，凡是在有限闭区间上连续的函数，都具有这个性质。把它 仔 细 地 陈 述 出 来

就是：

魏尔斯特拉斯逼近定理 （1885）. 对于实轴的某个紧区间上的任何连续函数以及任意 $\varepsilon > 0$，都存在一个多项式 P，使得对于该区间中任意的 x，恒有 $|P(x) - f(x)| \leqslant \varepsilon$.

这个定理的另外一种陈述方式是：存在一个多项式序列 P_1, P_2, …, 使得当 $n \to \infty$ 时，$P_n - f$ 在这个区间上一致地趋近于零. 为此只要对于每个整数 $n > 0$ 都选取一个多项式 P_n，使得在这个区间上有 $|P_n(x) - f(x)| \leqslant n^{-1}$ 即可. 在上面的例子中，这些多项式恰巧是幂级数的部分和，但是定理并不要求非如此不可. 我们将会看到，上面的例子里包含着证明的线索.

假设 I 是一个紧区间. 为了简单起见，我们说 I 上的函数是可逼近的，如果它具有定理中所陈述的性质. 假设 P_n 和 Q_n 表示多项式，箭头表示一致收敛，则因对于所有的数 a，b 有

$$P_n - f \to 0, Q_n - g \to 0 \Rightarrow aP_n + bQ_n - af - bg \to 0,$$

所以一切可逼近的函数构成一个线性空间. 特别，假如 f 和 g 都是实函数，而且可以用实多项式来逼近，那么 $f + ig$ 就可以用复多项式来逼近. 因此，我们就可以仅仅讨论实函数和实多项式. 其次，考虑 I 上的折线函数，也就是这样的连续实函数，它的图像是具有有限个尖角的折线. 图 9.2 表示了这样一个函数.

图 9.2 紧区间 I 上的折线函数

显然，I 上的所有折线函数构成一个实线性空间. 而且，假如 f 是连续实函数而 f_n 是这样的折线函数，它在 n 个均匀分布的尖角上都等于 f，则由 f 的一致连续性即知，当 n 趋于无穷

时，函数 f_n 一致地趋近于 f。因此，为了证明这个定理，只须证明任意折线函数都是可逼近的就行了。显然，任意折线函数都是若干只有一个尖角的折线函数的和。因而证明就归结为去逼近这些简单的函数。假设尖角在 $x = c$ 处，则此种函数具有如下的形式：

$$x \leqslant c \Rightarrow g(x) = A(x - c) + C,$$
$$x > c \Rightarrow g(x) = B(x - c) + C,$$

其中 A，B，C 都是实数。但这个函数还可以写成

$$g(x) = 2^{-1}(A - B)|x - c|$$
$$+ 2^{-1}(A + B)(x - c) + C,$$

因此，如果函数 $x \to |x - c|$ 是可逼近的，那么 $g(x)$ 也是可逼近的。现在如果 $a \neq 0$，那么当 $P(x)$ 是多项式时，$P(ax + b)$ 也是多项式，从而通过简单的尺度变换，就把整个证明归结为：证明函数 $|x|$ 在区间 $|x| \leqslant 1$ 上是可逼近的。但是这点我们是已经知道的，这是因为，在（12）中把 x 变成 $1 - x^2$ 时，就得到

$$n \to \infty \Rightarrow |x| - sn(1 - x^2) \text{在} |x| \leqslant 1 \text{上一致趋近于} 0。$$

魏尔斯特拉斯逼近定理有许多其他的形式，例如定理：如果 $h(x)$ 是紧区间 I 上的严格单调函数，则 I 上的任何连续函数都可以用 h 的多项式（即有限和 $a_0 + a_1h + a_2h^2 + \cdots$）一致逼近。证明是直接的，因为 h 把 I 连续而且一对一地映射到紧区间 $h(I)$ 上，从而通过变量代换 $y = h(x)$，就归结成前面的定理。

用三角多项式的逼近

开始我们先使用一下已经知道的事实。函数 f 称为偶函数，如果对于所有的 x，都有 $f(-x) = f(x)$；f 称为奇函数，如果对于所有的 x，都有 $f(-x) = -f(x)$。因为当 x 由 0 变到 π 时，$\cos x$ 由 1 单调递减到 -1，所以区间 $0 \leqslant x \leqslant \pi$ 上的每个连续函数都可以用 $\cos x$ 的多项式来逼近；因为 $\cos x$ 是偶函数，所以区间 $I: -\pi \leqslant x \leqslant \pi$ 上的每个连续偶函数同样也可以用 $\cos x$ 的多项式来逼近。其次考虑这个区间上的奇折线函数 g，并设

$g(\pi) = g(-\pi) = 0$。此时 $g(x)/\sin x$ 是连续偶函数，从而可以用 $\cos x$ 的多项式来逼近。因此，如果 f，g 是 I 上的连续函数，它们具有上述性质，则 $f+g$ 可用函数 $P(\cos x) + \sin x \cdot Q(\cos x)$ 一致逼近，其中 P 和 Q 都是多项式。这种函数称为三角多项式。我们要注意，如果 h 是实轴上的连续函数，且具有周期 2π，也就是对于所有的 x 都有 $h(x+2\pi) = h(x)$，则 $h = f + g$，其中 $f(x) = [h(x) + h(-x)]/2$ 是偶函数，而 $g(x) = [h(x) - h(-x)]/2$ 是奇函数，并且 $g(-\pi) = g(\pi) = 0$。因此我们就证明了魏尔斯特拉斯逼近定理的下述形式，它也是魏尔斯特拉斯得到的。

定理 任何具有周期 2π 的连续函数都能用三角多项式一致地逼近。

剩下来还要再提一句：由欧拉公式

$$\cos x = \frac{e^{ix} + e^{-ix}}{2}, \qquad \sin x = \frac{e^{ix} - e^{-ix}}{2i}$$

可以证明，任何三角多项式都是一个有限和

$$\sum a_n e^{inx},$$

反过来是如此。这里 n 取遍一切整数 0，± 1，± 2，$\cdots$。

魏尔斯特拉斯的这两个定理，对于多变量连续函数也成立；斯通在 1932 年证明了它的一种抽象的形式：由紧拓扑空间 E 上的连续实函数所成的每个分离点的代数 A（即给定 E 中的 x 及 $y \neq x$，存在 A 中的一个函数 f，使得 $f(x) = 0$ 而 $f(y) \neq 0$）都具有这种性质：E 上的每个连续实函数都能用 A 中的函数一致逼近。倘若 E 是区间 $0 \leqslant x \leqslant 2\pi$ 而把 0 和 2π 看做恒等（或者，如果我们愿意的话也可以说它是单位圆周），那么所有的实三角多项式便构成这样一种代数，因为 $\cos x$ 和 $\sin x$ 的线性组合就已经能分离点了。

傅里叶级数

假设 f 是实轴上具有周期 2π 的连续函数，则 f 的傅里叶级

数便是级数

$$\sum_{-\infty}^{\infty} a_n e^{inx},$$

它的系数

$$a_n = (2\pi)^{-1} \int_0^{2\pi} f(x) e^{-inx} dx, \ n = 0, \pm 1, \pm 2, \cdots, (13)$$

称为 f 的傅里叶系数。这个级数不一定收敛；但如果它绝对收敛，也就是 $\Sigma|a_n|$ 收敛，那么

$$f(x) = \sum_{-\infty}^{\infty} a_n e^{inx}$$

就等于它的傅里叶级数之和。这个论断由三角多项式的魏尔斯特拉斯逼近定理即可推出。事实上，由下面的公式

$$\int_0^{2\pi} e^{inx} e^{-imx} dx = \begin{cases} 2\pi & \text{如果 } m = n, \\ 0 & \text{其他情形} \end{cases}$$

以及部分和

$$s_N(x) = \sum_{-N}^{+N} a_n e^{inx}$$

一致收敛于连续函数 $s(x)$ 的事实，即可证明 s 和 f 具有相同的傅里叶系数 a_n。因此，对于所有的 n 有

$$\int_0^{2\pi} [f(x) - s(x)] e^{-inx} dx = 0.$$

由此可知，对于所有三角多项式，从而根据魏尔斯特拉斯定理，对于所有周期为 2π 的连续函数 $g(x)$，恒有

$$\int_0^{2\pi} [f(x) - s(x)] g(x) dx = 0.$$

令 $g(x) = \overline{f(x)} - \overline{s(x)}$ 即可证明 $f(x) = s(x)$ 到处成立。最后让我们提一下，在 (13) 式中施行两次分部积分，可得 $|a_n| \leqslant$ 常数 $\cdot n^{-2}$；因此，如果 f 是 C^2 函数，那么 $\Sigma|a_n|$ 收敛。

这里证明的事实，即相当任意的函数可以用它的傅里叶级数

来表示,最早是傅里叶在他 1822 年出版的著作《 热的解析理论 》(Théorie Analytique de la Chaleur)一书中首先发展起来的。傅里叶级数及其伙伴——傅里叶积分,是调和分析的主要 课 题,而调和分析则是现代数学中最重要的分支之一。

定量逼近

假设 f 是紧区间 I 上的连续函数,并令
$$\varepsilon_n = \inf_P \sup_I |f(x) - P(x)|.$$

其中 P 取遍所有不超过 n 次的多项式的集合。根据魏尔斯特拉斯定理,当 n 趋于无穷大时,ε_n 趋近于零;但我们可以提出这样的问题:趋近于零有多快?杰克逊在 1911 年得到的结果说,如果 f 具有连续的导数,或者更一般地,如果对于所有的 x,y,恒有 $|f(x) - f(y)| \leqslant$ 常数$\cdot |x - y|$,那么 $\varepsilon_n \leqslant$ 常数$\cdot n$。这就是定量逼近理论的一个例子。还有许多其他类似的例子。

9.4 几 段 原 文

阿贝尔论级数的收敛

对于幂级数所进行的代数运算取得如此大的成功,使得150多年以来,一直没有什么人认真看待这种级数的收敛性。下面是阿贝尔 1826 年的论文的引言,这篇文章是讨论二项级数的收敛性的。

"如果我们对于通常对无穷级数所用的论证方法加以 仔 细考查的话,就会发现,总的说来,它们是不适当的,从而在无 穷 级数的定理当中,具有严格基础的为数十分有限。一般将解析 运 算应用到无穷级数上,就好像它是有限的一样,而这样做如果 不 加证明,据我看来是不能容许的。例如,倘若我们要把两个级 数 彼此相乘,我们就令

$$(u_0 + u_1 + u_2 + u_3 + \cdots)(v_0 + v_1 + v_2 + v_3 + \cdots) = u_0 v_0$$
$$+ (u_0 v_1 + u_1 v_0) + (u_0 v_2 + u_1 v_1 + u_2 v_0) + \cdots + (u_0 v_n$$
$$+ u_1 v_{n-1} + \cdots + u_n v_0) + \cdots.$$

如果级数 $u_0 + u_1 + \cdots$ 是有限的，那么这个等式确实成立。但若它是无穷级数，那么首先它必须是收敛的，因为发散级数根本没有和；还有，右边的级数也应该收敛。只有在这些限制条件之下，上面的表达式才是正确的；但是，假如我没有说错的话，人们并未注意到此种情况。而这正是我在这篇文章中所打算做的。还有另外几个类似的运算，也需要证明其合理性；例如通常用无穷级数去除一个数量的步骤，决定无穷级数的幂、它的对数、它的正弦、它的余弦等等。

"有时发散级数可以在某些简化命题中成功地当作一个符号，但它们不应当代替确定的量。通过这种做法，我们能够证明所有我们要证明的结果，不管是可能的还是不可能的。"

狄利克雷论阿贝尔定理

阿贝尔定理是：如果 Σa_n 收敛，则函数 $f(z) = \sum_0^\infty a_n x^n$ 在 $-1 < x \leqslant 1$ 上连续，其证明并不容易。刘维尔在一篇显然为了纪念狄利克雷的文章中说：他本人理解阿贝尔的证明时感到困难，但是得到了狄利克雷的帮助，因为狄利克雷对这个问题写出了如

阿贝尔 （1802～1829）

狄利克雷 （1806～1859）

下的容易明白的陈述。注意其中"数值上"的意思是"绝对值"，而在结尾处，不言而喻地应用了不等式 $(1-\varepsilon)^n > 1-n\varepsilon$。在文章中部，狄利克雷在恒等式

$$s_0 + (s_1-s_0)x + \cdots + (s_n-s_{n-1})x^n - snx^{n+1}$$
$$= (1-x)(s_0 + s_1 x + \cdots + s_n x^n)$$

中令 $n \to \infty$。

"考虑到级数

$$A = a_0 + a_1 + a_2 + \cdots + a_n + \text{等等}$$

的收敛性，和

$$s_n = a_0 + a_1 + \cdots + a_n$$

在数值上总小于某个常数 k，而且当 n 无限增大时，s_n 收敛于极限 A。让我们考虑级数

$$s = a_0 + a_1 x + a_2 x^2 + \cdots + a_n x^n + \text{等等};$$

这里假定 x 是正数而且小于 1；用 s_0，s_1-s_0，s_2-s_1 等等代替 a_0，a_1，a_2，等等，它就取得如下的形式：

$$S = s_0 + (s_1-s_0)x + (s_2-s_1)x^2 + \cdots + (s_n-s_{n-1})x^n + \text{等 等},$$

于是，在另外一种顺序之下，

$$S = (1-x)(s_0 + s_1 x + s_2 x^2 + \cdots + s_n x^n + \cdots)。$$

这样一种变换并不困难，因为它归结为在前面 $n+1$ 项中加上数量 $-s_n x^{n+1}$，而当 $n \to \infty$ 时 $-s_n x^{n+1} \to 0$。

"现在让我们来看，当正变量 $\varepsilon = 1-x$ 趋近于零时，S 收敛到什么极限。为此目的，我们把 S 分解成两部分，一部分来自前面 n 项，另一部分包含后面各项，当 ε 减少时令 n 增加，但是 n 增加得很慢，使得 $n\varepsilon$ 的极限等于 0。这样，由于第一部分在数值上小于 $n\varepsilon k$，所以它就收敛于零；至于另外一部分

$$(1-x)(s_n x^n + s_{n+1} x^{n+1} + \cdots),$$

则可以写成

$$P(1-x)(x^n + x^{n+1} + \cdots) = Px^n = P(1-\varepsilon)^n,$$

其中 P 是一个数，它介于 s_n，s_{n+1}，…诸数量的最大值和最小值之间。但 s_n, s_{n+1}，…收敛于 A，所以同样 P 也收敛于 A；而根据假设，另外一个因子 $(1-\varepsilon)^n$ 收敛于 1，所以这就证明了，如量变量 x 趋近于 1，那么 S 的极限便是 A，而这正是我们最初所考虑的和。"

文献

级数只是一个数学工具，它本身并不构成数学的一个独立分支，但也有一些书是完全讨论级数理论的，其中一本经典著作是 K. Knopp所著的 Theory and Application of Infinite Series (London and Glasgow，1951)。关于初等函数的泰勒级数，在任何一本微积分书籍中都会讲到。有许多讨论解析函数的初等教材，其中突出的有 Ahlfors 的 Complex Analysis(McGraw-Hill，1962) 和 H. Cartan 的 Elementary Theory of Analytic Functions of One or Several Complex Variables (Addison-Wesley，1963)。关于调和分析，可参看第八章 的文献。关于逼近论基础乃至某些更高深的材料，可在 G. G. Lorentz 的 Approximation of Functions(Holt, Rinehart and Winston，1966) 中找到。

第十章 概 率

概率（Probability）这个词，是和探求（Probe）真实性联系在一起的。在我们所生活的世界上，充满了不确定性，因此我们就试图通过猜测事件的真相和未来来掌握这种不确定性。在对我们周围的世界进行分析时，这种方法是一个重要的组成部分。当然我们希望得到确定的结果。在正常情况下，我们可以把形势分成绝对危险的或者绝对安全的，并且避开危险。我们在崎岖不平的道路上小心地前进，正如行人和司机一样总使自己离不安全的地带很大一段距离。但是这种分类方法也包含风险在内。对于同一现象有了两三次相似的经验之后，我们就倾向于认为它总会以同样的方式产生。

不安全感既使人紧张，又是对人的挑战。它强迫人们在后果还不完全清楚的情况下，对于各种方案进行选择。如果这种选择的确有某种意义的话，我们可能是以一种欢快昂奋的心情进行选择的。可是，坏的选择的后果不能太严重。假如我们处在危险关头，我们就得动员我们的整个脑力资源，不只是智力上的而且还有情绪上的整个储备来对付它，而如果失败那就可能是毁灭性的。未知的魅力是那么动人，促使人们发明了无数的游戏，使得他们能够在有条不紊的、毫无生命危险的情况下玩个痛快。

概率论是机遇的数学模型。最初它只是对于带机遇性的游戏的分析，而现在已经是一门庞大的数学理论。它在社会科学、生物学、物理学和化学上都有应用。我们将要简单评述概率论的基础，同时讨论一下大数定理和中心极限定理，然后再谈一些应用。

10.1 概 率 空 间

1494年在意大利出版的一本计算技术的教科书中，作者帕奇欧里写道：假如在一个比赛中赢6次才算赢，两个赌徒在一个赢5次另一个赢2次的情形之下中断赌博的话，那么总的赌金应该按照5与2之比分给他们两人。这似乎很合理，但是按照赢的次数的比例来分配的原则肯定不合理。比如说，假设需要赢16次才算赢，并将上面的数字改为 15 次和 12 次，这时他们所分得的钱差不多一样——但是这里面一定有什么不对头的地方。事实上，已经赢了 15 次的赌徒只要再赢一次，就可以把赌金全部拿到手，而另一个赌徒却需要再一连赢 4 次才行。许多年之后，卡尔达诺讨论了一个类似的问题。他懂得需要分析的不是已经赌过的次数，而是剩下的次数。在帕奇欧里的问题中，一个赌徒只需赢一次就可以得到全部赌金，而另一个赌徒则需要四次。因此，以后的赌博只有五种可能的结果，即第一个赌徒赢头一次、赢第二次、赢第三次、赢第四次、或者完全输掉。卡尔达诺认为，总赌金应该按照（1＋2＋3＋4）:1＝10:1 的比例来分配。他这个想法的出发点我们并不清楚。正确的结果是 15:1，这个比例是应用巴斯噶和费尔马在一百年之后所陈述的概率论原理而推出来的。他们两人都讨论过中断赌博的问题，他们应用不同的方法得到了相同的结果。费尔马对于帕奇欧里问题的解法是，考虑以后四次赌博所有可能的结局。一共有 2·2·2·2＝16 种结局，除了一种结局，也就是四次赌博都让对手赢了这种情形之外，其余的情形都是第一个赌徒获胜。这种推理立刻遭到别人的批判，他们认为并非所有结局都是赌到底的。比如说第一个赌徒赌一次就赢了的情形。这种说法遭到反驳，他论证道，不管所有结局是否都赌到底，情况也没有变化。

概率论诞生时期的这些故事，情节都具有同一格局，这种格局后来曾多次重复：先提出一个实际的问题，接着提出一个错误的解答，结果提出一个简单的数学模型使答案十分明显，最后转而讨论这个模型的可应用性。

费尔马并没有用概率这个词，但是他或许定义了使第一个赌徒赢的概率是 15/16，也就是有利情形数与所有可能情形数的比。在这个定义中，自然要假定所有的情形都是等可能的。这个条件在组合问题中一般总能满足，例如，在纸牌游戏、掷骰子以及从罐子里摸球中的有利的及可能的分配数目。这类组合问题有简单的，也有十分复杂的，但是原则上并不会带来什么困难。它们极好地适合普遍接受的概率的数学模型——概率空间，这是1933年由柯尔莫哥罗夫提出来的。最简单的概率空间是一个有限集 U，配上一个函数 $u \rightarrow P(u) \geqslant 0$，它满足 $\Sigma P(u)=1$，其中对 U 中所有的 u 求和。U 的元素 u 称为基本事件，P 表示概率。U 的一个子集 A 的概率 $P(A)$ 定义为 $\Sigma P(u)$，其中 u 取遍 A。子集 A 称为一个事件，它可以认为是 A 的基本事件中有一个发生。函数 P 现在已经扩张到 U 的所有子集，它具有如下的性质：

$$P(A \cup B)=P(A)+P(B)-P(A \cap B). \qquad (1)$$

事实上，当 u 属于 $A \cap B$ 时，$P(u)$ 在 $P(A)$ 和 $P(B)$ 中都各出现一次。假设空集 $\varnothing$ 的概率为 0。前面我们假定 U 是有穷集；但是，如果假定 $P(u) > 0$ 只对至多可数多个 u 成立，就无须限制 U 不能是无穷集。

一个集合 U 的子集上的函数 $P(A) \geqslant 0$ 如具有性质（1），就称为测度；如果还满足 $P(U)=1$，就称为概率测度。因此概率空间的一般定义，简单说来就是赋予概率测度的一个集合。在这个定义中，基本事件不见了，还可能出现对于 U 中所有的 u 都有 $P(u)=0$ 的情测。例如，$U=\mathbf{R}$，其测度为

$$P(A) = \int_A f(x)dx,$$

其中 $f(x) \geqslant 0$ 而且满足 $P(\mathbf{R}) = 1$。谈到这里就要陷到积分论中，遗憾的是，并非所有的函数 f 和集合 A 都容许在积分论中出现。实际上我们应该对概率空间的定义加上一些技术上的保留条件。但是我们不这样做，因为我们相信，读者在这些地方能够容忍少许的模糊不清。

大多数机遇游戏以及许多其他事物，都可以看成是概率空间：

掷一个硬币。U 有两个元素：正面和背面；每个元素的概率都是 $1/2$。

掷一个骰子。U 有六个元素 $1, 2, 3, 4, 5, 6$，每个元素的概率都是 $1/6$。

赢或输。U 有两个元素：赢和输，它们分别具有概率 p 和 q，$p + q = 1$。

轮盘赌。U 有 n 个元素 $F_1, \cdots, F_n$，它们分别具有概率 $p_1, \cdots, p_n$。我们可以把 $F_1, \cdots, F_n$ 看成旋转圆盘或者轮盘的扇形区域，F_k 的面积是圆盘面积乘以 p_k。

伯努利序列。玩赢或输 n 次，我们就得到一个概率空间 U，它由 2^n 个序列 $u = (u_1, \cdots, u_n)$ 组成，其中每个 u_k 或者是赢或者是输，$P(u) = p^r q^s$，其中 r 是序列 u 中赢的次数，$s = n - r$ 是输的次数。注意 $P(u)$ 正好是将乘积 $(p + q)^n$ 展开成和时的 2^n 个项。由此可以推知，对于所有的 k，$P(u_k = 赢) = p$，其中右方是由所有 $u_k = 赢$ 的序列 u 组成的 U 的子集的概率。同样，我们得出 $P(u_k = 输) = q = 1 - p$。这里数 n 不见了，并且可以证明，这些等式在赢输的无穷序列 $u = (u_1, u_2, \cdots)$ 的集合中也定义一个概率测度。我们现在引进的这个对象，称为伯努利序列，这是纪念 J.伯努利的，他在《推测术》(Ars Conjectandi, 1713) 这本书中研究了这个问题。

天气。U 有两个元素：好天气和坏天气，概率分别是 0.1 和 0.9。

抽彩票。U是由$N > n$张有号码的票当中，抽出n张的各种可能的抽法，每一种抽法的概率都相等。如果考虑n张票的顺序，那么这个概率为$(N-n)!/N!$，因为U一共有$N!/(N-n)!$个元素。如果不考虑n张票的顺序，那么U共有$\binom{N}{n} = N!/(N-n)!n!$个元素，其概率为$(N-n)!n!/N!$。

赛马。U是由十次比赛的结果构成的，每次比赛从五匹马当中选出一匹赢马。每种结局都有相同的概率5^{-10}。

这些例子大都牢固地与现实世界联系在一起。卡西诺[1]和抽彩票，都是建立在确实可靠的概率空间上的稳定企业。但天气的例子几乎没有意义。谁要是按照上面的模型去赌赛马，他就立刻会破产。

概率空间的概念，是我们对于概率的直观想法的彻底的公理化。从纯粹数学的观点看来，有限概率空间似乎太平淡无味。但是，当我们一旦引进了随机变量及其期望值时，它们就成为神奇的玩意儿了。

10.2 随 机 变 量

如果两个人赌钱，那么每个赌徒都随着每场赌博赢或输一些钱。他所得到的总钱数（如果他输了，钱数就是负的）就是随机变量的一个例子。所谓随机变量，就是概率空间上的实函数$u \to \zeta(u)$。在我们上面所举的一串例子中，只要我们规定硬币正面得多少钱，背面得多少钱，我们就得到了随机变量，其他例子也与此相仿。这里，伯努利序列提供了各种各样有趣的实例。我们可以假设$\zeta(u)$是序列u中的赢的次数、相继赢的最大数目、或者是输和赢的变化数。在抽彩票时，我们可以选取随机变量为一次抽签所得到的最大的数目、最小的数目、最大的平方等等。

在参加赌博之前，一个谨慎的赌徒或许要想知道他的运道，比如说，他赢的钱数落在某一区间I中的概率。对于一般的随机

1）Casino——一种纸牌游戏。——译者注

变量ξ,相应的概率通常记作$P(\xi \in I)$,它等于$P(A)$,其中A由U中所有满足$\xi(u)$属于I的u所组成。举一个例子,令ξ为n个元素的伯努利序列的赢的次数(赢一次的概率假设为p)。于是$P(\xi=n)=p^n$,$P(\xi=0)=q^n$,$q=1-p$,而对任意的k恒有

$$P(\xi=k)=\binom{n}{k}p^k q^{n-k}.$$

因为一共有$\binom{n}{k}=n!/k!(n-k)!$个序列正好包含赢k次。利用这个简单事实,我们就不难处理帕奇欧里、卡尔达诺、帕斯卡和费马讨论过的中断赌搏的分配问题的一般形式。假设两个赌徒甲和乙赌博,他们赢一局的概率分别是p和$q=1-p$。假设在某个时刻他们中断赌博,这时要赢全局,甲还需要再赢r次,乙还需要再赢s次,那么应当怎么瓜分总赌金呢?这时我们选的概率空间是$n=r+s-1$局,这是得出最后结局的最大数目,并且令随机变量ξ为甲所赢的局数。那么总赌金就应该按照$P(\xi \geqslant r):P(\xi < r)$的比率来分配,也就是按照比率

$$\sum_{k=r}^{n}\binom{n}{k}p^k q^{n-k}:\sum_{k=0}^{r-1}\binom{n}{k}p^k q^{n-k}.$$

特别,倘若甲只需再胜一局即可赢得全局,那么这个比例就成为$1-q^s:q^s$。

有时考虑概率空间上的所有函数,而不只是那些具有实值的函数,来作为随机变量;这样由概念上来讲更为方便。此时我们就使用一般随机变量这个词。从一个充满各种颜色的球的罐子中摸出一个球,它的颜色是一个随机变量。伯努利序列中的第k个分量u_k是一个随机变量,它具有两个值:赢和输。

分布和独立性

由概率空间U到一个集合V的任何一般的随机变量ξ,在V上给出了一个概率测度,称为ξ的分布,这就是函数

$$K \longrightarrow P(\xi \in K),$$

它定义于V的子集K所成的集合上,其值为0与1之间的数。因

为如果 K，J 是 V 的子集，A，$B \subset U$ 分别由 $\xi(u) \in K$，$\xi(u) \in J$ 来定义，则 $A \cup B$ 由所有满足 $\xi(u) \in K \cup J$ 的 u 组成，$A \cap B$ 由所有满足 $\xi(u) \in K \cap J$ 的 u 组成。因此，根据概率测度的性质（1）即知，$Q(K \cup J) = Q(K) + Q(J) - Q(K \cap J)$，其中 $Q(I) = P(\xi \in I)$。显然，我们还有 $Q(\phi) = 0$，$Q(V) = 1$。

由概率空间 U 到集合 $V_1, \cdots, V_n$ 的一系列一般随机变量 $\xi_1, \cdots, \xi_n$ 称为独立的，如果对于 $V_1, \cdots, V_n$ 的所有子集 $A_1, \cdots, A_n$，联合概率 $P(\xi_1 \in A_1, \cdots, \xi_n \in A_n)$ 等于如下的乘积：

$$P(\xi_1 \in A_1, \cdots, \xi_n \in A_n)$$
$$= P(\xi_1 \in A_1) \cdots P(\xi_n \in A_n).$$

当各个 V 都是有限集时，这也就等价于对于所有的 $a_1 \in V_1, \cdots, a_n \in V_n$，有

$$P(\xi_1 = a_1, \cdots, \xi_n = a_n)$$
$$= P(\xi_1 = a_1) \cdots P(\xi_n = a_n).$$

伯努利序列 $u = (u_1, \cdots, u_n)$ 和随机变量 $\xi_k(u) = u_k$ 就是一个例子。因为这时所有 V_k 都相同，并且都具有两个元素赢与输，所以上面的等式无非是伯努利序列（$P(u_k = $ 赢$) = p$，$P(u_k = $ 输$) = q = 1 - p$）上的概率测度。

当然，一般说来随机变量并不独立。有些随机变量是另外一些随机变量的函数，或者受它们的影响。由概率空间 U 到集合 V 的随机变量 ξ 所受到的另外一个由 U 到集合 W 的随机变量 η 的影响，由相对概率

$$P(\xi \in A \mid \eta \in B)$$
$$= P(\xi \in A, \ \eta \in B) / P(\eta \in B)$$

来表达。其中当 η 假定属于 $B \subset W$ 时，ξ 就属于 $A \subset V$。不难验证，$A \to P(\xi \in A \mid \eta \in B)$ 的确是由 $\eta \in B$ 定义的 U 的子集上的概率测度，当然这要在 $P(\eta \in B) > 0$ 的前提之下才能定义。因此，ξ 与 η 是独立的条件可以改写为：对于所有的 A 和 B，有 $P(\xi \in A \mid \eta \in B) = P(\xi \in A)$。我们举一个相对概率的例子。设 ξ_1，ξ_2 为同时掷下两颗骰子的点数，则

$$P(\xi_1 + \xi_2 \leq 6 | \xi_2 \leq 3) = 12 \times 6^{-2}/2^{-1} = \frac{2}{3},$$

而 $P(\xi_1 + \xi_2 \leq 6) = 5/12$。

如果 ξ 是由 U 到 V 的随机变量，h 是由 V 到 W 的函数，则 $P(h(\xi) \in B) = P(\xi \in h^{-1}(B))$，其中 $h^{-1}(B)$ 由所有满足 $h(v) \in B$ 的 v 构成。由此即可推知，独立随机变量 $\xi_1, \cdots, \xi_n$ 的函数 $h_1(\xi_1), \cdots, h_n(\xi_n)$ 也是独立的。

分布函数

任何实值随机变量都在实轴 **R** 上给出一个概率测度。现在要对这个测度进行比较仔细的考察。函数

$$x \to F(x) = P(\xi \leq x)$$

具有这种性质：$P(x_0 < \xi \leq x_1) = F(x_1) - F(x_0)$，它称为随机变量 ξ 的分布函数。当 x 由 $-\infty$ 增加到 $+\infty$ 时，F 由 0 增加到 1。如果 ξ 来自一个有限概率空间，那么 F 在局部是常数，并且有有限个跳跃点，这些跳跃点出现在满足 $P(\xi = x) > 0$ 的点 x 处，并且当 x 是大负数时 $F(x) = 0$，而当 x 是大正数时 $F(x) = 1$。如果 U 是无限的，那么 ξ 可能具有一个频率函数；所谓频率函数就是满足下面的关系的函数 $f(x) \geq 0$：

$$P(x_0 < \xi \leq x_1) = F(x_1) - F(x_0) = \int_{x_0}^{x_1} f(x)dx。$$

在这种情况下，分布函数是连续的。因为当 $b > 0$ 时 $P(b\xi + a \leq x) = P(\xi \leq (x - a)/b)$，所以如果 ξ 具有分布函数 $F(x)$ 与频率函数 $f(x)$，那么随机变量 $a\xi + b$ 便具有分布函数 $x \to$

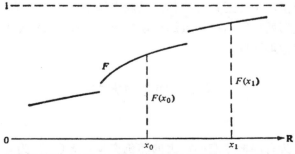

图10.1 分布函数 F。差 $F(x_1) - F(x_0)$ 是实轴的区间 $x_0 < x \leq x_1$ 上的概率测度

$F((x-a)/b)$ 与频率函数 $b^{-1}f((x-a)/b)$. 图 10.1 和图
10.2 表明一般分布函数和频率函数.

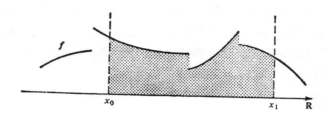

图10.2 频率函数 f. 画了阴影的面积是实轴的区间 $x_0 < x \le x_1$ 上的概率测度

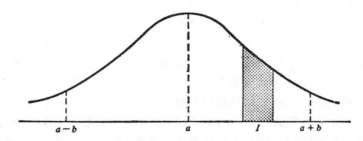

图10.3 正态频率函数. 画了阴影的面积是区间 I 的概率测度. 当参数 b 递减时, 分布集中于 a 点周围

正态分布

具有频率函数

$$(2\pi)^{-1/2}b^{-1}e^{-(x-a)^2/2b^2} \quad (b > 0)$$

的随机变量, 称为正态分布的, 其频率函数称为正态的. 在本章后面, 我们要证明这些函数的极端重要性. 图 10.3 表明 正态频率函数的钟形图像.

10.3 期望与方差

期望值

设 ξ 为有限概率空间 U 上的随机变量, $h(\xi)$ 为 ξ 的 实 函

数。所谓 $h(\xi)$ 的期望值 $E(h(\xi))$，就是 $h(\xi)$ 与相应的概率之积的总和，即

$$E(h(\xi))=\sum h(\xi(u))P(u),$$

这里对 U 中所有的 u 求和。因为所有的 $P(u)$ 都 $\geqslant 0$，而其和等于 1，所以期望值介于 $h(\xi)$ 的最大值和最小值之间，因而常数的期望值就是该常数本身。我们将 $\xi(u)$ 的所有取相等值的项集中起来，就可以把期望值写成

$$E(h(\xi))=\sum h(x)P(\xi=x),$$

这里对 ξ 的所有不同的值 x 求和。如果概率空间是无穷的，上面公式中的和就要改为积分。

$$E(h(\xi))=\int_U h(\xi(u))dP(u)$$
$$=\int_R h(x)dP(\xi\leqslant x).$$

我们不去定义头一个积分了，但如果 h 是连续函数，则当第二个积分收敛时，它就是完全确定的黎曼-斯蒂尔吉斯积分。当 $h\geqslant 0$ 是连续函数时，这个积分也有定义，但可能是无穷大。以下我们假定，如果当 x 很大时，$h(x)$ 不大于 x^2 的常数倍，则积分收敛，并且只限于考虑这种 ξ 与 h 的情形。当 a，b 是数而 h，g 是连续函数时，根据积分的性质可知，

$$E(ah(\xi)+bg(\xi))=aE(h(\xi))$$
$$+bE(g(\xi)).$$

当 ξ 是实数时，最重要的期望值是均值 $m=E(\xi)$ 与方差 $V(\xi)=E((\xi-m)^2)$。方差的平方根称为标准离差,用 $\sigma(\xi)$ 来表示。方差出现于重要的不等式

$$P(|\xi-m|\geqslant t)\leqslant t^{-2}V(\xi) \qquad (2)$$

中；此式对于所有的 $t>0$ 都成立，称为切比雪夫不等式。它还可以写成

$$\int_R (x-m)^2dP(\xi\leqslant x)\geqslant\int_{|x-m|\geqslant t} t^2dP(\xi\leqslant x)$$
$$=t^2P(|\xi-m|\geqslant t).$$

公式的此种形式，是黎曼-斯蒂尔吉斯积分性质的直接推论。这个不等式表明，如果方差很小，那么离开均值的偏差 $|\xi - m|$ 就不太可能很大。具有小方差的分布就集中于均值附近，而当方差等于 0 时，$\xi = E(\xi)$ 的概率就是 1。随机变量 $\xi - m$ 具有期望值 0，因为 $E(\xi - m) = E(\xi) - mE(1) = E(\xi) - m = 0$。因此方差 $\eta = (\xi - m)/\sigma(\xi)$ 具有均值 0 与方差 1，因为 $E(\eta^2) = \sigma(\xi)^{-2} E((\xi - m)^2) = 1$。

例　如果 $\xi = 1$ 和 0 的概率是 p 和 $1 - p$，则 $E(\xi) = 1 \cdot p + 0 \cdot (1 - p) = p$，$E(\xi^2) = p$。所以 $V(\xi) = E((\xi - p)^2) = E(\xi^2 - 2p\xi + p^2) = E(\xi^2) - 2pE(\xi) + p^2 = p - p^2 = p(1 - p)$。倘若 ξ 是正态分布的，而且具有频率函数

$$(2\pi)^{-1/2} b^{-1} e^{-(x-a)^2/2b},$$

那么 $\eta = (\xi - a)/b$ 具有频率函数 $(2\pi)^{-1/2} e^{-x^2/2}$。此时由公式

$$\int_{\mathbf{R}} t e^{-t^2/2} dt = 0$$ 与（经过一次分部积分）

$$\int_{\mathbf{R}} t^2 e^{-t^2/2} dt = \int_{\mathbf{R}} e^{-t^2/2} dt = (2\pi)^{1/2}$$

可以证明，$E(\xi - a) = E(b\eta) = bE(\eta) = 0$，$E((\xi - a)^2) = E(b^2\eta^2) = b^2 E(\eta^2) = b^2$，从而最后即得 $E(\xi) = a$，$V(\xi) = b^2$ 而 $\sigma(\xi) = b$。换言之，参数 a 和 b 分别等于 ξ 的均值和标准离差。

特征函数

实随机变量 ξ 的特征函数，由公式

$$t \to E(e^{it\xi}) = E(\cos t\xi) + iE(\sin t\xi)$$

给出。因为

$$E(e^{it\xi}) = \int_{\mathbf{R}} e^{itx} dF(x),$$

其中 $F(x) = P(\xi \leqslant x)$，所以 ξ 的特征函数无非就是由 ξ 的分布函数 F 所给出的测度的傅里叶变换。这里我们提一下而不加证明：特征函数 $\varphi = E(e^{it\xi})$ 唯一决定 $F(x) = P(\xi \leqslant x)$，并且

如果 φ, φ_1, φ_2, …是随机变量 ξ, ξ_1, ξ_2, …的特征函数，而当 $n \to \infty$ 时 $\varphi_n \to \varphi$，则当 $n \to \infty$ 时也有 $\xi_n \to \xi$。前面一个收敛的意义是对于所有的 t，都有 $\varphi_n(t) \to \varphi(t)$；后面一个收敛的意义是：对于 F 的所有连续点 x（亦即满足 $P(\xi = x) = 0$ 的点 x），都有 $P(\xi_n \leqslant x) \to p(\xi \leqslant x)$。

例　如果 η 是正态分布的，并且具有均值 0 与方差 1，那么它的特征函数便是

$$E(e^{it\eta}) = (2\pi)^{-1/2} \int_R e^{itx - x^2/2} dx = e^{-t^2/2}.$$

（这个公式在第八章第二节作了证明。）这里令 $\sigma = \sigma(\xi)$ 而 $\eta = (\xi - m)/\sigma$，就得到

$$E(e^{it\xi}) = e^{itm} E(e^{it(\xi-m)})$$
$$= e^{itm} E(e^{it\sigma\eta}) = e^{imt} e^{-t^2\sigma^2/2},$$

其中 ξ 是正态分布，它具有均值 m 与标准离差 σ。由估计式

$$e^{itx} = 1 + itx - 2^{-1}t^2x^2(1 + g(tx))$$

（其中 g 是有界的而且当 $s \to 0$ 时，$g(s) \to 0$）可以推知，对于具有均值 0 及有限方差 $V(\xi)$ 的任何随机变量 ξ，有

$$E(e^{it\xi}) = 1 - 2^{-1}t^2 V(\xi)(1 + h(t))$$
$$（当 t \to 0 时，h(t) \to 0）. \tag{3}$$

10.4　随机变量的和，大数定律，
中心极限定理

假设 ξ_1, …, ξ_n 是概率空间上的随机变量。现在要计算它们的和与它们的乘积的期望值。结果是：

$$E(\xi_1 + \cdots + \xi_n) = E(\xi_1) + \cdots + E(\xi_n); \tag{4}$$

又若各个变量是独立的，则

$$E(\xi_1 \cdots \xi_n) = E(\xi_1) \cdots E(\xi_n). \tag{5}$$

事实上，假设 U 是有限的，（4）就表示显然的等式

$$\Sigma(\xi_1(u) + \cdots + \xi_n(u))P(u) = \Sigma\xi_1(u)P(u)$$
$$+ \cdots + \Sigma\xi_n(u)P(u),$$

其中对 U 内的所有 u 求和。第二个公式由

$$
\begin{aligned}
E(\xi_1\cdots\xi_n) &= \sum\xi_1(u)\cdots\xi_n(u)P(u)\\
&= \sum x_1\cdots x_n P(\xi_1=x_1,\cdots,\xi_n=x_n)\\
&= \sum x_1\cdots x_n P(\xi_1=x_1)\cdots P(\xi_n=x_n)\\
&= \sum(x_1 P(\xi_1=x_1))\cdots(\sum x_n P(\xi_n=x_n))
\end{aligned}
$$

得出，其中分别对所有的 u 以及所有形式如 $\xi_1(u)$ 的 $x_1,\cdots$，所有形式如 $\xi_n(u)$ 的 x_n 来求和，而且用了一次独立性。一般情形下的证明与此类似，并且要用到积分论。由（4）与（5）可知，对于独立随机变量之和的方差，有如下的基本公式

$$
V(\xi_1+\cdots+\xi_n)=V(\xi_1)+\cdots+V(\xi_n). \tag{6}
$$

事实上，令 $\xi=\xi_1+\cdots+\xi_n$，$\eta_k=\xi_k-E(\xi_k)$，则变量 $\eta_1,\cdots,\eta_n$ 是独立的，$E(\eta_k)=0$ 而且 $\xi-E(\xi)=\eta_1+\cdots+\eta_n$。因此，

$$
\begin{aligned}
V(\xi) &= E((\eta_1+\cdots+\eta_n)^2)\\
&= E(\eta_1^2)+\cdots+E(\eta_n^2)+\sum_{j\neq k}E(\eta_j)E(\eta_k)\\
&= V(\xi_1)+\cdots+V(\xi_n).
\end{aligned}
$$

我们还要用到公式

$$
E(e^{it(\xi_1+\cdots+\xi_n)})=E(e^{it\xi_1})\cdots E(e^{it\xi_n}), \tag{7}
$$

其中假设各个变量是独立的。这个公式是（5）与指数函数的性质的直接推论。

利用切比雪夫不等式以及公式（3），（4），（6），（7），就能证明概率论中两个基本结果的最简单的形式，这两个结果就是大数定律和中心极限定理。首先我们考虑独立随机变量的无穷序列 $\xi_1,\xi_2,\cdots$ 以及它们逐次的和 $\xi_1,\xi_1+\xi_2,\cdots,\xi_1+\cdots+\xi_n,\cdots$。此时方差 $V(\xi_1+\cdots+\xi_n)$ 随着 n 一同增大，所以我们能够推测，这些和是在它们的均值周围广泛分布的。现在我们试图减小这些方差而考虑这些随机变量之和的小倍数

$$
\eta_n=a_n(\xi_1+\cdots+\xi_n),\quad a_n>0,
$$

其中

$$
V(\eta_n)=a_n^2(V(\zeta_1)+\cdots+V(\zeta_n)).
$$

我们选取如此小的 a_n，使得当 n 趋于无穷时，上式右边趋近于零。于是由切比雪夫不等式（2）即可证明，变量 $\eta_n - E(\eta_n)$ 趋近于零；这就是说，$\eta_n - E(\eta_n)$ 是一个随机变量，它等于 0 的概率是 1。倘若取均值 $\eta_n = (\zeta_1 + \cdots + \zeta_n)/n$，则当方差 $V(\xi_1)$，$V(\xi_2)$，…为有界时，这种情况就肯定会出现；这是因为，此时 $V(\eta_n)$ 像 $1/n$ 一样变小，从而 $P(|\eta_n - E(\eta_n)| > t^{-1})$ 就像 t^2/n 一样变小。因此，倘若 $\xi_1, \cdots, \xi_n, \cdots$ 是独立随机变量，而且具有有界方差，我们就已经证明，比如说（取 $t = n^{(1-\varepsilon)/2}$），对于每个 $\varepsilon > 0$，都有

$$n \to \infty \Rightarrow P(|\xi_1 + \cdots + \xi_n - E(\xi_1 + \cdots + \xi_n)|$$
$$< n^{(1+\varepsilon)/2}) \to 1. \tag{8}$$

这个断言就是通常称为大数定律的一大堆定理当中的一个。由伯努利序列 $u = (u_1, \cdots, u_n)$ 可以得到一个著名的特殊情形。根据 u_k 是赢或输，令 $\xi_k(u) = 1$ 或 0。于是均值 $E(\xi_k) = p$ 和方差 $V(\xi_k) = p(1-p)$ 都不依赖于 k。由（8）可知，随着 n 的增大，在一个序列 u 中，赢的次数 $\xi_1 + \cdots + \xi_n$ 与其均值 np 之差，就越来越不可能显著地大于 $\sqrt{n}$。

在刚才举的例子中，所有的变量 ξ 都有相同的分布。现在假定这种情形成立，并设 V 为它们的公共方差。于是随机变量

$$\eta_n = (Vn)^{-1/2}(\xi_1 + \cdots + \xi_n - E(\xi_1 + \cdots + \xi_n))$$

都具有均值 0 和方差 1，从而不太可能趋近于 0。为了看出当 n 很大时出现什么情况，我们要计算 η_n 的特征函数。此时利用（7）就得到

$$E(e^{it\eta_n}) = E(e^{it\overline{\xi}_1/\sqrt{n}}) \cdots E(e^{it\overline{\xi}_n/\sqrt{n}}),$$

其中 $\overline{\xi}_k = (\xi_k - E(\xi_k))/\sqrt{V}$ 具有均值 0 和方差 1。公式（3）证明了，右边等于

$$(1 - (2n)^{-1}t^2(1 + h(t/\sqrt{n})))^n,$$

其中当 $s \to 0$ 时 $h(s) \to 0$。当 n 趋于无穷大时，此式趋近于 $e^{-t^2/2}$，这就是具有均值 0 和方差 1 的正态分布随机变量的特征函数。应用上面关于特征函数的论述，这就意味着，对于所有

的 x,

$$n \longrightarrow \infty \Longrightarrow P(\eta_n \leqslant x) \longrightarrow (2\pi)^{-1/2} \int_{-\infty}^{x} e^{-s^2/2} ds.$$

用随机变量 ξ_1, ξ_2, …来表示，这是（8）的更精密的形式，也就是说，对于所有的 x，当 $n \to \infty$ 时，概率

$$P(\xi_1 + \cdots + \xi_n - E(\xi_1 + \cdots + \xi_n)) \leqslant x(nV)^{1/2})$$

趋于

$$(2\pi)^{-1/2} \int_{-\infty}^{x} e^{-s^2/2} ds. \qquad (9)$$

这里假定 ξ_1, ξ_2, …是独立的，而且各个 $\xi_k - E(\xi_k)$ 都是具有方差 V 的同样分布。这就是中心极限定理的一个简单的特殊情形，它可以粗略地陈述为：大量独立随机变量的和有趋近于正态分布的倾向。

像这里所讲到的大数定律和中心极限定理，在 J.伯努利（1713）、德·莫瓦弗（1733）和拉普拉斯（1812）的著作中，多多少少明显地出现过。后来这些结果得到推广和精密化，但是要讲后来怎样发展就会使我们离题太远了。

10.5　概率与统计，抽样

在下次选举中，DEP（Demopublican party——民主共和党）获胜的希望有多大？统计学家乙决定精确地求出它来。他询问了 400 名预计会去投票的选民，发现其中 80 人将投 DEP 的票。于是，他把下面的预测卖给国家电视公司：DEP 将会得到 17% ～ 23% 的选票。选举之后的深夜，已经计算了 4,000 万张票，结果 DEP 得到了 19.2% 的选票。DEP 全国委员会主席，一直是乐观派，这次就不那么高兴。经过成功地组织多次集会之后，他原来预期所得的票要多得多。

显然乐观派也会失败，但是乙怎么能那么有把握呢？答案就是他运用了选举的随机模型。他把他的选民问题想成是由装有几百万黑球和白球的罐子中摸出黑球和白球的问题，选民的数目就

相当于摸的次数，并让白球对应于投 DEP 的票，而黑球对应 于投其他党派的票。他还假定罐子里包含白球和黑球的比 率是 $p:$ $1-p$，罐子经过摇动使得黑球和白球彼此均匀混和在一起。在这种情况下，从罐子里摸出一个球来就是一个随机变量的样本，这个随机变量以概率 p 取值"白"，以概率 $1-p$ 取值"黑"。这里 p 是介于 0 与 1 之间的数，它是我们所要估计的。

假如和罐子的类比是正确的话，当乙问到 n 个人时，他可以把他得到的样本看成是 n 个独立随机变量 ξ_1, …, ξ_n（它们分别以概率 p 和 $1-p$ 取值 1 与 0）的一个样本。根据这些变量，他作出变量 $\xi = 100(\xi_1 + \cdots + \xi_n)/n$ 来代表大 小 为 n 的样本中投 DEP 票的百分比。这个变量的分布满 足 $P(\xi = 100k/n) = \binom{n}{k} p^k (1-p)^{n-k}$，其中 $k = 0$, …, n。每当乙提出他的问题时，他就得到 ξ 的一个值 x，现在他决定拒绝未知数 p 的所有这 些 值，它们能使

$$P(|\xi - 100 p| \geqslant |x - 100 p|) \leqslant \frac{1}{20},$$

也就是这种值 p，使得得到 ξ 的值与均值 $E(\xi) = 100p$ 之差比 x 与均值之差更大的概率最多是 1/20。于是其余的 $100p$ 的值便落在 x 周围的某个区间 I 之内（图 10.4）。

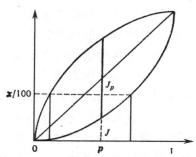

图10.4 随机变量 $\eta = (\xi_1 + \cdots + \xi_n)/n$ 的抽样，其中 ξ_1, …, ξ_n 是独立的，它们以概率 p 和 $1-p$ 取值 1 和 0。数 p 是未知的。对于每个 p，选择关于 p 为对称的区间 J_p，使得 η 的样本以概率 19/20 落入 J_p 内。这些区间的全体构成雪茄烟形的区域。对于单个样本 $x/100$，构造一个如图所示的区间 J。未知数 p 应该落在 J 中某处。在正文中，区间 I 等于 $100J$

在具体计算时，乙采取了一条捷径来计算区间 I。他假想 p 的真值是 $100x$，并用一个关于 x 为对称的区间 $x_0 < t < x_1$ 来代替 I，这个区间满足 $P(x_0 < \xi < x_1)$ 接近于 $19/20$ 的条件，此时 ξ 的分布就通过令 $p = x/100$ 来计算。于是 $E(\xi) = 100p = x$，而 $\sigma(\xi) = 100(p(1-p)/n)^{1/2}$。当 n 大到 400 时，他也可以假定 ξ 是正态分布的；在这种情况下，选取 $x_0 = x - 2\sigma(\xi)$ 与 $x_1 = x + 2\sigma(\xi)$ 时，就与选定的概率 $19/20$ 配合得相当好。令 $n = 400$，$x = 80$，得到 $2\sigma(\xi) = 200(0.2 \times 0.8/400)^{1/2} = 4$。现在凭着他的理论，乙就相信在未来的选举中，有 16% 到 24% 的人将会投 DEP 的票。假如他一开始选取一个比 $1/20$ 更大的数，比如说 $1/10$，则利用同样的计算就可以得到更加靠近 20% 的界限。经过犹豫之后，他冒险去改进他的形象，于是向全国电视公司提交了 17 和 23 这两个数字，从而得到一大笔收入。

　　这样我们自然会问，为了挣这笔钱，乙究竟干了什么。这个理论也不是他自己发明的，他的计算一分钟就能完事，向 400 个人提出同样的简单问题似乎也不花多大力气。所有这些对乙说来，都只是例行公事而已。他的主要贡献只在于看到了他的数学模型真正能用得上。这里他遇到了许多困难。假如他的职业就是预测选举的结果，他就必须放弃这里所讲的这种简单模型。选民并不构成一个均匀的集体。乙必须要考虑到许多因素，例如年龄、社会阶级、地区、以前各次选举的结果等等。于是乙必须运用更精致的随机模型，其中要有各种结构的许多罐子。这样会使他的计算稍微复杂一些，但他主要关注的是现实和他所用的模型之间的关系。假如他的预测失灵，他就会失掉他的名声和他的主顾。谁也不是机遇的主人，能够完全掌握机遇的变化。

　　人们想通过抽样得出可靠信息的愿望，就是应用统计学的起源。这里用到了一大堆统计检验方法，有些是非常巧妙的。其中多半都应用了这样一个事实：在合理的假设之下，可以计算出样本所代表的随机变量的分布。其中典型的方法是 K. 皮尔逊的 χ^2 检验（由 1900 年起）。其数学模型是一个轮盘，它具有 r 个扇形区

域 $F_1, \cdots, F_r$，这些区域所占整个轮盘的大小比例分别为 $p_1, \cdots,$ p_r。让轮盘转 n 次，如果有 ξ_r 次停在 F_r 中，那么 $\xi_1, \cdots, \xi_r$ 就是随机变量，其和为 n。当 n 很小时，它们的分布容易计算出来；但当 n 甚大时，其分布就相当复杂。但是皮尔逊证明了，随着 n 的增加，随机变量

$$\chi^2 = (np_1)^{-1}(\xi_1 - np_1)^2 + \cdots + (np_r)^{-1}(\xi_r - np_r)^2$$

的分布趋近于 $r-1$ 个正态分布的独立随机变量的平方和的分布，这些变量都具有均值 0 和方差 1。而这个分布很容易计算，并且可以列出表格来。这里所出现的奇迹是，它只依赖于轮盘的扇形区域的数目，而与这些区域的大小无关。如果某种观测分成一些部类 $C_1, \cdots, C_r$，而且假设对于一次观测来说，以某一概率 p_r 落入部类 C_r，那么就要应用皮尔逊检验。为了检验这个关于概率的假设，可以取一个 n 次观测的大样本。假设此时落到相应的部类中的数目分别为 $n_1, \cdots, n_r$，我们计算 χ^2 的相应值，然后查表求出得到更大的 χ^2 值的概率。假若这个概率很小，比如说小于 1/100，则所观测到的数值 $n_1, \cdots, n_r$ 就被认为与它们的期望值 $np_1, \cdots, np_r$ 偏差较大而不能归因为机遇。此时的结论是，关于概率的上述假设必须否定。

但是，这里面有着过于简单化的危险。应用检验时，我们需要有元素的数目相同的两组数。此时我们要查表，看看这两组数的差别是否由于机遇。这幅漫画的背景，仍然是随机模型和假设这个模型所代表的现实之间的精细关系。通过多次掷骰子来发现它是否不均匀时，应用皮尔逊的检验结果就令人满意，可是如果要用它来查明某位作家使用"她"字是否比用"他"字显著地多，那可能就没有这样满意了。

10.6 物理学中的概率

18 世纪时，欧拉和拉格朗日发明了液体和气体运动的一个简单的模型。它把牛顿力学与压力和密度的简单性质结合起来，

取得了极大的成功。其后，**傅里叶**根据热流与温度梯度成正比这个事实而建立了热流模型。**在**这些模型中，假设介质——气体、液体或者热导体——是均匀**的**，这样它的平衡状态描述起来就很简单。如果压力和密度都是常数，那么不受外力作用的液体或者气体就处于平衡状态；此时**如果**温度是常数，那么就没有热流出现。但是，由于19世纪初**化学**的进步，人们逐渐懂得了，气体、液体、固体都是由或多或少**自由**运动着的分子所组成的，并且热是机械能的一种形式。分子**运动**遵从牛顿定理，但是要想一个一个地对它们进行追踪，那就毫无希望。另一方面，可以从统计上去研究它们；比如说，研究在各种平衡状态下能量的分布，以及这种分布如何随时间而变化。这就是统计力学的研究对象，它是由克劳修斯、麦克斯韦和玻耳兹曼所创建的。他们把牛顿定理与各种形式的大数定律相结合，成功地导出一些著名的宏观定律，例如波义耳定律（一定气体的压力、温度和密度之间的关系）和热传导定律。统计力学在量子力学中也有一个分支，对此我们不能深入讨论。

作为物理学中的概率的例子，**现在我们来描述一种概率空间**及其在热传导和布朗运动上的应用。所谓布朗运动，就是**液体中**的微小粒子受到液体分子的碰撞而产生的运动。这个概率空间由三维空间中的所有连续曲线 $t \to \xi(t) = (\xi_1(t), \xi_2(t), \xi_3(t))$ 构成。这里 $t \geqslant 0$ 是时间，而且我们假定 $\xi(0) = 0$。这些曲线对应于在时刻0从原点出发的一个粒子的所有**可能的**运动。**概率测度是这样的**，它使得各个随机变量 $\xi \to \xi_j(t_2) - \xi_j(t_1)$（其中 $j = 1, 2, 3$）是独立的而且是正态分布的，它们具有均值 0 和方差 $c^2(t_2 - t_1)^2$（其中 $c > 0$ 是一个常数）。因此，$\xi(t) = \xi(t) - \xi(0)$ 的频率函数便是

$$f(t, x) = (2\pi ct)^{-3/2} e^{-|x|^2/2ct},$$

其中 $|x|^2 = x_1^2 + x_2^2 + x_3^2$，而我们可以把 c 解释为在每一方向上的运动速度。令 $dx = dx_1 dx_2 dx_3$，则数值

$$P(\xi(t) \in A) = \int_A f(t, x) dx$$

就是我们的随机粒子在时刻 t 处于区域 A 中的概率。在经典的热传导宏观模型中，$f(t, x)$ 是热导系数为 c 的三维热导体在时刻 t，点 x 处的温度，而在时刻 $t=0$，在点 x 对这个导体引进了一个单位的热量。我们还可以把我们的随机变量和位势理论联系起来，这是因为，不难验证

$$\int_0^\infty dt \int_A f(t, x)dx = (2\pi c)^{-1} \int_A |x|^{-1}dx.$$

这里左边代表粒子在 A 中平均逗留的时间，右边代表 A 中均匀分布的质量在原点产生的牛顿位势。有时我们利用这种关系来猜测和证明位势理论中的结果。

最后，刺激我们想像力的，还有我们的概率空间和量子力学之间的松散的联系。频率函数 $f(t, x)$ 是热传导方程

$$2\partial_t f(t, x) = c\,(\partial_1^2 f(t, x) + \partial_2^2 f(t, x) + \partial_3^2 f(t, x))$$

的一个解，其中 ∂_t，∂_1，∂_2，∂_3 分别是关于 t，x_1，x_2，x_3 的偏导数。在热传导方程中把 t 改为 it，我们就得到量子力学的基本主题之一——薛定谔方程。与此同时，频率函数 $f(t, x)$ 变成了复函数

$$(2\pi ict)^{-3/2} e^{-|x|^2/2ict} \quad (t>0).$$

这样一来，我们的由曲线构成的概率空间，就具有一个复测度，此种测度可以用来建立积分。这些所谓历史积分，是费曼在1950年左右发明的。至今它们还不能说是道地的数学工具，但是在量子力学的不可缺少的直观论证中，它们已经起着相当重要的作用。

10.7 一 段 原 文

J. 伯努利论大数定律

  J. 伯努利在他的《推测术》(Ars Conjectandi, 1713) 一书中提到，在掷骰子或者从罐子里面摸球等游戏中，可以先验地知道概率。他又进一步说：

"但是，我问你，比如说，侵袭各种年龄的人体的无数部位并能引起死亡的疾病病例数目有多少，人们中有谁能说得清楚？谁又能说清楚，一种疾病比另一种疾病更易致人死命的程度（比如说瘟疫比浮肿，浮肿比发烧更易致人死命），以致能使我们推测未来生或死的状况如何？谁又能记录空气每天所经受的无数变化的事例，从而可以推测一个月甚至一年以后，空气的状态怎样？又有谁对人的智慧或者人体的极好的结构的本性有着充分的了解，以致他能枚举在依赖于智力敏锐或者体力敏捷的比赛中，这个或那个选手将会获胜？因为这类事物依赖于完全不明显的原因，它们还由于无数多种因素的交织组合，将会永远逃脱我们想要发现它们的种种努力，因而要想得到任何这种知识的企图，显然都是神志不健全的。"

J．伯努利 （1654～1705）

他提到未知概率可以通过重复试验来决定，而且多次重复似乎可以增加其准确性。接着他宣布大数定律，并倡导在医学和气象学中应用统计学。他说：

"显然，每个人自然都懂得这件事，但根据科学原理的证明决不是显然的事，而我们的任务是去说明它。可是，假如我只能证明人人都知道的事，那我就只能认为是很小的成就。还有另外一些事情要考虑,这些事可能以前还没有人想到过。也就是说,我们还要问,通过这样增加实验的次数时,得到某个事件会发生或者不发生的事例数的真正比值的概率,是否也会随之增加,以致到最后超过任何的确信程度;或者说,上面所说的问题是否有一个自身的界限,也就是存在一种确信程度,不管你观察的次数如何成倍地增加,也不能超过它;例如,得到真实比值的概率大于1/2,2/3或者3/4是永远不可能的。我们举一个例子来说明这点。假定一个罐子里面藏有3000个白石子和2000个黑石子,而你并不知道。现在你试图这样来求出它们的数目:一个接一个地由罐子里面摸石子(为了不改变罐子里面石子的数目,每次都要把摸出的石子放回罐子之后再摸下一个),并且注意白石子或者黑石子出现的频度。问题就是,你是否能通过摸很多次,使得10倍或者100倍或者1000倍地有把握(也就是肯定),白石子和黑石子出现频率的比值等于罐子里面白、黑石子数目之比3:2,而不是和3:2不同的比值?假如无论摸多少次都不能办到这点,那么我承认,我们企图由实验去探讨事例数就不会有什么收获。但是,假如这个可以办到,而最后我们能够达到肯定(我将在下章说明如何做到这点),我们就会对于事后计数也有几乎同样的信心,仿佛我们事先知道这个数目一样。对于实用上的目的来说,将第二章公理9中的"绝对肯定"改为"推断肯定"时,在不像机遇对策那种科学性强的任何偶发事件中,用它来指导我们进行猜测已经绰绰有余了。

如果我们用空气或者人体代替罐子,其中包含各种变化或者疾病的根源,正像罐子里装着石子一样,那么我们就能够通过观察来决定,在这些对象中间一个事件比另外的事件出现的机会多多少。"

文献

关于概率和统计的教科书实在太多了。Willy Feller 的 An Introduction to Probability and Its Applications (Wiley, 1968) 一丝不苟地面向数学,写得很好,包含的材料很多。

第十一章 应　　用

　　11.1　数值计算．历史．差分格式．11.2　模型的构造．声音．声道．声音的数学模型．元音．模型和现实世界。

　　数学有理论和实际两个方面。能够吸引普遍注意的，是实际方面。除了专家之外，理论方面通常认为是不可理解的。数学这种一分为二的现象，和数学本身一样古老。阿基米德的机械发明，例如他的水压机以及他的行星系统的水驱动模型，使得他享有盛名，但是他本人却偏爱理论。历史学家普卢塔奇讲过，虽然阿基米德的发明使他得到了具有超人智慧的名声，但他并不想把这些东西记述下来，而是保持在抽象的数学世界里。高斯在应用数学方面做了大量工作，他也抱有同样的见解。但是，如果我们撇开这些伟大的革新者，我们就会发现绝大多数在数学上花费了一些时间和精力的人，只不过是用数学作为一个工具，来得到有趣的数值结果，并理解多多少少有点复杂的情况。数学就是用来进行数值计算和构造模型的。下面我们来评述数值分析的历史和实践，研究一下某些差分格式，并且构造一个声道模型来解释元音是怎样发出来的。

11.1　数　值　计　算

历史

　　为了进行计算，我们需要一种记数法以及计算和、差、积、商的程序。在所有这些领域中，人们显示了伟大的发明才能。现今保存下来而为世界普遍采用的记数法，是用阿拉伯数字的十进制记数法。远在 4500 年前，人们就发明了进位制。一种进位制是巴比伦帝国用的60进位制，它在我们测量时间和角度的方法中，部分地保留下来了。这个时期的泥板显示出了最初的一些乘法表.还有大的数目的计算,但是一般并没有进行(比如说)加法和乘法计算的程序。只有结果才值得记载下来，而计算是用心算或者用手指帮着算或者写在沙子上来算的。还有计算板，即所谓拉丁算盘，这是一块木板，上面撒着沙土写上数码，或者用小石头在上面来回搬动。Calculus（演算）原来的意思就是小石头。现代的算盘是中国的发明，它是一个具有可以滑动的珠子的木架。我们现在所用的算术程序的优点，在于每一小步都记了下来，而且能够检查核对。从10世纪起，在阿拉伯的一本著作中，就描述了这种程序。这本书的作者的名字 Al Kwarizmi 花拉子密后来就演变成 algorithm（算法）这个词，它表示进行计算的系统方法。印刷机发明之后不久，就出版了许多种初等算术教科书，其中有些还讨论分数和商业数学，特别像货币的换算，财产划分问题，利率等。$x=ac/b$ 是方程 $a/b=x/c$ 的解这个事实，即 regula de tri（三的法则），被认为特别有用。有一个作者把它称为黄金规则，他之所以这样叫，是因为"它是这么有用，以致于它比其余规则优越，就像黄金比其他金属优越一样"。路德的朋友 P.麦兰奇通是位教育改革家，他说服维登堡大学聘请两名数学教授。其中一位在他的就职演说中，强调了"加法和减法在日常生活中很需要，并且如此容易学，以致小孩子都能学会运算。乘法和除法规则需要更多的考虑，但经过一些努力也是不难掌握的"。

　　第一个三角表出现于《Almagest》中，这是公元150年左右编纂的古代天文学的主要著作。后来经过阿拉伯人加以改进，在16世纪开始应用于战争及航海中。其后一百年，对数表也计算了出来，从此人们总是以对数表为数值计算的工具，至少达三百年之久。测量仪器的改进，使得用它进行计算越来越有利。六分仪、航海表，再加上天文表，使得航行更加安全可靠。数学家对于代数方程的根的兴趣，使他们发明了根的数值计算的许多程序．其中最有效的方法是牛顿发明的，到现在还在教学和使用．用数值方法计算积分或者求级数的和往往也很重要．诸如此类的需要，导致了大量数值方法，它们往往是十分特殊的．因为数值方法总是处理有限多位数字，进行有限多次迭代，所以一般都得不到正确的理想结果．这里总是存在误差，也就是计算所得的数和理想结果之间的差．一个好方法的标志，就是能通过不太多的计算工作量而得出很小的误差．如果没有某种误差估计，数值方法就毫无价值．

从理论数学得出数字来，本身是一种艺术．从17世纪一直到最近，它只是小规模地进行，所用的工具实质上也没有什么两样——用手计算和用表．计算板在从前是很重要的，现在早已废弃不用了．计算尺和手摇计算机，大约在一百年前才普遍使用．后来随着电动计算机的出现，对数表已成为多余的了．这就是三十多年前的状况．正好这个时候，一种新的计算装置——电子计算机在舞台上出现了．在很短的时期内，这个魔王把各种簿记与各种工业和技术的过程的控制都革命化了！电子计算机具有巨大的计算能力，但也要求使用者有充分的预见能力和技巧．老的数值方法得到大规模的应用，还发明了许多新方法，其中有一些十分精巧．大学现在也无需乎麦兰奇通告诉他们，要聘请数值分析和数据处理的教授．计算机本身就需要它自己的程序和自己的语言，还需要一批专门的数学家——程序员．

差分格式

利用计算机能够进行大量的计算．复杂的物理过程可以得到仔细的模拟．数学模型通常只是理论和一般原理，从中能够挤压出数值结果来．现在大规模应用的是一种老的想法——把微分方程变成差分方程．这里我们举出此种方法的两个实例．首先让我们来考虑一阶微分方程 $u' = f(t, u)$ 的初值问题．我们要近似计算一个解 $u = u(t)$，使得当 $t = 0$ 时，$u = u_0$ 是已给定的．考虑到导数 $u'(t)$ 是差商 $(u(t + h) - u(t))/h$ 当 h

趋近于零时的极限，就不难想到用差分问题来逼近初值问题；这个差分问题就是

$$\Delta v(t) = f(t, v(t))\Delta t, \quad v(0) = u_0,$$

其中 $t = 0, \pm h, \pm 2h, \cdots$，这里 $h > 0$ 是一个固定的小量，而差分是 $\Delta v(t) = v(t+h) - v(t)$，$\Delta t = t + h - t = h$。由此可以得出 $v(h) = u_0 + hf(0, u_0)$，$v(2h) = v(h) + hf(h, v(h)), \cdots$，类似地还有 $v(-h)$，$v(-2h), \cdots$ 的公式。这样就在一个由 $0, \pm h, \pm 2h, \cdots$ 各点构成的网格上定出了 v，这个网格的网格宽度（或者为了简单起见称为步长）等于 h。当 h 趋近于 0 时，我们可以预期函数 $v = u_h$ 收敛于原来问题的解 u。在关于函数 f 的适当假定之下，不难估计差值 $u - u_h$。我们还可以把问题转换一下，通过函数 u_h 的收敛性来证明原来的问题有解。自然，同样的方法也可用到微分方程组上，或者我们可以使用变动的步长或者更精密的差分来逼近导数，而使方法更加精细。但是，假如 f 性态比较好，并且我们只要在一个小区间上知道 u，那么原来的方法也能够达到目的。

如果我们要把（比如说）两个变量 x，t 的偏微分方程写成差分方程，我们就把偏导数 $\partial u/\partial t$ 和 $\partial u/\partial x$ 写作差商 $\Delta_t u/\Delta t$ 与 $\Delta_x u/\Delta x$，其中 $\Delta_t u(t, x) = u(t+h, x) - u(t, x)$，$\Delta t = t + h - t = h$，$\Delta_x u(t, x) = u(t, x+k) - u(t, x)$，$\Delta x = x + k - x = k$。此时相应网格的网孔是长方形，在 t 方向的步长为 h，而在 x 方向的步长为 k。甚至在简单的情形下，我们也能碰到这样的事实：h 和 k 并不总能够彼此独立地变小。例如，考虑初值问题

$$\partial_t u + c\partial_x u = 0, \quad u(0, x) = f(x),$$

它的解是行波 $u = f(x - ct)$，其传播速度为 c。假设 $c > 0$。一种差分逼近是

$$\Delta_t v + c(\Delta t/\Delta x)\Delta_x v = 0, \quad v(0, x) = f(x),$$

其中 $t = 0, \pm h, \pm 2h, \cdots$ 而 $x = 0, \pm k, \pm 2k, \cdots$。由此

可知，比如说，对于所有的 x，

$$v(h,x)=v(0,x)-chk^{-1}(v(0,x+k)$$
$$-v(0,x))$$

给出了当 $t=h$ 时的 v 值，利用类似的公式，可以用 $t=h$ 时的 v 值来表示 $t=2h$ 时 v 值，依次类推。这样我们就可以逐步计算出整个网格上的函数 $v=u_h$。而精确解 $u=f(x-ct)$ 在点 (t,x) 的值，等于 f 在点 $x-ct$ 的值，我们可以看出，函数 v 在网格点 (t,x) 的值，是 f 在 x 轴上介于 x 和 $x+th^{-1}k$ 之间的网点上的值的线性组合。但是，显然只有当上述区间包含 $x-ct$ 这点时差分逼近才有意义。因此我们必须有 $k/h\leqslant-c$，也就是当 $t>0$ 与 $h=\Delta t>0$ 时，$c\Delta t+\Delta x\leqslant0$。由此可知，我们必须选取 x 方向的步长 $\Delta x=k$ 为负，同时要使 t 方向的步长 Δt 比起 x 方向的步长来不是太大。假如不这样的话，差分问题的解与精确解就毫无关系。这就表明，差分逼近可能是不稳定的，也就是说，当步长变小时，差分方程可能并不给出接近于精确解的函数。

平面上狄利克雷问题的差分逼近，却提供了与这种不稳定性大不相同的情形。所谓狄利克雷问题就是：在平面的有界开集 U 上，求一个满足拉普拉斯方程 $\partial_x^2u+\partial_y^2u=0$ 的函数 $u=u(x,y)$，使得它在 U 的边界上等于已给的连续函数 $f(x,y)$。我们假定边界是光滑的，f 在边界的邻域内也有定义并且连续。选取 $(g(x+h)-2g(x)+g(x-h))/h^2$ 为二阶导数 $g''(x)$ 的差分逼近，并在 x 方向和 y 方向选取相等的步长 $h>0$，则稍加计算即可证明，方程

$$v(x,y)=4^{-1}(v(x+h,y)+v(x-h,y)$$
$$+v(x,y+h)+v(x,y-h) \qquad (1)$$

是拉普拉斯方程的差分逼近。我们试图求出方程（1）的一个解 $v=u_h$，它定义在网格 $(x,y)=(rh,sh)$（r,s 为整数）的子集 $V=U_h$ 上，这个子集是由这样的点 (x,y) 构成的，使得至

少有一个邻域（$x \pm h$，y）或者（x，$y \pm h$）落在U内。我们用这个解来逼近狄利克雷问题。如果（x，y）是U_h的边界点，也就是说，它至少有一个邻域落在U外，我们就令$v(x$，$y) = f(x$，$y)$。当h充分小的时候，这是可能的，因为f在U的边界的一个邻域内有定义。如果（x，y）是U_h的内点，也就是说，如果它的所有邻域都落在U内，我们就要求（1）成立。参看图11.1。

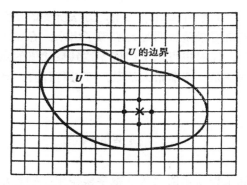

图11.1 狄利克雷问题的差分逼近。十字叉及小圈表示一个点及其四个邻域

现在我们的差分方程变成了一个线性方程组（1），方程的数目等于$V = U_h$的内点数目。因此，方程的数目就等于未知量的数目。我们断言，每个解在V的边界上都能取得最小值和最大值。事实上，假设v是一个解，而c为其最大值。如果u在一个内点处等于c，则在它的所有邻域上都有$u \leqslant c$。但此时由（1）可以证明，在其所有的邻域上$u = c$，而且在一个附加的点列上也有$u = c$；这个点列必定会终止在边界上，因为V只有有限个点。对于最小值也可以进行相同的论证。特别，如果令所有的边界值都等于零，那么$v = 0$便是（1）的唯一解。因此，根据线性方程组的理论即知，对于所选的每种边界值而言，方程组（1）都只有唯一解v。这个方程组在其他方面也具有良好的性质。当方程的数目很多时，它可以用逐次逼近法来解。不难证明，当h

趋近于零时，函数 $v = u_h$ 收敛于狄利克雷问题的解，也不难得到差值 $u_h - u$ 的大小的较佳估计。

刚才讲到的两种计算程序，都有古典问题的背景和理论上重要的特色。其他的程序在理论上可能没什么趣味，但在实用上却非常重要。一个好例子是线性规划。这种问题是：在 R^n 的由一组线性不等式 $a_1 x_1 + \cdots + a_n x_n + b \geqslant 0$ 所决定的一个区域上，使很多个变量的线性型 $h(x) = c_1 x_1 + \cdots + c_n x_n$ 达到极小（或极大）。如果我们把变量解释为各种效用的量，把 $h(x)$ 解释为生产费用，把不等式解释为可用的生产方法所受的限制，那么上述问题的实际经济背景就很明显地表现了出来。存在求出 h 的最优值的有效程序，同时也可以求出使 h 达到最优值的点 x。在实际问题中，n 往往是一个非常大的数，要进行计算，计算机是绝对必要的。

11.2 模型的构造

在物理和工程技术的大多数数学模型中，物理过程都通过微分方程来描述，这些微分方程能够从数学上进行分析。通常微分方程正好表示简单的物理规律，而每个单一的过程则由特殊的环境——边界条件——来决定。下面所举的例子，在几个方面都是典型的。我们试图了解，当我们张开嘴发出一个元音时，在空气中发生了什么事。

声音

首先我们谈一下声音的物理学。我们所听到的声音，是空气压强发生快速而微小的振动。对于中等程度的声音，空气压强变化的幅度大约为 10^{-3} 毫巴，它相当于标准大气压强的 10^{-8} 倍。倘若在沿着声音传播方向的一条直线上，测量与大气压强的偏差 $p(x, t)$——它是时间 t 和直线上的位置 x 的函数，我们就会发现，$p(x, t)$ 近似地等于一个函数 $f(x - ct)$ 乘上一个衰减因子. 这就意味着, 这条直线上在时刻 t 的压强图形, 可以用函数 $x \to f(x-ct)$ 来表示, 它沿着传播方向以速度 c 移动. 这里 $c \sim 340$ 米/秒是一个常数, 即声速. 声音的传播就像一系列空气块的脉冲, 这个空气块本身的运动可以忽略不计. 在压强变化为 10^{-8} 毫巴时, 空气块本身运动的最大速度的数量级只有 10^{-8} 米/秒. 声音速度和空气在压力之下的弹性有一个重要的关系, 这是由牛顿和拉普拉斯发现的. 我们有 $p = c^2\rho$, 其中 ρ 是与标准空气密度的偏差. 当 p, ρ 都很小时, 这个方程相当精确地成立.

当各个外力同时起作用时, 由外力引起的空气压力的偏差就叠加在一起. 此时两个声波 $p_1(x, t)$ 和 $p_2(x, t)$ 叠加而成为声波 $p_1(x, t) + p_2(x, t)$. 根据定义, 驻声波等于乘积 $p(x, t) = h(t)f(x)$, 其中 $h(t)$ 是振动因子, $f(x)$ 是位置函数. 当 h 具有 $a\cos(2\pi vt + \alpha)$ 的形式时, 它就称为简单振动或者谐和振动. 它每 $\frac{1}{v}$ 秒重复一次, 并说这个振动的频率为每秒振动 v 次, 简写为 v Hz (赫兹). 例如, 管乐器中的振荡空气柱所发出的声音, 主要由少数几个驻谐和振动所支配.

声道

我们说话是利用声道的. 声道由咽喉与口腔组成, 可以看成一个横截面连续变化的管道. 当舌头、下颚和嘴唇处于不同位置时, 声道的形状也发生变化. 声道底部是声带, 它中间有一个类似狭缝的开口——声门. 当声门关闭并受到下面的空气压力时, 它就让空气以脉冲形式通过, 在正常情况下频率是 70 到 300Hz, 男声的频率比女声要低. 直接听这个声音, 就好像一种干的哼哼声. 当我们听到一个元音时, 我们所听到的是发自声门通过声道所改变的音调. 在发非鼻音的元音时, 软口盖阻碍空气通过鼻腔.

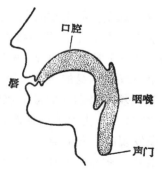

图11.2 声道

　　人耳对声音的知觉，是依靠对于耳鼓处大气压强的偏差 $p(t)$ 的记录和加工。在调和分析中证明了，正如任何时间过程一样，$p(t)$ 可以用一系列简单振动 $a_k\cos(2\pi\nu_k t+\alpha_k)$ 的和逼近到任意近似程度，其中 a_k 是振幅，ν_k 是频率。令 $c_k=a_k\exp i\alpha_k$，我们也可以写出

$$p(t)\sim\text{Re}(\Sigma c_k\exp 2\pi\nu_k t),$$

两边接近相等。在这个过程中，简单说来，耳朵所感知的就是它的谱，即频率 ν_k 及其相应的振幅。当所有的频率 ν_k 都是某个单一频率 ν_0 的整数倍时，声音就是周期的，它具有频率 ν_0，而听起来就像频率为 ν_0 的音调。具有相同频率的音调的谱的差别，听起来就是音色或音质的差别。声音的谱可以用电子装置记录下来。图 11.3 中表示三个元音 / i /，/ u /，/ æ / 的频谱示意图。这些

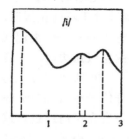
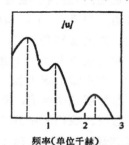
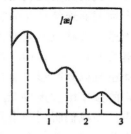

频率(单位千赫)

图11.3 / i /，/ u /，/ æ / 的频谱示意图。以声门音调（比如说）100Hz发音，其谱就由曲线上对应于100，200，…Hz的点来表示。实际上，曲线表示振幅的绝对值的对数。共振峰用铅直的虚线来标记。用不同频率的声门音调发音时，在相当广的范围内，元音保持其各自的特征性质

曲线将振幅表示为频率的函数。曲线中局部极大处的频率，称为元音的共振峰。图中每一元音都有三个共振峰。

声音的数学模型

现在我们构造一个数学模型，来定性地————一部分也是定量地————解释我们到现在所学到的东西。这个模型的组成部分，是物理学的普遍规律和数学分析。我们首先考虑，在具有连续变化的截面积 $A(x)$ 的管内的空气，其中截面与管的轴正交，而且与轴上一点沿着轴的距离为 x。我们将借助一些在截面上取得常数值的函数，来描述空气沿着管轴的微小运动（参看图 11.4）。首先，存在与大气压强 p_0 以及与空气密度 ρ_0 的偏差 $p = p(x, t)$ 和 $\rho = \rho(x, t)$，它们由方程 $p = c^2 \rho$ 联系在一起。此外还有空气的速度 $v = v(x, t)$，和相应的单位时间内的质量流 $u(x, t)$ $= A(x)\bar{\rho}(x, t)v(x, t)$。这里 $\bar{\rho} = \rho_0 + \rho$ 是总密度。这种函数 w 的偏导数用 $w_t = \partial w / \partial t$ 与 $w_x = \partial w / \partial x$ 来表示。而当 $\triangle x$ 甚小时，差值 $\triangle w = w(x + \triangle x, t) - w(x, t)$ 将用 $w_x(x, t)$ $\cdot \triangle x$ 来逼近。

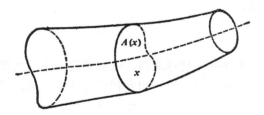

图11.4　管的轴和截面

现在令 D 为管子在 x 和 $x + \triangle x$ 两处截面之间的薄层截面，则由 D 流出的质量是 $\triangle u \sim u_x \triangle x$，它必须由 D 中单位时间内质量的变化 $(A\bar{\rho})_t \triangle x$ 来补偿。因为 $(A\bar{\rho})_t = Ac^{-2}p_t$，所以这样就得出所谓连续性方程：

$$c^{-2}Ap_t + u_x = 0 . \qquad (2)$$

在 D 上的外界总压力为 $-A\triangle p$，而由牛顿定律可知，它等于 D 的

动量 $u\Delta x = A\bar\rho v\Delta x$ 关于时间的导数。这样就得出运动方程

$$Ap_x + u_t = 0 \, 。 \tag{3}$$

将（2）式对 t 微分，并将（3）式对 x 微分再消去 u_{xt} 这一项，就得到对大气压强的偏差 p 所满足的微分方程

$$Ap_{tt} - c^2(Ap_x)_x = 0 \, 。 \tag{4}$$

我们可以选取满足方程（2）与（3）从而满足（4）的 x 和 t 的光滑函数 p 和 u，作为管中空气状态的数学模型。首先让我们来看，当 A 是常数时的情形，也就是说截面面积沿着整个管子都是完全相同的情形。此时方程（4）就等价于

$$p = f(x - ct) + g(x + ct),$$

其中 f 和 g 都是任意函数。换句话说，压力波 p 是两个传播速度 c 相同而传播方向相反的压力波之和。这也证实把 c 解释为声速的正确性。根据（2），（3）两式，我们能计算 $u = A\bar\rho v$ 并得出

$$\bar\rho v = c^{-1}(f(x - ct) - g(x + ct)),$$

其中 $\bar\rho \sim \rho_0 \sim 1$千克/米^3。假如 f 和 g 的最大值约等于 10^{-6} 巴，即 10^{-1} 牛顿/米^2，则 v 的最大值的数量级便是 10^{-8} 米/秒，这与直接观察的结果相符合。声音传播很快，但是空气分子却以从容的速度相撞。

元音

在考虑了这些一般情形之后，让我们看一下，发出一个元音时会出现什么情况。声道可以用我们的管子来表示。我们如此选取坐标，使得在声门处 $x = 0$，而在嘴唇处 $x = a \sim 0.17$米。对于不同的元音，面积函数 $x \to A(x)$ 也不同，这可以用射线照相来测定。它的外观形状，本质上依赖于舌头和下颚的位置以及嘴张开的大小。在声门处，压强梯度 p_x 由声带的运动来决定。与此同时，声带还起着反射壁的作用。声带处的脉冲所生成的压力波，在声门和嘴唇之间来回运动，在嘴唇处它碰到外界空气并被外界空气所反射。我们可以取（4）的某个解作为这个过程的数学模型，这个解要使得在声门处的梯度 $p_x(0, t)$ 是 t 的一个已给函数，

并且 $p(a,t)=0$，也就是说，嘴唇处的总压力等于大气压力。于是，嘴唇处的压强梯度 $p_x(a,t)$ 便决定一个压力波，其中一部分实际上由嘴唇中漏出而能够被听到。声门处和嘴唇处的振动之间的映射

$$p_x(0,t) \overset{\nu}{\to} p_x(a,t), \qquad (5)$$

表示声道对于声带处的振动的作用。我们说声道是一个声音滤波器。为了理解这个滤波器如何起作用，我们注意到（4）是一个线性方程，这就是说，解的任意线性组合仍旧是一个解。由此可知，（5）是由函数到函数的一个线性映射。而任何时间函数都可以用简单振动的线性组合来逼近，所以只要知道当

$$p_x(0,t) = \mathrm{Re}e^{2\pi i\nu t} \qquad (6)$$

是一个简单振动时（5）的结果就够了。事实证明，（4）的相应解是一个驻波

$$p(x,t) = \mathrm{Re}h(x)e^{2\pi i\nu t},$$

其中 $h(x) = h(x,\nu)$ 是方程组

$$c^2(Ah_x)_x + (2\pi\nu)^2Ah = 0, \quad h_x(0) = 1,$$
$$h(a) = 0 \qquad (7)$$

的解。于是（5）就由

$$\mathrm{Re}be^{2\pi i\nu t} \to \mathrm{Re}bF(\nu)e^{2\pi i\nu t}$$

给出，其中 $F(\nu) = h_x(a,\nu)$，而 b 是声门处的振幅。因此，嘴唇处与声门处的频率相等，但是振幅却乘了 $F(\nu)$ 倍；$F(\nu)$ 称为映射（5）的或者我们理想化的声道的转移函数。如果 A 是常数，我们就能把它明显地计算出来。此时（7）的解便是

$$h(x) = c(2\pi\nu)^{-1}\sin 2\pi\nu c^{-1}(x-a)/\cos 2\pi\nu c^{-1}a,$$

因而

$$F(\nu) = 1/\cos 2\pi\nu c^{-1}a.$$

这个函数当频率

$$\nu = \nu_0, 3\nu_0, 5\nu_0, \cdots \qquad (8)$$

时成为无穷大，其中 $\nu_0 = c/4a$。在相反的情况下 $|F(\nu)| \geqslant 1$，等号只有当 ν 等于 ν_0，$2\nu_0$，$4\nu_0$，$\cdots$ 时才成立。在实际情形中，转

移函数自然不可能变成无穷大。我们暂时希望，模型中的无穷大量对应于实际情形中的非常大的量。

　　频率（8）就是具有常数截面而长度为 a 的管子的所谓本征频率或者共振频率。它们恒等于这种 ν 的值，使得对于 ν 的这些值，将 $h_x(0)=1$ 改为 $h_x(0)=0$ 时的齐次方程组（7）有解 $h \neq 0$。我们的模型的最重要特色之一是，每个管都有趋于无穷大的共振频率的无穷序列

$$f_1 < f_2 < f_3 < \cdots < f_n < \cdots.$$

它们也正好是这种 ν 值，其相应的转移函数 $F(\nu)$ 是无穷大，并且使得齐次方程组（7）有 $\neq 0$ 的解。所有这些都可以直接证明，但也能借助于线性自伴紧算子的谱定理来证明（参看 第 四 章 第 4 节）。

　　如果我们讨论简单振动（6）的和

$$p_x(0, t) = \mathrm{Re} \sum c_k \exp 2\pi i \nu_k t, \tag{9}$$

那么（5）的右方便以

$$p_x(a, t) = \mathrm{Re} \sum c_k F(\nu_k) \exp 2\pi i \nu_k t \tag{10}$$

的形式出现，而这就证明了一个重要的事实：接近于共振频率的

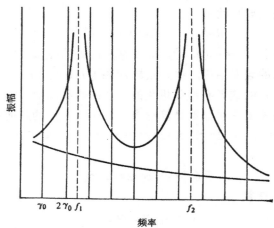

图11.5　具有频率 γ_0，$2\gamma_0$，…的周期声源的管滤波。下方的曲线表示输入（9）的振幅，上方的曲线表示输出 （10）的振幅。管的共振频率 f_1, f_2, …在输出（10）的谱中占主要地位

频率，它们的振幅比其他频率的振幅大得多。倘若（比如说）(9)是周期的，并具有频率 ν_0，$2\nu_0$，…，而相应的振幅变化得很慢，我们就得到图11.5的图像，其中对比了输入（9）和输出（10）的谱。

模型和现实世界

现在可以根据图11.3来比较我们的模型与观察到的元音谱。首先我们考虑元音/æ/。发此音时，口张开度比较大，舌头平放在口腔的底部。相应的面积函数应该大约是常数，而由（8）给出的共振频率接近于 500，1500，2500，…，因为 $\nu_0=c/4a=340/4\times0.17=500$。这些与/æ/的前三个共振峰相当符合。甚至对于其他的元音而言，计算的与观察的共振频率也相差不远。

到了现在，我们已经具有和傅里叶相同的经验。他在《热的解析理论》(Théorie Analytique de la Chaleur) 一书的导言中写道：

"于是我看到，与热有关的所有现象都只依赖于极少数的一般而简单的事实,使得每个这类问题都能用数学分析的语言来陈述。"

但一直到目前为止，我们的模型只不过是一个骨架。我们还没有考虑摩擦；也没有考虑到声道壁有微小的振动，又没有考虑声道的形状乃至嘴唇的形状。我们也没有考虑下列事实：对于 10^4 赫以上的频率，不能假定所有运动都与轴平行。为了与观察到的元音谱符合得更好,我们必须使这个模型进一步完善。很幸运，由于频率在大约15 000赫以上的声音就不能听到，因而使得我们的任务更容易完成。总的说来，我们必须通过对于已知的并且以前已分析过的一些物理事实给出数学的陈述而对模型加以改进。这可能相当困难，因而我们会问，是否值得努力去这样干。回答是肯定的，而且工作已经做过了，这在很大的程度上依赖于语言学的需要。世界上的各种语言使用了许多不同的元音。对它们的描述必须如此完善，使得可以用它们来进行声音分析和再合成，同时又顾及所有语言上的重要差别。长期以来，人们用的是发音的描述，它指出了舌和唇的位置。电子学的发展使得声学描述成为可能，它集中于元音的实在的转移函数上。事实证明，它们可以通过指明前四个共振峰而十分充分地描记下来。简化的描记只用到前两个共振峰，这样就可以把不同的元音用矩形中的点来表示。

我们刚才谈过的元音发音，是数学在工程技术和物理学中的应用的典型事例。通过数学来陈述基本物理定律，就得出第一代数学模型，此时需要进行各种校正，其中有一些是经验上的。如果把结果进行加工以供普遍应用，它们就以翻阅的简单规则和数值例行程序的形式出现。在我们的例子中，一开始就得到一个简单而且相当有效的模型，可是在一般情形下并不总是这样，特别在生物学、化学、医学或者社会科学中就不是这样。但是当数学模型由于预见性高(不论是因果的还是随机的)而取得成功时，就使得即便在不那么满意的情况下也不断受到诱惑要去应用数学模型。

文献

P. Henrici 所著的 Elements of Numerical Analysis(Wiley, 1964) 是一本很好的入门书。实际上每本论述物理或工程技术的书都是应用数学著作。关于元音发音的一本参考书是Flanagan的Speech Analysis, Synthesis and Perception(Springer-Verlag, 1972)。书中把声道看作一条传输电线，把电气网络理论应用到发音方面。

第十二章 数学的社会学、
数学的心理学和数学教学

12.1　三篇传记. 12.2　数学的心理学. 12.3　数学教学. 丙如
何改革中小学数学. 寓言一则.

为了使全书圆满结束，我们现在要对数学在社会中所起的作
用作一个简短的分析. 我们由三个人的传记开始；说得更恰当些，
就是三个集团甲、乙、丙，他们依次代表公众、数学的应用者和
职业数学家. 在谈到心理学的一节中，甲遇到了丙，而丙有一种
危机. 于是有人告诉我们，当丙想要改革数学教学时，他的遭遇
如何. 最后用一则寓言结束本章.

12.1　三　篇　传　记

甲. 让我们把甲当作或多或少受过数学教育的公众. 此时我
们必须想像一个人，他已经生活和工作了几千年. 他甚至于在同
一个时刻会有不同的年龄. 如果读者对于这种现象感到费解，那
么有的时候他就不妨想像把甲分成几个个体. 我们概略地叙述他
的成长过程和他在数学上的成就.

一开始，甲是一个学习计数的小孩子. 我们假定在甲所生活
的环境中，数是重要的，并且他和成年人有着正常的接触. 然后
在六岁左右，甲已经牢固地掌握了开头 10 个到 20 个整数以及他
们的次序. 他还会对小的数目作加法，并且能借助于手指头来计
数. 他对于更大一些的数逐渐发生兴趣，并且问那些数叫什么.
有一次他睡觉之前自己数数，并且数到了 100 . 这时他真喘不过
气来了. 其后一段时期他还是文盲，可是甲已经把他的数学领域

扩大到所有1000以下的数，并且很好地掌握了他的语言能叫出名称的那些分数与几何图形。假如他玩扑克牌或者掷骰子，或者他被迫进行心算，那么他都能很准确地做好。如果甲生活在这样一个国度里，其中有商品的买卖、要使用货币，或者用钟来计量时间，他就得天天运用这些才能。这个甲已经存在了好几千年，而且仍然构成人类的半数以上。他几乎每天都接触整数可能还有分数，这样使得他感到在数的模型中能应付自如。他对于（譬如说）做木器所用到的那种实用几何，有着直观的感知。但他的知识是有限的。要想对付大的数字，进行长的演算，他必须进学校。他在学校里开始识字，并能吸收人类的部分文化遗产。

甲的第一个任务是学习读和写。 一直到 19 世纪这方面的教育才得到很大的发展。"读、写、算"成为国民教育的三大柱石。数学位居第三，可是它的目标非常明确：教算术加减乘除四种运算的有效计算方法，使学生熟悉通用的重量、体积、货币及时间的度量制度。甲首先学习整数的名称和记号，并进行简单的加法和减法。其后学习乘法表，要把它背下来。有了这种不可缺少的工具以后，甲学习乘法和除法的计算还是化了相当大的力气。实际应用的问题源源不断。教学内容十分具体，重点是计算技能，结果很不错。由学校出来后，甲已经有足够多的实践，以至于不会忘掉他所学过的东西。这时他要捉摸着所谓高等数学 是 讲 什 么的，他就会想像到非常全面的乘法表，或者四则以外也许还有第五种算术运算。

让我们再进一步看甲的发展。他现在进中学学拉丁文、历史、语言和一些数学。此时教学不那么专门注重实用了，甲碰到两种形式的科学的数学，欧几里得式的几何以及包括一次、二次方程的代数。甲是一位好学生，在学校中老师所要求做的他都完成，但是从学校出来以后他用不到他的知识，因而很快就忘干净了。作为一个职员，甲有时还记得起毕达哥拉斯定理，但是他已经忘掉什么是斜边，并且计算百分比也有困难。作为一个编辑，甲使得他编的杂志中什么样的公式都没有，假如数学偶尔成为谈话的题目，甲就是怀疑是否音乐能力和数学能力之间还有某种关系．这个甲的图像在一百年前是真的，到现在从各个主要的方面看来仍然是真的．差别只是基于这样一个事实：如今冗长的计算已经不再用手算了．甲现在所学的东西同以往完全一样，只是他听到了更多的解释，而练习却少了．新的材料是：用集合论来解释数系，用二进制来解释计算机，以及通过简单的图表来使甲了解他所生活的社会．作为一个成年人，甲没有什么理由再去搞数学，他对数学的观点可以非常简单地说成，那是同计算机、卫星、核能有关系的某种东西．他不知道任何细节，但是他相信二进制和集合也以某种方式在里面起作用．作为一位编辑，甲仍然使他的版面上没有公式，除了有一段时期爱因斯坦公式 $E=mc^2$ 成为一种能够登载的符咒以外，这个公式有时也给排成 $E=mc2$ 或者 $F=m3^2$．甲对于计算机所产生的数字比用手算出来的数字要尊重得多．而在社交场合中，甲的言行举止仍然一如既往．

乙．同甲一样，乙在许多时候以多种面貌出现．我们让乙代表这种人，他们把数学当作工具来使用，而对于数学没有什么贡献．乙处于甲与职业数学家之间，而职业数学家是下一节的主题．把乙和丙区别开来并不容易，但我们可以这样说，在今日，典型的乙是一个工程师，他设计桥梁或者给计算机编制高级程序．这个乙有着光辉的经历．这种经历延伸了几千年之久，我们在此处只能简要地提一下．

四千年前，乙首次出现在尼罗河和幼发拉底河的肥沃谷地中．他给王公贵族管帐，记载他们储存的谷物、油、酒、牲畜、士兵和奴隶．他写下了法律并建筑寺庙和宫殿，它们上面带着文明的标记——直线和直角．他测量距离，绘制地图，记录天体运动，有时因预报日蚀而赢得群众的钦佩．他开办学校，教聪明的年轻孩子们学习算术和簿记．在三千多年里，他的生活变化不大．文艺复兴期间，他在意大利仍然管帐，只不过这时是给富商干活．火药发明以后，乙从事于弹道术的研究．这在战场上取得首次成功之后，乙开始建设近代文明．

他进行建造、建筑、改进旧工艺并发明新方法。在他的成就当中，有蒸汽机、大船、铁路、钢、长程炮、新炸药、汽车、飞机、电讯、合成材料、卫星、核动力等等。在所有这些工作中，乙把数学当作一个工具来使用，往往只是进行简单的计算，但是不时地也使用复杂的数学模型。例如，当乙发现天王星或者建造光学透镜时，就用到数学模型。通常乙从丙那里得到他的模型，但有时候乙必须自己去发明模型及其理论。当乙是牛顿，并且在考虑行星运动时，就出现这种情况。当时他发现问题的答案是万有引力定律，并且发明了数学工具——微积分，这就使得他能够根据这个定律来计算行星的轨道。乙在当牛顿的时期之后，他作为物理学家，为了陈述他所发现的基本定律，例如流体力学和电学的定律以及原子物理的原理，数学对他来说是绝对必要的。物理学对于乙来说是非常困难的工作，他经常要去找寻新的数学模型。在一般情况下，他不再有足够的力量亲自来建造模型，于是出现丙已经比他领先的情况。当乙是爱因斯坦而发明广义相对论时，他需要一种几何学，而这种几何学黎曼早已经把它投入市场了。在乙创建量子力学时，他也有同样的经验。数学工具，特别是群论，早已经是库存中现成的东西了。今天当乙作为理论物理学家进行工作时，他正对这个库存中的大量物品进行试验，虽然微积分仍然是他的主要工具。

在其他方面，乙比已往更加活跃了。除了他的传统活动领域——物理学和工程之外，他在大规模数值分析、数据处理、社会科学的许多分支以及生物学和医学中也积极活动。有时他的活动比较审慎。例如当乙是医师而希望用统计来证明某种事情时，他就必须去征求另一位乙的意见，而这位是应用数理统计的专家。

乙对于数学作为一门学科的观点，以及他对于丙的意见，在毫无批判的顶礼膜拜和傲慢的优越感之间变化。作为物理学或者工程的教授，乙一般认为数学教学应该由物理学家（工程师）来担任，而不应该交给他的同事丙——不可救药的理论家——去干。最近，有迹象显示这两部分人的关系有所改进。这是因为，乙对于数学的理解已经有所进步，而丙对于越来越多的一大帮各式各样的学生也能够加以适应——他们是希望应用数学来达到各种极为不同的目的的。

丙．数学家丙，他是为数学而研究数学的人。他也是在四千年前第一次和乙一起出现在尼罗河与幼发拉底河的肥沃谷地中。有时乙和丙很可能是同一个人，而当乙对于工具本身比对这个工具的应用更感兴趣时，他就变成了丙。当乙有充足的时间，并觉得坐下来思考非常愉快时，这种变化就发生了。丙的第一个伟大时期，是在希腊从公元前 500 年开始以后的 500 年间。当时乙在取得一些初步的成功之后正处于停滞时期，但丙却忙于思考数学问题，同别人讨论这些问题，并且把他的发现写下来。他的成果包含在欧几里得的《原本》与阿基米德和阿波罗尼乌斯的著作中。这是首次登台的辉煌成就，而《原本》一书尽管具有学究的风格和抽象的思维方式，还是取得了惊人的成功。丙在这次显示力量之后，就保持沉默达1000年之久。他第二次出现是解三次和四次方程，这也是很大的成功，但不能和头一次相比。但是在17世纪，丙发明了微积分而引起了轰动，从此以后他努力工作并且一直取得相当的成功。他仍然被甲———一般公众所尊敬。但他的这种传统的威信，在很大程度上依赖于甲对乙和丙不能加以区别。甲往往把乙的一些成就（例如电子计算机）不适当地归功于丙。

我们已经知道甲和乙如何看待丙和他的研究对象，现在来谈谈丙在我们社会中的地位，以及他对于自己和别人的观点。丙在长时期中是一位大学教师，但是他也能在工业部门或者一些研究所中任职。他在某个数学分支中是一位专家，他写过两三篇文章使得他在全世界知名——即使只在很小的一个圈子里。有时他工作极为紧张并且睡眠不好。这往往是他试图证明一个新定理的时候。他往往不成功，但有时一切都奇迹般地实现了，此时他就感到非常满足。即使他本人没有写出好文章，但也还有别人写出过。丙对于他的集体感到自豪，正是他们已经作出并且还正在作出许许多多神奇的工作。他知道数学有着无限的可能性，它会吸引许多有才华的年轻人。他在和甲、乙的关系方面是位现实主义者，他并不打算在他们不可能达到的水平上同他们交流思想。但是他有时感到乙令人不痛快，也有时他认为甲学的是一种坏数学，并且他决定干点事来进行纠正。在本章后面，我们还会回过来看他作出了什么决定。

12.2 数学的心理学

让我们把甲想像为受过教育的有头脑的人，而把丙当作一名普通的数学教授，并假定他们是邻居。甲开始捉摸丙的事。除了一般公民的日常工作之外，他都在干些什么？他在想些什么？他怎么能够思考像数学那种抽象的玩意儿？怎么能够用这种干巴巴的东西去填满一个人的一生？另一方面，丙刚好正在读丁的一篇新文章，而丁在数学上是一位天才。丙过去曾经想干同样的事，而且也取得了一点进展。但是他现在不得不承认，他完全被打败了。丙感到沮丧，而且不停地思索，为什么他当时没能用丁的想法去看这个问题。如果那样做，他也就会得到丁的大部分结果了。

首先，丙想一辈子搞数学，这件事并没有什么特殊之处。成千上万的各种年纪的学龄儿童，都和他一样有这方面的兴趣，而且还有许许多多特殊的消磨时间的方法，譬如说下棋。除此之外，丙只是一段时期、一段时期地试图去解决难题。他大部分时间都在搞教学，可能还有写论文。他在 30 岁以前紧张地进行研究。在数学的一个分支中，他已经读过所有的经典著作以及所有近代文献，而且他也发现了几个定理。这样他就感到心安理得。对于他来说，诸如解析函数的这种概念就好像一个老朋友，它还带来许多相识。有时丙会想到，他应该能够向甲解释清楚解析函数是什么。可以通过一些物理上的形象描述，例如在烤面包的板上面有一薄层水，它由下面一个孔流进来并从另一个孔流出去。事实上，这个流动就可以用解析函数来描写。丙又一想，觉得这个方案不太现实。但是，他得到了一个未曾料到的机会来试验他的教学本领。甲有一次被他女儿的数学教科书中所讲的集合难住了，于是来问丙，请丙解释给他听。因为甲是一位有头脑的、有礼貌的听者，所以事情进行得相当顺利，但是从甲的脸上还能看出他还有忍住而没有讲出来的问题。难道就是这些吗？这么简单的东西为什么要用这些奇怪的符号？丙领会了甲的意思，就向他解释集合的代数学只不过是数学中所用的语言，它在思考概念上和在复杂的情况下都很有用。为了使甲对于真正数学是干什么的有些概念，丙于是简短地告诉他怎么证明 $\sqrt{2}$ 是无理数，存在无穷多个素数，以及从圆周上每点去看其上一段弧，它们所张的角都相等。丙取得的成功是有限的，因为甲感到疲倦了，于是甲和丙分手，并且都说他们交谈得十分愉快。一星期之后，丙的运气更好了，他下棋赢了甲，并且发现了他打牌的一个绝招。

丙在试图给甲解释数学的本质时所遇到的困难，有一个非常自然的解释。甲在了解数学理论的结果之前，他必须花很大的力气去熟悉他所不习惯的数学模型。他当学生时，必定没有丙那种热情和耐心。例如，假如甲曾经对组合问题发生过兴趣（这也不是罕见的事），他们的数学接触就会更加富有成果，只要丙能适应这种情况并且认真地进行准备的话。

现在我们离开甲而转过来谈谈：为什么在丙和丁的共同问题上，丁取得的成就大大超过丙。现在丙想到他有一个很好的解释。问题涉及到老早建立起来的数学分支，而丙对这个分支懂得很多。他甚至于对这个分支还做出过贡献。当时，有另一位数学家戊曾经作过一个综合报告，其中他指出把这个问题适当地加以推广，成为一种完全新的体系，是非常有意义的。当丙听到这个演讲时，他几乎被这种大胆的新设想吓呆了。戊把他这一小范围的问题提高到一个更高的水平上，这样就有更多的东西可以去想可以去做。丙立即开始考虑一些特殊情形，并对一般的解答看起来会是怎么样的作出一些猜测。开头的一些猜测必须丢掉，但是正当一个有希望的猜想在脑中浮起时，丙去了趟图书馆，在图书馆中他发现丁已经得到了正确的答案，并且将在几个月之内发表详细的证明。丙还能看出丁是怎么能取得成功的。他算得很少而想得很多。丁思想敏捷而没有耐性，丙能够想像出丁是如何挑出最有意义的特殊情形，并由此得到普遍的结果来。看到丁在未知领域上站稳了脚跟，简直有点不可思议。在这开始的打击之下，丙很快地得到复原，故事的结局对他也不坏。丙极为仔细地阅读了丁的文章的最后定稿，对这个理论的许多细节做了补充，并且写了一本论述整个专题的出色的书，这本书长期以来被认为是这方面的标准著作。

丙和丁的差别可以在教数学的每个教室中看到。大多数学生喜欢去做保险的有系统的计算，但这有时却把事物的真正本性隐藏起来而不为学生所看到。在新的情况下，他们还试用老办法，结果失败了。这时需要有新的思想。有些人自己想出新的办法，有些人需要外界的帮助。成功的人具有透视能力。如果必要的话，他能够把熟知的材料加以压缩，使得它不至于造成对未知事物看不清楚。这个隐喻可以用来适当地解释，为什么丁取得如此成功。

12.3 数 学 教 学

数学老师和学生之间的相互影响，是一种艺术才能——老师能正确地提出问题，能够很快分析学生的思路，然后能在适当的时机给出适当的解释。这种教学方式很难系统化，我们也不再进一步讨论它。这一节我们谈谈学校中的新数学，最后讲一个寓言"三种方法"而作结束。

丙如何改革中小学数学

为了理解老的数学文章，丙必须知道当时人们的表达方式。定理的内容没有改变，但是专门名词与观察事物的方式不断地改变。新名词不断产生，旧名词在消失着或者改变其意义。此外在数学分支之内和数学分支之间，也存在长期以来的混乱局面。结果自然是，数学有时看起来相当杂乱无章，于是丙就想澄清这种混乱局面。本世纪中期就是这样一个时期。像群、环、域和集合这些概念早已出现，并在本世纪初就已为大家普遍接受，但是一直到丙用笔名N.布尔巴基写出一套称为《数学原理》(Eléments des Mathématiques）的书之后，才开始了数学的大规模的系统化。他的主要目的是把当时新的拓扑空间理论作为数学基础，并取得巨大的成功。他造成术语上的革命，并在简单的数学模型(如拓扑空间、线性空间、群等等）上面建立新的体系。

但是丙并不就此满足；他还想要改革中小学数学。他十分正确地看到，死套公式的计算教得太多了，同时容易理解并能引导人们对数学和人类思维的本性有更好了解的概念，则教得太少了。这种概念到处都是，例如集合、关系、函数和群的概念。丙开始着手宣传他的纲领，并成功地使世界上许多中小学接受它。在小学生能够数清楚集合中元素的数目之前就去学习集合论，大一些的孩子学习函数和关系。为了懂得孩子们所学的东西，父母也得去学专门的课程。

经过几年之后，丙注意到他首创的事业并没有收到预期的效果。不错，新的概念是简单的，但它们必须以精确的语言来讨论，而这就超过了大多数儿童的接受能力。除此之外，有趣的应用很少，而且练习既平凡又无用。其他的缺点还有：算术的技能不见了，初等几何被忽视，而且由学校毕业以后，就没有什么数学仍旧是活生生的知识了。简单一句话，整个事业即使不是完全失败，也决没有获得成功。现在丙要求更加强调技巧而少强调理论，但是他并不想放弃一切。他相信也许可能达到一种合理的妥协。他想用下面一点分析来解释他的失败。他所要引进的模型和概念是简单的，而且在数学中是有用的，它们在数学中带来法律与秩序，而不诉诸任何强制手段。它们也可以在中小学教材中实现同样的目标。但遗憾的是，它们的简单性的另外一面，是它们的平庸而贫乏的内容；这些模型根本不是儿童的良好的运动场。对这些东西有很多学的，很多看的，但是没有什么可做的。与此相反，在数和几何的广大天地中，对任何人来说，总有许多好的、有教育意义的事可以做。这些模型是一个更好的日常环境。在这种最时新的表白中，丙对于自己的失败找到了某种安慰。

寓言一则

数学是一门重要的基础学科，它必须迎合各方面的口味。它不仅需要为它的用户以及更一般地为整个社会服务，而且还要考虑它自身的口味。这就是说，除了其他方面之外，数学还要按照数学上有意义的方式去教。这种要求必须和当前的教育状况的现实相适应。为了表明如何通过三种不同的办法去贯彻这一点，我们转抄寓言一则，其中丙表达了他的教育哲学，而留给读者去领会其中的寓意。

三种办法

老师对他班上的同学说：我要给你们讲解正比例的概念。这个概念在数学、物理学、社会科学和日常生活中，都有用处。它考虑两个变量 x 和 y，其中 y 依赖于 x。其定义如下（他转过身去面向黑板，开始写）：

y 称为与 x 成比例，如果存在一个数 a，使得对于 x 的每个值以及 y 的对应值，都有 $y = ax$。

于是他转过身来看着全班。只有一两个人懂了。老师再试着讲解。好了，你们看，我刚才写的是什么意思。例如，假定我们令 $a = 2$（他又转过身面向黑板，并写下）

对于所有 x，$y = 2x$。

他又转过身来，看着全班同学。现在几乎每个人都懂了，但是还有两张发呆的脸。老师再试着讲解。好了，你们看，我刚才写的是什么意思。比如说，假定我们令 $x = 3$，那么 $y = 6$（他在黑板上写）

$$6 = 2 \times 3.$$

他转过身来看着全班同学。这回人人都明白了。

附　录

术语与记法

　　全书处处使用标准记法，只有一个例外："log"表示自然对数。记号 ∞ 表示"无穷大"。双重箭头 $\Rightarrow$ 表示"蕴涵"（由前项推出后项）。单箭头，例如"当 $n \rightarrow \infty$ 时，$a_n \rightarrow a$"中的箭头 表示"趋近于"。当箭头直立起来，正如在"$b \uparrow \beta$"或"$a \downarrow \alpha$"（第228页）中，它就表示"递增地趋于"或"递降地趋于"。单箭头还用在函数上（参看下文）。公式中三个点一般表示"等等"。例如，$a_1 + a_2 + \cdots + a_6$ 表示和式 $a_1 + a_2 + a_3 + a_4 + a_5 + a_6$，而 $a_1 a_2 \cdots a_6$ 表示乘积 $a_1 a_2 a_3 a_4 a_5 a_6$。

　　集合通常用文字来描述。记号（x；$x \cdots$）表示"这种 x 的集合，其中 $x \cdots$"，它只用到两次，即表示线性映射的像和核（第107页）。其他集合代数的记号我们用得极少。表达式 $x \in A$ 表示元素 x 属于集合 A，两个集合 A 与 B 的并集用 $A \cup B$ 表示，它们的交集用 $A \cap B$ 表示，B 在 A 中的补集用 $A \setminus B$ 表示，空集用 $\emptyset$ 表示。A 与 B 的乘积 $A \times B$ 表示配偶 (x, y) 的集合，其中 x 属于 A 而 y 属于 B。

　　正如在所有数学的论著中一样，函数的概念可以通过文字或者公式用多种方法来表示。函数的标准定义如下：由一个集合 A 到另一个集合 B 的函数是一种规则 f，它对于 A 中每个元素 x 都指定 B 中一个元素 $f(x)$ 与之对应，$f(x)$ 称为 f 在 x 的值。这也可以陈述为：f 把 x 映射到或者传到 $f(x)$，或者用一个箭头来表示，$x \rightarrow f(x)$。在这个公式中，x 是一个变量，即它可以是 A 中的任何元素。另外一种观察函数的方法是，考虑乘积 $A \times B$ 的子集 F，它满足这种条件：对于 A 中任何一个给定的 x，B 中只有唯一的 y 存在，使得配偶 (x, y) 属于 F。令 $y = f(x)$，

这就产生出一个由 A 到 B 的函数。反之，当给定这样的一个函数 f 时，$A \times B$ 中所有配偶（$x, f(x)$）的集合称为 f 的图像，它具有上述性质。

根据上下文，特别是 A 和 B 的性质，函数也称为映射、算子或者变换。记法 $f:A \to B$ 指明 f 是由 A 映到 B 的函数，由 A 到某一集合的函数，也称为 A 上的函数。实（复）函数就是取值为实数（复数）的函数。

如果 A，B，C 是集合，$f:A \to B$ 与 $g:B \to C$ 都是函数，则复合函数 $g \circ f:A \to C$ 定义为：对于 A 中所有的 x，令（$g \circ f$）（x）$= g(f(x))$。函数的复合是数学中的基本运算。它满足结合律；这就是说，如果（$h \circ g$）$\circ f$ 和 $h \circ (f \circ g)$ 都有定义，则（$h \circ g$）$\circ f = h \circ (f \circ g)$。

对于函数 $f:A \to B$，还有一些非常有用的概念。首先，A 称为函数的定义域，B 称为函数的值域。B 中由所有 $f(x)$ 构成的子集称为 f 的象，为方便起见把它记作 $f(A)$。如果 $f(A) = B$，则称函数 f 为满射的（映上的）或者是一个满射。如果函数 f 不把 A 中两个元素映到 B 的同一元素上，也就是说，如果 $x_1 \neq x_2 \Longrightarrow f(x_1) \neq f(x_2)$，则称 f 为单射。在这种情形下，映射 $f(x) \to x$ 是由 $f(A)$ 到 A 的函数 g，它对于 A 中所有的 x，都满足（$g \circ f$）（x）$= x$。此时 g 称为 f 的左逆。一个函数如果既是单射又是满射，就称为双射（一一映射）。如果 $f:A \to B$ 是双射，则其左逆同时也是右逆，也就是说，对于 B 中所有的 y，恒有（$f \circ g$）（y）$= y$；此时我们说 f 和 g 是互逆的。满射、单射和双射可由下列各图来表示。

如何阅读和选择数学著作

学习数学的主要规则，是通过认真学习并真正理解某些重要著作而打下坚实的基础。没有这种基础，要想由跳过困难的证明的那种比较被动的学习取得收效，实际上是不可能的。为了认真仔细学习而写的初等数学书，一般来说对于广大读者并没有多大

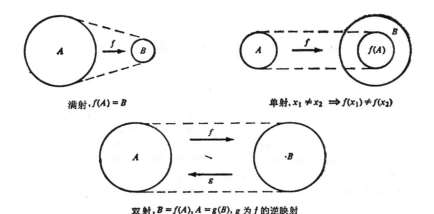

满射, $f(A) = B$

单射, $x_1 \neq x_2 \Rightarrow f(x_1) \neq f(x_2)$

双射, $B = f(A), A = g(B), g$ 为 f 的逆映射

好处。他最好还是从那些高等的但又不太专门的书中，去查找他
所需要的材料。

选择适合自己兴趣的数学书的最好办法，或许是到一个好的
数学图书馆去浏览，同时旁边有专家指导。在 James R. Newman
编的文集 The World of Mathematics (Touchstone, Simon
and Schuster, 1956) 和美国数学协会出版的 The American
Mathematical Monthly 等书刊中，可以找到关于数学的有趣材
料。至于数学史大纲可以参看，例如，Struik, A Concise
History of Mathematics (Dover, 1948)。

人 名 索 引

（以汉语拼音为序）

名 词 索 引

（以汉语拼音为序）